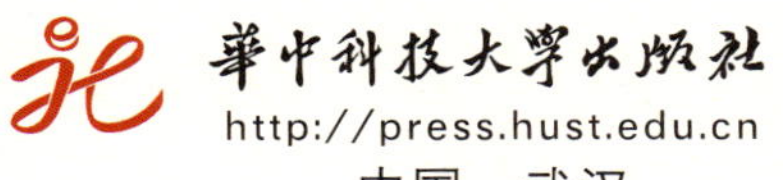

中国茶叶全书
CHINESE
TEA
红糖美学 著

U0930517

華中科技大學出版社
http://press.hust.edu.cn

有书至美
BOOK & BEAUTY

中国 · 武汉

图书在版编目（CIP）数据

中国茶叶全书 / 红糖美学著. -- 武汉 : 华中科技大学出版社, 2025. 4. -- (中国瑰宝系列).

ISBN 978-7-5772-1726-0

Ⅰ. TS971.21

中国国家版本馆CIP数据核字第2025J5R385号

中国茶叶全书

Zhongguo Chaye Quanshu

红糖美学 著

出版发行：华中科技大学出版社（中国·武汉）　　电话：（027）81321913

华中科技大学出版社有限责任公司艺术分公司　　（010）67326910-6023

出 版 人：阮海洪

责任编辑：张　颖　杨志新　张　洋　谢林霞　　封面设计：魏　薇

责任监印：赵　月　张　丽

制　　作：王玉平

印　　刷：天津裕同印刷有限公司

开　　本：710mm × 1000mm　1/8

印　　张：56.25

字　　数：502千字

版　　次：2025年4月第1版第1次印刷

定　　价：998.00元

前言

在华夏的历史长河中，茶文化宛如一颗璀璨明珠，散发着独特而迷人的魅力。它贯穿了数千年的岁月，从最初的药用、食用，逐渐演变为一种融合哲学、艺术、社交等多种内涵的文化形态，深深扎根于中华民族的精神土壤，成为我们民族文化中不可或缺的一部分。当我们翻开这本书，就如同开启了一场跨越时空的茶文化之旅，探索它的深厚底蕴。

中国茶文化的起源可以追溯到远古时期。传说中，神农氏在尝百草时，偶然发现了茶叶的药用价值，这一发现，为茶文化的发展拉开了序幕。随着时间的推移，茶叶从单纯的药用逐渐走向了日常饮用，其烹茶方式也在不断演变——从唐代的煎茶法，到宋代的点茶法，再到明清时期的泡茶法，每一次变革都反映了社会的风貌、人们的生活方式以及审美观念的变化。这些不同的饮茶方式，不仅是技艺的传承与创新，更是茶文化在历史长河中不断发展的生动体现。

茶文化不仅是一种饮品文化，更是一种哲学思想的体现。茶道中蕴含着“和、敬、清、寂”的精神内涵，这与中国传统的儒家、道家和佛家思想相互交融。儒家倡导的“和为贵”，体现在茶事中的和谐氛围、宾主之间的礼仪往来；道家追求的“自然、无为”，与茶的自然属性以及人们在品茶时追求的内心宁静相契合；佛家的“禅茶一味”，更是将品茶与参禅悟道紧密相连，在一杯茶中感悟人生的真谛。这种哲学思想的融入，使得茶文化超越了物质层面，上升到了精神境界，成为人们修身养性、追求心灵宁静的重要方式。

在社交方面，茶扮演着至关重要的角色。无论是家庭聚会、朋友小聚，还是商务洽谈、正式宴请，茶总是不可或缺的媒介。一杯香茗，既能拉近人与人之间的距离，又能营造出轻松、融洽的氛围。在各种茶礼、茶俗中，我们可以看到不同地区、不同民族独特的文化传统和价值观念。例如，广东的早茶，不仅是品尝香茗美食，更是家人、朋友交流感情重要时刻；云南少数民族的三道茶，以“一苦二甜三回味”的独特口感，寓意着人生的不同阶段，传递着人们对生活的深刻理解。

这本关于中国茶文化的图书，不仅详细介绍了茶叶的种类、制作工艺、品鉴方法等基础知识，还深入探讨了茶文化背后的历史、哲学、艺术和社交等方面的内容。通过阅读本书，您可以深入了解中国茶文化的发展脉络，感受其独特的魅力，领略到中国茶文化所蕴含的人生智慧和精神追求。希望这本书能成为您探索中国茶文化的良师益友，引领您走进充满诗意与茶韵的世界。

目录

第一章 历史中的茶

第二章 碧叶清芳——绿茶

第三章
色泽浓艳——红茶

第四章
香气四溢——乌龙茶

第五章
清新纯正——白茶

第六章
醇爽黄汤——黄茶

第七章
厚重陈香——黑茶

第八章
中国四大茶区

第九章
走向世界的茶

第十章
中国茶事

《中国茶叶全书》编委会

编　　委：夏安妮　刘丽芳　唐　敏　罗　莹

视觉设计：夏安妮　高　蕊　邱明凤　贺婉平
罗雨佳　胡　媛

插图绘制：夏安妮　高　蕊

摄影指导：路客看见

深入了解

茶树的奥秘

茶树，作为山茶科山茶属植物，起源于白垩纪至新生代第三纪的劳亚古陆，历史可以追溯到六千万至七千万年前。在漫长的地质演变和气候变化过程中，茶树逐渐形成了独特的形态特征和生长规律。

茶树的植物学分类

在探索茶树的奥秘之前，了解植物学的分类系统就像打开一扇通向自然的大门。在这个系统中，我们可以依据植物的形态特征和亲缘关系来识别不同的植物种类。

植物分类的基础单位被称为“阶元”，它们像是植物世界的“身份证”。在整个分类系统中，“种”是分类的基本单位，多个相近的“种”集合成“属”，多个相近的“属”集合成“科”，以此类推，最终归纳到概括性最广泛的“界”。按照这种分层方式，我们能够清楚地了解茶树在植物界中的位置。

茶树的学名最早是由瑞典植物学家林奈（Carl von Linné）在1753年于其著作《植物种志》中提出的，命名为 Thea sinensis。在接下来的两个世纪里，这一名称引发了广泛的讨论和争议，许多植物学家相继提出了不同的属名以及超过20个种名。直到1950年，中国植物学家钱崇澍根据国际命名法的相关规定，最终确认了 ***Camellia sinensis* (L.) O. Kuntze** 作为茶树的正式学名。

界（kingdom）植物界

门（division）种子植物门

纲（class）双子叶植物纲

目（order）山茶目

科（family）山茶科

属（genus）山茶属

种（species）茶种

值得注意的是，许多人常将饮用茶叶的茶树与观赏用的山茶花混淆，以为它们是同一种植物。但从植物分类系统来看，山茶花属于山茶科山茶属下的茶花种，与茶种并列，不能将二者混为一谈。

茶树花　山茶花

茶树的结构

茶树是一种普通的植物，却有着丰富的生物学特征。其结构可分为地上部分和地下部分。地上部分即树冠，包括芽、叶、茎、花和果实；地下部分则由不同长度、粗细和颜色的根组成，统称为根系。根、茎和叶就像人体内的消化系统和循环系统，主要负责营养和水分的吸收、运输、合成与贮藏，还包括气体的交换等；而花、果实和种子则承担繁衍后代的使命。茶树的各个器官彼此依存、相互配合，共同确保植物的健康生长与繁衍。

茶树的树形

茶树的树形因分枝部位的不同而展现出多样的形态，主要可分为三种类型：乔木型、小乔木型和灌木型。

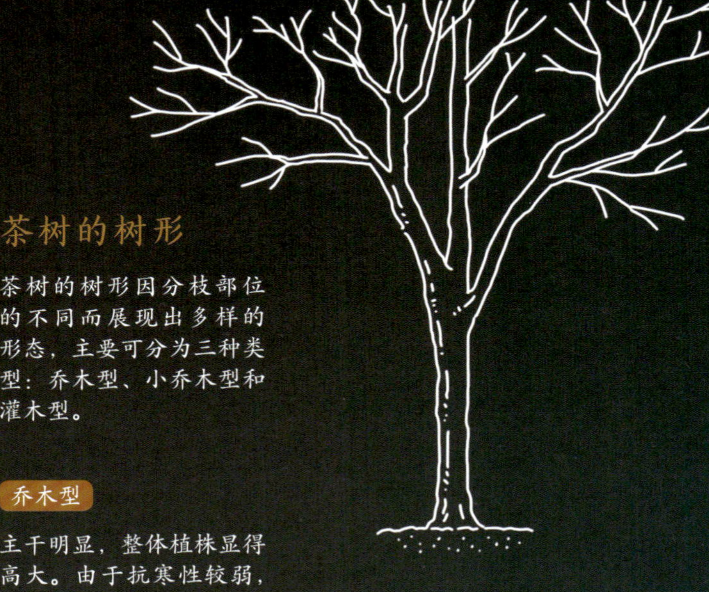

乔木型

主干明显，整体植株显得高大。由于抗寒性较弱，乔木型茶树更适合在我国的热带地区生长。

小乔木型

主干在基部较为明显，分枝相对较低，形成的植株较为高大。小乔木型茶树适宜生长在我国的华南和西南地区。

灌木型

主干不明显，植株相对矮小。此类型的茶树耐寒性较强，非常适合在我国的江北和江南地区生长。

茶树的叶

茶树的叶片根据发育阶段和形态分为三种类型：鳞片、鱼叶和真叶。鳞片是初期生长的叶片，能保护茶芽，但会随着生长逐渐脱落。鱼叶是未完全发育的叶片，颜色较淡，边缘一般无锯齿。真叶是完全发育的叶片，颜色从淡绿到浓绿、黄绿和紫绿不等。

仔细观察茶叶的真叶，可以看到一根主脉两侧有许多细脉，共同连成网状后可以为叶片提供支撑，并促进气体的交换和营养的运输。

叶尖
叶片
主脉
侧脉
叶柄

茶叶根据叶面积大小的不同也有所区分：面积达到50平方厘米的为特大叶，28平方厘米至50平方厘米为大叶，14平方厘米至28平方厘米为中叶，小于14平方厘米的则为小叶。

特大叶
大叶
中叶
小叶

茶树花

茶树花由花柄、花萼、花冠、雄蕊和雌蕊五个部分组成。花萼位于外层，通常有五个至七个萼片，起保护作用；花冠一般为白色，偶尔呈粉红色，包含五片至九片形状各异的花瓣。花朵凋谢时，花冠和雄蕊会一同脱落。

茶树的果实

茶树的果实在成熟时，果壳会裂开，茶籽随之散落。果实的形状和大小与里面的茶籽数量密切相关：一粒茶籽时果实为球形；两粒时则呈肾形；三粒时为三角形；四粒时是正方形；而五粒种子时，果实看起来像梅花。大多数茶籽呈棕褐色或黑褐色，常见的形状为近球形和半球形。

大叶种茶中的茶多酚和咖啡碱等有效物质含量相对较高，味道浓烈，如云南古树普洱茶。而小叶种茶的氨基酸和蛋白质含量较高，香气清新，代表品种有杭州西湖龙井。

茶树的一生

茶树的生长有其独特的规律，既受自身生理特性的影响，也受到环境条件的影响。作为多年生木本植物，茶树的生命分为总发育周期和一年中的生长周期。茶树的一生始于受精卵细胞，经过约一年的生长，形成成熟的茶籽。将其播种后，茶籽发芽，长成茶苗，吸收营养，最终成为开花结果的茶树。随着时间的推移，茶树逐渐衰老，最终结束生命。我们通常将茶树的生长分为四个阶段：幼苗期、幼年期、成年期和衰老期。

追本溯源

茶的故乡是中国

茶树的起源问题在国际茶学界和植物分类学界引发了近200年的争论。17世纪以前，茶树的故乡被广泛认定为中国。1753年，瑞典植物学家林奈在研究武夷山茶树标本时，将其命名为Thea sinensis，意为“中国茶树”。然而，1824年，驻印度的英国少校勃鲁士在印度阿萨姆省发现了野生茶树，这一发现如同投下了一颗震撼弹，随之而来的是关于茶树起源的各种争论。

一元论

主张茶树原产于中国，认为中国是最早发现、利用和栽培茶树的国家。该观点得到了中国茶学界及其他国家学者的广泛支持，许多学者指出，野生大茶树在中国分布广泛且数量众多，且与茶树亲缘植物的原产地一致。

二元论

提出大叶种茶树和小叶种茶树分别有不同的原产地，认为大叶种茶树源于中国青藏高原的东部一带，包括中国四川、中国云南，以及越南、缅甸、泰国、印度阿萨姆等地，而小叶种茶树则起源于中国东部和东南部。

多元论

认为凡是适合茶树生长的地区，如中国云南、泰国北部、缅甸东部、越南、印度阿萨姆等地，均为茶树的原产地。

折中论

主张茶树源于伊洛瓦底江流域，即缅甸的江心坡，以及在它以北的中国云南、中国西藏境内。

尽管各方观点层出不穷，但大部分学者往往忽视了中国丰厚的茶树资源和历史证据。实际上，中国古籍中早有记载，《尔雅》等古文献详细描述了野生大茶树的存在，而这些信息在国际学术界却鲜为人知。

从20世纪30年代开始，中国各地发现了大量野生大茶树，覆盖10多个省市自治区，多达200余处。其中，云南省内直径超过1米的野生茶树不在少数，西双版纳的巴达大黑山中更有一株高达32米、树龄约1700年的古茶树。更有趣的是，云南的古茶树林形成了大规模的群落，云南省普洱市镇沅彝族哈尼族拉祜族自治县千家寨的原始森林中，野生大茶树的群落广泛分布，成为世界茶树资源的重要宝库。

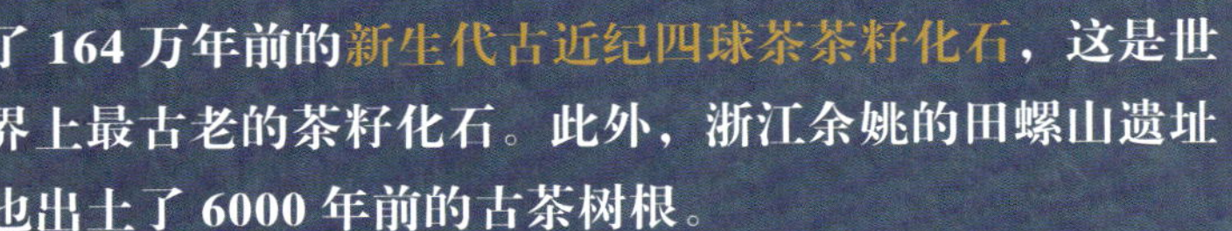

·四球茶茶籽化石（示意图）

考古学的发现更是为茶树起源于中国提供了不可争辩的证据。1981年，贵州省晴隆县发现了164万年前的新生代古近纪四球茶茶籽化石，这是世界上最古老的茶籽化石。此外，浙江余姚的田螺山遗址也出土了6000年前的古茶树根。

1993年，中国古茶树遗产保护研讨会在云南省普洱市思茅区召开，100多位来自多个国家及地区的专家学者通过严谨的学术讨论与实地考察达成共识，并通过《保护古茶树倡议书》正式宣告：

“中国是茶树原产地，茶的故乡！”

经过近200年的争论，关于茶树原产地的讨论终于在20世纪末达成了明确的结论。中国，不仅是茶树的故乡，更是饮茶文化的发源地。无论是茶树、饮茶的习惯，还是人工种茶的技术，都起源于这片古老的土地。

·云南省大理市无量山樱花谷的茶园风光

健康密码

饮茶的好处

对最早接触茶叶的中国古人来说，研究、记录茶叶的功效是必不可少的一环。在一些古籍中，我们可以看到古人的记载。

《山家清供》

茶即药也。

《本草拾遗》

作饮，止渴，除痰，不睡，利水，明目。

《神农食经》

茶茗宜久服，令人有力悦志。

《雷公炮制药性解》

入心、肝、脾、肺、肾五经。

《本草纲目》

早采为茶，晚采为茗。气味：苦、甘，微寒，无毒。

《新修本草》

茗：苦茶。茗味甘、苦，微寒，无毒。主瘘疮，利小便，去痰、热渴，令人少睡，秋（春）采之。苦茶，主下气，消宿食，作饮加茱萸、葱、姜等，良。

茶叶的药用功效是历代医药学家最为看重的，他们凭自身治病救命的经验，总结出茶叶具有消食、止渴、利尿等功效。

而现代医学也从这小小的茶叶中发现了许多有益的成分，比如茶多酚、蛋白质、糖类、生物碱、氨基酸等。这些化学成分的发现，证实了茶叶在降血脂、降血糖、抗氧化、抗病毒、增强免疫力等方面的积极作用。可见饮茶的好处，是古今共鉴的。

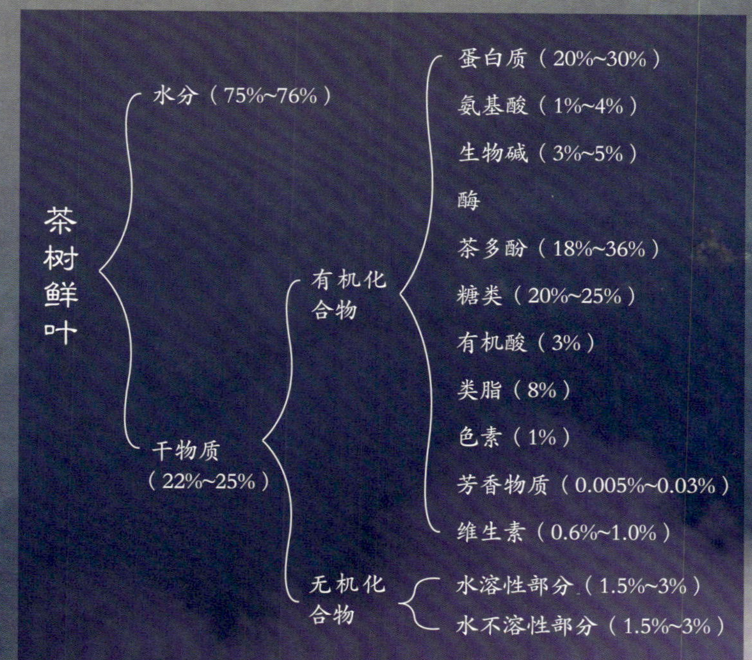

· 茶叶的品质化学图

第一章

历史中的茶

中国茶文化承载着五千年文明密码，从神农尝百草发现解毒灵叶的传说开始，这种东方树叶便浸润着中华智慧。它曾作为药食同源的羹汤材料融入先民生活，又在唐宋时期升华为精妙绝伦的艺术——陆羽的《茶经》开创茶道体系，点茶、斗茶成为文人雅士的精神盛宴，茶叶随丝绸之路将东方韵味播撒全球。元明之际，散茶冲泡的革新让茶香回归自然本真，紫砂壶中流转的不仅是茶叶的沉浮，更凝结着儒、释、道思想的交融。无论是宫廷专用的龙凤团饼，还是市井巷陌的粗陶散叶，茶始终是连结庙堂与江湖的文化纽带，见证着礼仪、美学与生活哲学的世代传承。如今捧起一盏清茶，仍能感知到跨越时空的中华文明的温度。

最早的茶香

茶在中国的发现与利用可追溯至先秦时期。虽然在漫长的上古时期，先民们尚无文字，仅凭口耳相传记录生活点滴，但历史的印迹仍在世代相承中渐渐显现。关于先民如何与茶结缘，我们需从神话传说与古籍中去追寻那一丝遥远的痕迹。

早期茶树的栽培

伴随原始农业的发展，茶树逐渐走向驯化与人工栽培的轨道。东晋史学家常璩撰写的《华阳国志》中记载了一个重要的历史事件：公元前1066年，周武王联合居住在四川、贵州和云南等地的部落共同伐纣，并在取得胜利后，将其宗姬赐封于巴地。他们在这里种植五谷，养殖六畜，所贡之物包括"桑、蚕、麻、丝、鱼、盐、铜、铁、丹、漆、茶、蜜……"。这表明，早在3000多年前，巴蜀地区的茶叶已被视作贡品进入中原。

《华阳国志》中还记录了多个产茶之地，如"涪陵郡（今重庆彭水）……惟出茶、丹、漆、蜜、蜡""南安（今四川乐山）、武阳（今四川眉州彭山区）皆出名茶""平夷县山出茶、蜜"等。表明当时巴蜀一带有着广泛的种茶活动，川渝地区自古就是名茶产地。

神农与茶的传说

唐代茶学家陆羽在著作《茶经》中写道："茶之为饮，发乎神农氏。"这一说法将茶的发现和使用与中国古代传说中的炎帝神农氏联系在一起。传说，神农生活在"只知其母，不知其父"的母系氏族社会时期，可见早在原始社会，茶树便与我们的先人产生缘分了。我国最早的一部药物学著作《神农本草经》中也记载了神农尝百草的故事："神农尝百草，日遇七十二毒，得茶而解之"这里的"茶"被视为早期对茶的称呼，表明茶在早期是被视作具有药用价值的植物。

如今，中国各地仍留有不少与神农相关的遗迹，最知名的要数湖北省的神农架，传说那里是神农采摘百草之地。这些遗迹从侧面印证了神农作为早期农业和医药象征的深远影响。

· 明代《帝王道统万年图册 · 神农氏》（局部） 仇英作 台北故宫博物院藏

《诗经》中的茶

中国最古老的诗集《诗经》中的名句“**谁谓荼苦？其甘如荠**”被认为是最早出现“荼”字的文献之一。联系到唐代茶学家陆羽在《茶经》中所言“**啜苦咽甘，茶也**”，许多学者推测《诗经》中的“荼”即指今日的茶。然而，先秦典籍中并未出现“茶”字，因此“荼”可能兼指苦菜、茅草等植物，带有多重含义。比如现代成语“如火如荼”中的“荼”字就代表白色茅草花。

荼

茶叶　　苦菜　　茅草花

早期的茶怎样吃？

虽然现代人习惯泡茶饮用，但自古以来，吃茶的方式一直在不断变化。在原始社会时期，人们直接口嚼生茶叶，尚未发展出细致的茶叶加工工艺。随着时间推移，逐渐演变为用火煮制，茶叶开始作为羹汤或菜肴的一部分。《晏子春秋》中记载：“**婴相齐景公时，食脱粟之饭，炙三弋五卵茗菜而已**。”在这段文字中，“茗菜”被一些学者认为是未经晒干的新鲜茶叶。这表明，尽管晏婴身居高位，他的日常饮食依然十分节俭，吃的是糙米饭和茶叶等简单配菜。

到了周代，古人为了将茶叶从原产地进贡到中原，开始考虑茶叶的长时间保存问题。他们发明了晒干茶叶的方法，让茶叶能随时取用，同时也能用于加水煮制羹汤。

·湖北省神农架林区的神农雕像

早期用什么吃茶?

在先秦时期，茶文化仍处于萌芽阶段，人们食用茶叶的方式和所使用的工具依然非常原始，尚未像后世那样专门划分出茶器，而是与其他饮食器具混用。然而，通过观察早期饮食器具的演变，我们能够从侧面了解古人对茶文化的探索与实践。

从自然到人工

《礼记・礼运》提道:“夫礼之初，始诸饮食，其燔黍捭豚，污尊而抔饮，蒉桴而土鼓，犹若可以致其敬于鬼神。”西汉文学家桓宽在《盐铁论・散不足》里也说:“古者，污尊抔饮，盖无爵觞樽俎。及其后，庶人器用即竹柳陶匏而已。”最初人们挖个小坑就可以储水，用双手捧水就可以饮用，后来才逐渐开始使用自然界的材料，比如用竹子和柳条编成能盛放食物的器具，或是用葫芦作为水瓢，用大型果壳作为餐具等。在这个时期，一器多用的现象普遍存在，汲水、盛水、饮水的容器都具有茶器的作用。

进入新石器时代中晚期，先民们开始尝试用土制陶器来烹饪食物、盛放酒液和存储粮食。浙江余姚河姆渡遗址出土的黑陶器便是食具与饮具兼用的实物证据。最初，先民们制作的陶器多为粗糙的土陶，随着技术的进步，土陶演变为较坚实的硬陶，甚至是表面敷釉的釉陶。

如果对众多早期陶器进行对比，可以看到它们普遍有大敞口、腹部鼓起、底部圆润等特征，整体造型似球形或半球形。随着制陶技术的提升和审美的提高，陶器的形态不断演变，逐渐形成具有足、耳、柄等丰富结构的器具，包括罐、壶、盂、瓶、鼎、釜、豆、杯等多种形式。其中，鼎、釜、灶等炊具成为当时的主要烹饪器具，兼具煮、蒸、烤等多种功能。这些器具的多样化，进一步促进了人们在饮食上的创新。

・新石器时代・仰韶文化 陶釜、陶灶 中国国家博物馆藏

・新石器时代・河姆渡文化 陶釜 中国国家博物馆藏

青铜时代的器具演进

· 商代“妇好”青铜三联甗 中国国家博物馆

陶器的诞生也直接影响到青铜器的问世。根据《墨子》的记载，“昔者夏后开使蜚廉折金于山川，而陶铸之于昆吾……鼎成四足而方……以祭于昆吾之虚。”意思是说夏朝第二任君主夏启命蜚廉去山里开采铜矿，在昆仑制作陶范并用以铸造青铜鼎，并用它来祭祀神仙。陶铸的成功开启了其后千余年的青铜时代，涵盖了夏、商、西周和东周等多个历史时期。在此期间，青铜被广泛用于制造兵器、礼器、炊器、食器、酒器和乐器等，其坚硬、耐用、不吸水的特性使得青铜器成为人们日常生活的重要组成部分。青铜器中也能找到后世茶器的雏形。例如，甗是一种上部盛物、下部盛水的连体器具，中间的通气孔能让蒸汽流通，从而加热食物，为了同时加工多种食物，甚至出现了三联甗；爵作为斟酒器，具有后世公道杯的影子；觚则是饮酒器，堪称茶杯的先祖；而盉作为盛酒器和盛水器，成为执壶和紫砂壶的远祖。

周武王分封诸侯时，要求巴地上贡的诸多物品中就包括茶，这标志着古代贡茶制度的开端。晋代的郭璞在《尔雅注》中提到，茶树的叶子可用作羹饮，说明茶的食用与药用在当时是并存的。晚唐的日休则指出，从周代到陆羽撰写《茶经》之前，人们将茶叶与其蔬菜一同烹煮，形成了早期的食用方式。由此可见，青铜时代的是日常饮食的重要部分。当时的食具和酒具，如盉、盘、壶、觚杯等，都可以用来盛装茶。

从陶到瓷的过程

尽管青铜器在青铜时代占据了重要地位，但陶器、原始釉陶及原始瓷器的演进同样不可忽视。这三者之间存在着显著的区别。

早期陶器的烧成温度普遍在1000℃以下，因此有“千度成陶”的说法。随着陶窑结构的改进和烧造技术的提升，烧制温度逐渐上升到1200℃。商代中期，人们终于创造出了原始瓷器。原始瓷器的表面更加光滑，通常覆盖有釉，而陶器则多为粗糙的质地，通常不具备釉面，容易吸水且声响沉闷。原始瓷器能够耐受更高的温度，不易吸水，也不容易吸附气味，敲击时还会发出清脆的声音。

釉的出现是从陶器向瓷器转变的重要标志。在商代，烧陶使用的燃料主要是树枝和干草，在燃烧过程中，这些材料的灰烬落在陶坯上，形成了自然落灰现象。经过高温烧制，这些灰融合在陶器表面，形成了初步的釉层。考古研究表明，当时的釉多为石灰釉，呈现黄绿或青灰的色泽。

可以想象，早期人们看到这些覆盖釉层的器皿，表面光滑、色泽诱人，内心一定充满了惊喜与好奇。他们开始不断观察和改进烧制过程，逐步掌握了釉的使用技巧。随着对草木灰的应用，他们学会将其涂抹于尚未烧制的陶器表面，最终完成了从低温釉陶到高温瓷器的演变。

· 商代 原

中国国家

· 商代 原始瓷尊

中国国家博物馆藏

· 西周 原始瓷豆

中国国家博物馆藏

汉代的茶

汉代是中国茶文化发展的重要时期，茶树的种植范围扩大，茶叶成了市面上能买到的商品，茶具的材质也有了显著的发展。这一时期形成了独特的早期茶文化现象。

· 四川省雅安市蒙顶山皇茶园

茶树的栽培普及

四川作为古早的茶叶生产中心，在秦统一六国后，其茶树栽培技术逐渐向当时政治、经济和文化更加发达的陕西和河南传播，使得这两个地区成为北方最早的茶区之一。后来又逐渐向气候、地理条件更适合种茶的长江中下游扩展。

当时如何吃茶？

古代百科词典《广雅》中记载了当时制茶与饮茶的方法——在荆州、巴州一带，人们会把采来的茶叶制作成茶饼，若茶叶已不鲜嫩，则需在制饼时掺入米糊调和搅拌。如果想要煮茶来喝，就需要先将茶饼炙烤成红色，捣碎成末后置于陶瓷器皿中，注入热水，再加入葱、姜等配料一起搅拌。这样制成的茶不仅能醒酒，还有提神醒脑的功效。

茶的商品化与饮用习惯

从战国、秦到汉魏六朝时期，茶逐渐从药食同用的特殊饮品演变为民间广泛接受的饮用和食用品。

湖南长沙马王堆西汉墓中出土了一箱黑米似的小颗粒，用竹篾包装，上刻有“一笥”的字样。经过仔细研究，确认这些小颗粒正是茶叶，而“一笥”意指“一箱茶”。再比如，西汉人王褒写的《僮约》中，已经出现了“烹茶尽具”“武阳买茶”的记录。其中“武阳买茶”指的是要求仆人去武阳（今四川省眉山市彭山区）买茶叶。可见在那个时候，茶叶已经成为市场上的常见商品。“烹茶尽具”的解释有两种说法，一种是要求仆人必须把给客人用的茶具清洗干净，另一种说法是烹茶的时候，要把茶具备齐。无论哪种理解，都表明汉代人已经开始有意识地使用专门的器具来烹茶。

· 四川省雅安市蒙顶山茶山风光

真正的瓷器

汉代，茶器及其他生活器皿的材质经历了重要的发展，尤其是瓷器的诞生，是一个里程碑式的革新。东汉中晚期，真正的瓷器——青瓷的制作技术日益成熟。考古发现显示，浙江绍兴上虞区小仙坛窑址出土的一些东汉瓷器是在1260℃的高温下烧制而成的，胎釉结合紧密，吸水率极低，瓷质光滑，透光性良好，釉面视觉效果宛如一池清水，这些瓷器已基本符合现代对瓷器的定义。

· 东汉 四系印纹“茶”字青瓷罍（示意图）湖州市博物馆藏

浙江省湖州市博物馆现藏有一件东汉青瓷罍，胎质呈酱褐色，外施青黄色釉。肩部刻划有字符，有学者认为是隶书的“荼”或“茶”字，为早期用于储茶的器具。

· 汉代 青釉刻凤鸟纹双系壶 美国克利夫兰艺术博物馆藏

此外，还发现了东汉时期的黑釉瓷器。这种黑釉瓷器的胎骨相较于青瓷精显粗糙，外表呈深褐色或黑色，尽管与成熟的青瓷相比仍显稚嫩，但它的出现反映出东汉时期瓷器的多样化，揭示了当时制瓷工艺的不断进步。

· 东汉 越窑黑釉熊形灯盏 浙江省博物馆藏

早期青瓷文物欣赏

· 东晋 越窑青瓷鸡首壶 美国大都会艺术博物馆藏

· 北朝 青瓷盘 美国大都会艺术博物馆藏

· 五代 越窑青瓷龙纹碗 美国大都会艺术博物馆藏

· 南朝 青瓷莲花纹带盘茶盏 美国大都会艺术博物馆藏

· 五代 青瓷鹦鹉水壶 美国大都会艺术博物馆藏

· 五代 越窑青瓷龙纹碗
美国大都会艺术博物馆藏

· 南朝 青瓷莲花纹带盘茶盏
美国大都会艺术博物馆藏

· 北齐 青瓷罐 美国大都会艺术博物馆藏

三国两晋南北朝的茶

三国两晋南北朝时期，饮茶逐渐被豪门所青睐、文人所歌咏，这也推动了饮茶习俗的传播，使之逐渐进入百姓的日常生活。茶不仅仅是一种饮品，更成为文化和社交的象征。

茶树的种植传播

南北朝时期是宗教文化发展的高峰期，不论是汉代就传入我国的佛教，还是刚刚兴起的道教，都对饮茶有着强烈的需求。佛教徒在修行中，常通过饮茶来镇定精神、驱散疲倦；讲究修炼和气功的道家同样认为饮茶具有轻身提神的功效。因此，许多名山寺观如江西庐山、浙江天台山和雁荡山、四川青城山、安徽九华山等，都开始种植茶树，为茶文化的发展推波助澜。

相传，三国时期著名的高道“葛仙公”葛玄曾在浙江天台山上创建道观，并将茶视为“养生仙药”，他在天台山主峰华顶开辟了茶圃，其遗迹“葛仙茗圃”至今仍存。

葛玄画像

以茶代酒

三国时期的吴国，有一个著名的“以茶代酒”典故。根据晋代史学家陈寿的《三国志·吴书·王楼贺韦华传》记载，“皓每飨宴，无不竟日，坐席无能否率以七升为限，虽不悉入口，皆浇灌取尽。曜素饮酒不过二升，初见礼异时，常为裁减，或密赐茶荈以当酒”。吴国末代君主孙皓的宴会有一个规矩：每位参加者必须在席间饮尽七升美酒，不论个人的酒量如何。这一荒唐的规定让许多人倍感压力，尤其是酒量有限的韦曜。一次宴会上，韦曜面对那一杯又一杯的美酒，十分苦恼。考虑到韦曜是自己父亲的老师，孙皓有意特殊关照，便悄悄命人用茶水替代了酒，以免韦曜在众人面前失态。这个故事证明，当时茶已在贵族阶级的宴会上登场。

以茶示俭

东晋时期，茶也是节俭和雅致生活的象征。东晋吏部尚书陆纳在吴兴（今浙江湖州吴兴区）任太守期间，曾邀请著名的卫将军谢安来家里做客。陆纳的侄子看到叔叔没有提前准备丰盛的宴席，担心会影响家族的体面，于是私下准备了足以招待十余人的佳肴。当谢安莅临时，陆纳仅仅摆上了简单的茶叶和水果招待他。陆纳的侄子见此，赶忙将丰盛的菜肴端上，试图为叔父争光，却反而让陆纳勃然大怒：“你既然不能为我增光添彩，为什么还要败坏我清廉节俭的名声呢？”最后陆纳杖责了侄子，以示惩戒。可见在陆纳心中，节俭是维护家族声誉的重要方式。

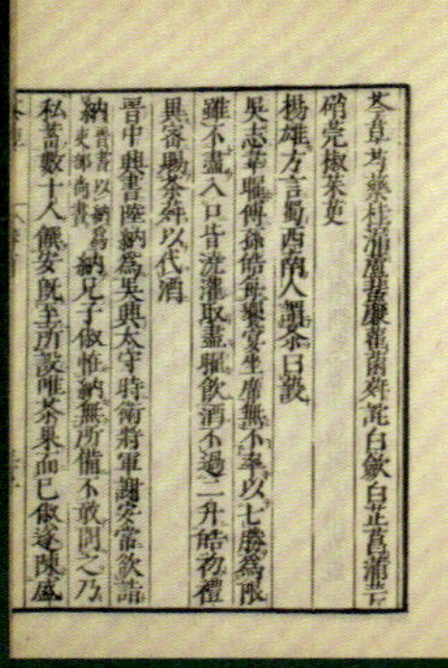

· 陆羽所作《茶经》中记录的“以茶代酒”和“陆纳杖侄”故事

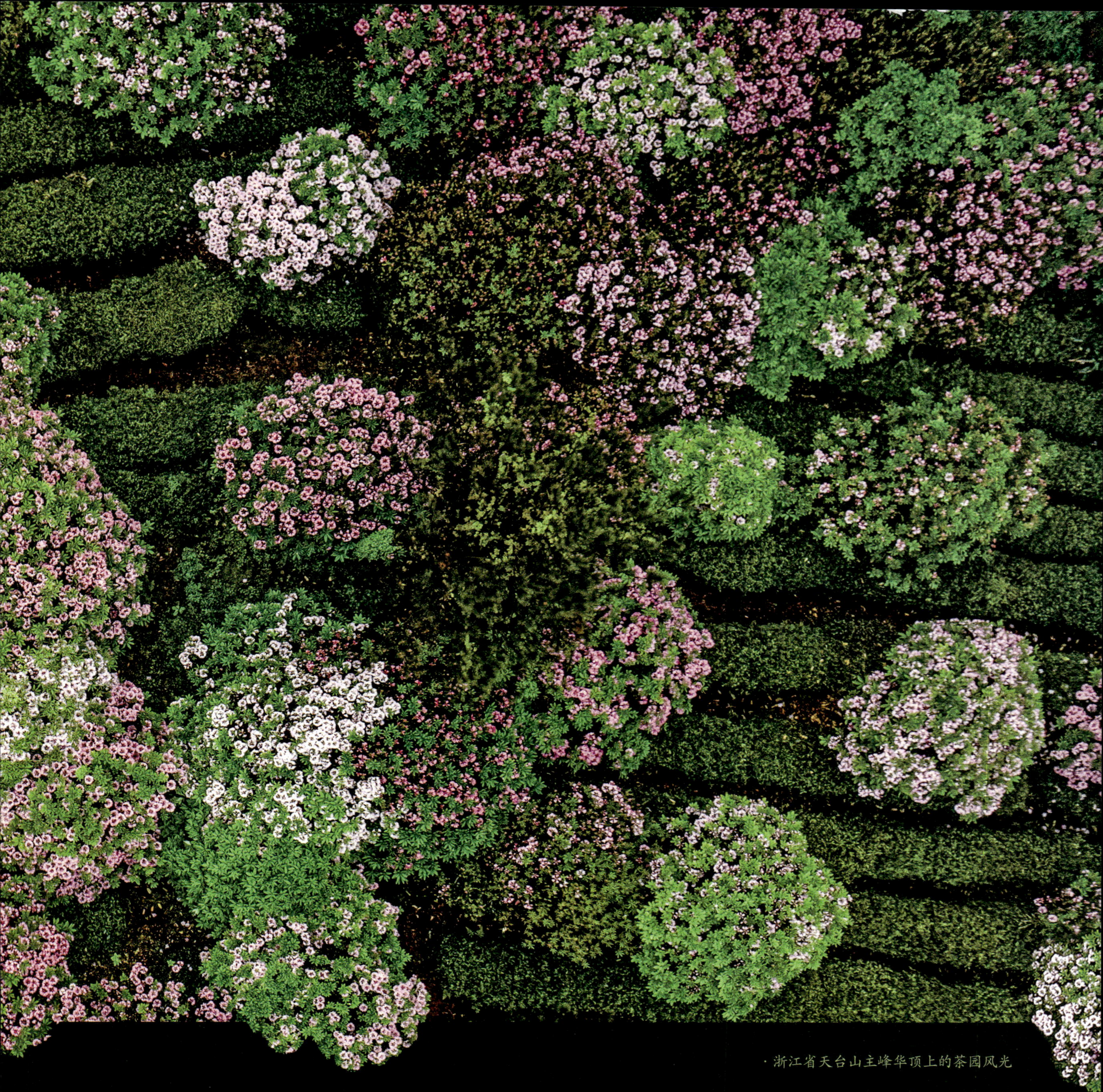

· 浙江省天台山主峰华顶上的茶园风光

文人对茶的赞美

晋代的文人笔下，茶首次被文辞赋予了美好之意。

西晋张载的《登成都白菟楼诗》被认为是中国文学中首次出现赞美茶的诗。公元280年，张载前往成都探望父亲时，深受当地市井风貌和风土人情的感染，写下了这首传世之作。诗中他写道："芳茶冠六清，溢味播九区。"称赞茶的香醇美味胜于王室饮品，悠悠茶香传播九州。

西晋末年杜育所作的《荈赋》则是中国最早的专门描写茶的诗赋作品。全文为：灵山惟岳，奇产所钟。瞻彼卷阿，实曰夕阳。厥生荈草，弥谷被岗。承丰壤之滋润，受甘露之霄降。月惟初秋，农功少休；结偶同旅，是采是求。水则岷方之注，挹彼清流；器择陶简，出自东瓯；酌之以匏，取式公刘。惟兹初成，沫沉华浮。焕如积雪，晔若春敷。若乃淳染真辰，色绩青霜；氤氲馨香，白黄若虚。调神和内，倦解慵除。杜育在赋中描述了茶的生长环境、采摘时节、烹煮水质和器具选择，并细致描述了品茶的体验，为后世茶学经典《茶经》提供了珍贵的记录与参考。

此外，西晋文学家左思在《娇女诗》中，也呈现了家庭日常饮茶的生活场景——"止为茶荈据，吹嘘对鼎立。"诗中，他的两个小女儿因茶汤煮得不够快而焦急，对着鼎不断吹气催火，十分活泼可爱。

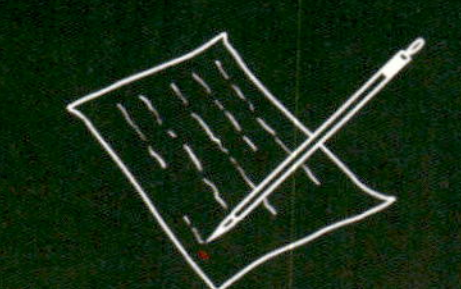

唐代茶事

从兴起到盛行

唐代的茶文化比起前面的朝代都更加兴盛。从开元、天宝年间，茶叶初见繁盛，到中唐之后，“比屋之饮”的情形逐渐形成，茶成了人们的日常饮品。这种风俗之盛，还打破了地域的界限，甚至跨越国界传播。从中原到塞外，从贵族文人到百姓，唐代茶文化以一种包容且繁荣的姿态，开启了中国茶文化全面兴起的篇章。

·日本江户时代画家村上南溟所绘的陆羽画像

茶圣陆羽的传奇一生

陆羽（733—约 804 年），字鸿渐，是唐代著名的茶学家和学者，被誉为“茶圣”。

通过陆羽在《陆文学自传》中的自述，我们能看到这样一个立体的人：他称自己外貌不佳且结巴“有仲宣、孟阳之貌陋，相如、子云之口吃”，但性格却十分鲜明“而为人才辩笃信，褊躁多自用意。朋友规谏，豁然不惑。凡与人宴处，意有所适，不言而去。人或疑之，谓多生瞋。又与人为信，虽冰雪千里，虎狼当道，而不諐也……见人为善，若己有之；见人不善，若已羞之；苦言逆耳，无所回避，由是俗人多忌之。”短短几句，就展现了陆羽言必信，行必果，能坚持自我，也敢于听取不同意见的性格特点。

陆羽的一生是跌宕起伏的。开元二十一年（733 年），陆羽出生了，不久却被父母遗弃，幸而被寺庙里的积公禅师收养，后来又被托付给村子中的李老夫子照看，李老夫子是当地的一个私塾先生，给他取字季疵。长到 9 岁时，庙里的师傅又将他带回去学习佛法。然而，陆羽对佛学并无兴趣，他曾向师父请求研习儒学，师父勃然大怒，罚他干杂活。少年陆羽不甘被局限，毅然离开寺庙，开始浪迹

江湖，潜心学习儒家经典，逐渐显露才华。

天宝年间，陆羽结识竟陵太守李齐物并深得赏识。在李齐物的支持下，他获得了更多学习诗文的机会。后来，他又与竟陵司马崔国辅结交，三年相伴。

然而好景不长，安史之乱爆发了，时局动荡不安，唐玄宗无奈奔蜀，陆羽也和其他百姓一样四处流徙。他在至德元年（756 年）前后到达浙江，于浙江湖州结识了他人生中亦师亦友的知音——妙喜寺的高僧皎然，两人惺惺相惜，成为忘年交。此后，年仅 24 岁的陆羽深入庐山、茅山等地，频繁探访茶区，拜访有经验的茶农，收集茶叶生长、加工的资料，为撰写《茶经》打下基础。

几年后，陆羽回到湖州，潜心整理茶事资料，开始撰写《茶经》。这段时光被他记录在《陆文学自传》中："上元初，结庐于苕溪之滨，闭门对书，不杂非类，名僧高士，谈讌永日。"

陆羽对茶的研究是全面的，他不仅重视茶叶的种植和加工，还醉心于茶具的制作。广德二年（764 年），他自行设计出煮茶的风炉，并刻上"圣唐灭胡明年铸"的铭文，展现出他对国家的忠诚。

永泰元年（765 年），陆羽根据自己在 32 个州郡的实地考察资料，完成了《茶经》。这部巨著被世人竞相传抄，标志着茶文化理论体系的正式建立。但陆羽并没有止步不前，为了完善《茶经》，他又多次前往宜兴、常州、丹阳等地考察。在顾渚山，他亲自参与茶叶生产工艺的改良，并两次完成《顾渚山记》。

大历十年（775 年）对陆羽来说是值得欣喜的一年，多年漂泊，在朋友们的帮助下，他终于拥有了属于自己的家——青塘别业。家宅简朴而雅致，为他研究茶叶、完善《茶经》提供了更好的条件。为此，好友皎然以诗庆贺"身关白云多，门占春山尽。最赏无事心，篱边钓溪近。"（《喜义兴权明府自君山至，集陆处士羽青塘别业》）

建中元年（780 年），陆羽的心血之作《茶经》终于正式刻印。

贞元二十年（804 年）冬，陆羽病逝。

陆羽，这位中国历史上首开茶道系统先河的学者，其影响力早已冲破时代局限。经他推动，茶文化在中国广泛传播，融入社会生活，成为中国文化的重要部分。陆羽一生致力于茶事研究，积累下海量珍贵资料，为后世茶文化的传承与发展夯实了根基。直至今天，《茶经》依旧是茶人研习茶道的不二之选，持续引领着一代又一代的爱茶之人深度探寻茶文化的深邃与精妙。

·湖北省天门市的陆羽纪念馆

《茶经》里写了什么？

《茶经》不仅是中国历史上第一部综合性茶学专著，也是世界上首部茶书。全书共计七千余字，分为上、中、下三卷，系统阐述了茶事的十个关键方面：茶之源、茶之具、茶之造、茶之器、茶之煮、茶之饮、茶之事、茶之出、茶之略、茶之图。这部作品不仅凝聚了陆羽数十年亲身实践、集百家所长的精华，更是对唐代及以前茶文化的全面总结。

一之源

这部分指出了茶本身的功能——茶作为饮品，最适宜那些追求品行高洁、生活简朴之人饮用。无论是口渴难耐、心胸烦闷、头疼脑涨、眼睛干涩，还是四肢疲倦、关节不适，只需轻啜四五口茶，其效果便能与醍醐、甘露相媲美。然而，若采摘时机不当，制作工艺不精，茶叶中再混杂有野草败叶，这样的茶饮用后反而会对人体有害。陆羽强调要想获得上乘好茶，必须精准把握茶树的生长特性及其自然规律。

二之具

培育优质的茶树只是基础，真正优质的茶叶还离不开科学的采摘方法。这部分内容专门探讨了采摘茶叶时所使用的工具。

三之造

该部分主要介绍了采茶的适宜时节、选茶的具体标准以及制茶的正确方法。这套完整的制茶流程，陆羽总结道：“晴，采之。蒸之、捣之、拍之、焙之、穿之、封之，茶之干矣。”他还根据茶叶的外形与色泽特征，将其划分为八个等级，并着重指出，无论是采摘还是后续加工，都必须及时进行，操作方法不能出错。

四之器

这部分重点介绍了二十多种不同的煮茶与饮茶器具。每一种都详细介绍了其名称、形态、材质、尺寸规格、制作工艺和具体用途。此外，陆羽还探讨了茶器对茶汤品质的影响，对不同地区所产的茶具进行了点评与使用规则的说明。

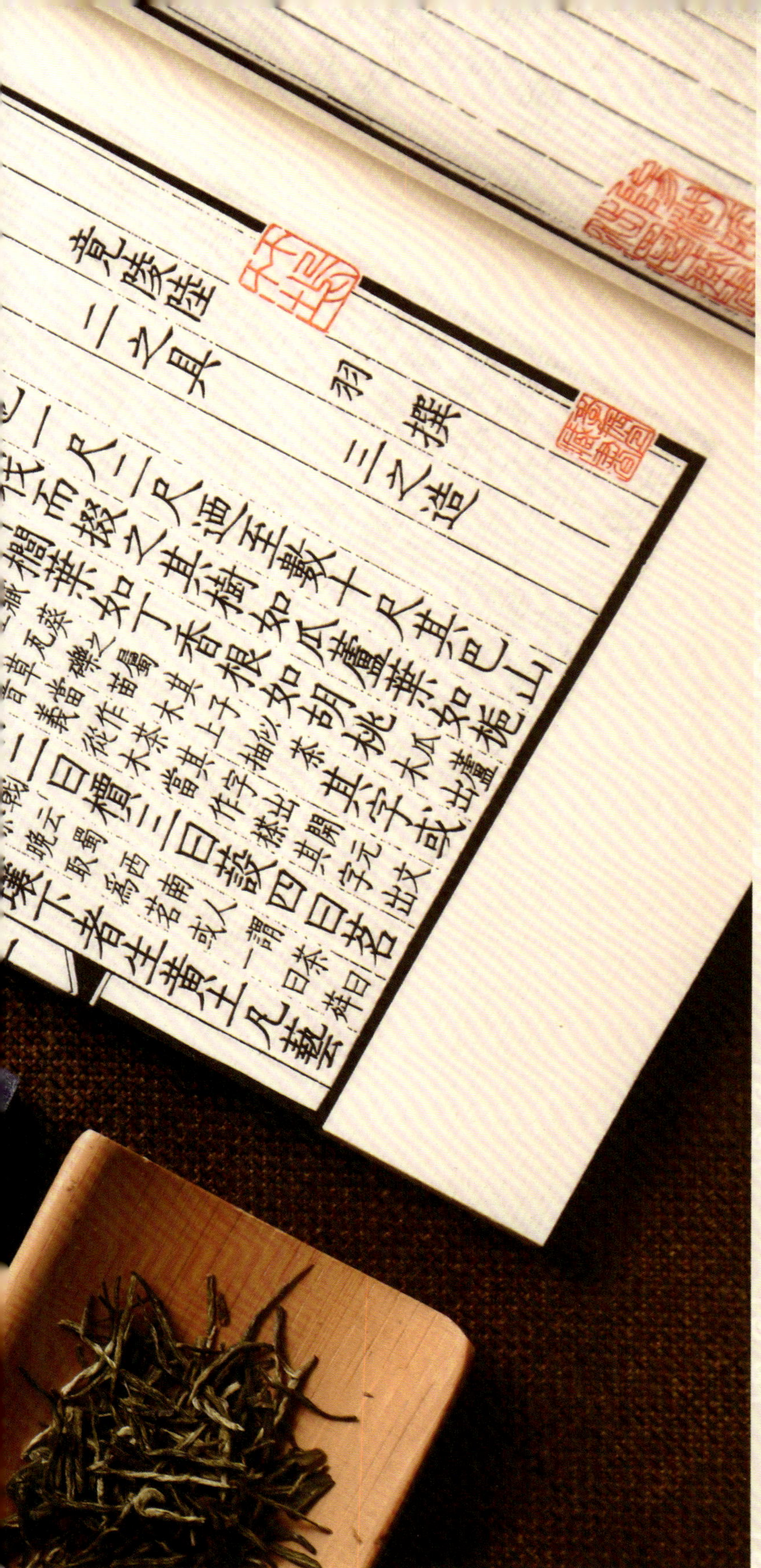

五之煮

这部分的主题是烹煮茶的技巧，包括烤茶饼的方法、燃料的选择、煮茶的用水标准以及火候的掌控。

陆羽认为，把茶饼炙好后需迅速用纸包裹，以保证茶的精华气息不散。在取火方面，需使用新鲜的木炭，因为木炭燃烧干净，不会带入腥臭或油腻味。接着是选水。他认为山中之水最佳，其次是江水，井水最差。山之水以乳泉、石池涌出的水为上，急流瀑布的水不宜使用。江水要选离人群较远的水源，以减少污染；井水应选择水质清澈且人们常饮的，说明水脉充足。关于煮茶，陆羽提出用“三沸法”来判断水的火候：水烧至冒出鱼眼泡为“一沸水”，此时可加入少许盐花。继续加热，当出现涌泉般的气泡时为“二沸水”，可在此时舀出一瓢，再用竹夹把水搅动出旋涡，从中间投下茶末。如果此时茶汤翻滚，茶末上浮，可用刚舀出的水稍加压制。如果在此基础上继续加热，水会剧烈翻腾，达到“三沸水”状态，此时水已过老，不宜再用。

六之饮

这一部分主要探讨了饮茶的风尚起源、传播路径以及相关习俗的形成，同时也阐述了饮茶的方式和方法。这一部分是陆羽茶道思想的核心，它构成了整个茶道体系的理论基础。

七之事

这部分陆羽梳理了大量唐代及之前的古籍文献、传说故事、药方等记录，旨在阐明饮茶不仅仅是日常饮食的一部分，它早已超越了生活习惯，成为一种独特的文化现象。

八之出

这部分详尽记录了当时的茶叶产地，并对各地茶叶的品质进行点评。唐代有八大茶区：山南、淮南、浙西、剑南、浙东、黔中、江南和岭南。每个茶区的茶叶根据品质又分为上、中、下、又下四个等级。陆羽的足迹遍及大部分茶区，其中他的故乡竟陵属于山南道，被他列为第一大茶区。

九之略

陆羽认为，尽管茶道有许多讲究，但并非一成不变。他强调，茶道可以根据不同的环境和条件灵活调整，既可以在室内进行，也可以在室外开展。根据茶的种类、参与人数以及场所的不同，茶道的形式和内容都可以因地制宜，随时变化。

十之图

陆羽建议爱茶之人将《茶经》中的内容誊写在素绢上，悬挂于茶座旁。不仅方便查看，辅助实践，还能装点饮茶环境。

《茶经》中的茶器一览

煮茶器

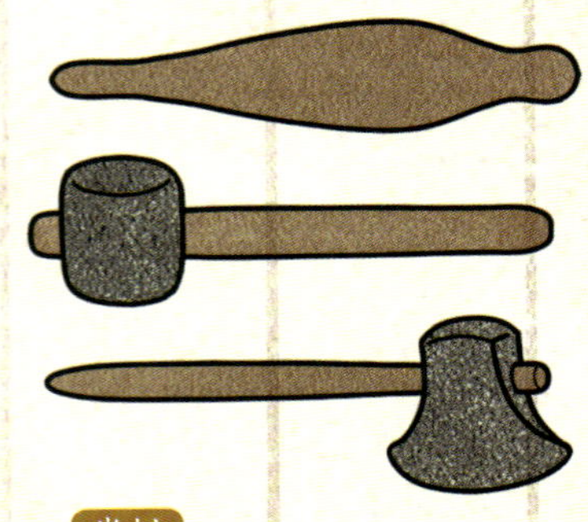

筥

竹编的框子，可用来围放木炭，也可以是茶农背着采茶叶用的工具。

风炉

这是煮茶时不可缺少的器皿，陆羽根据多年经验，设计出了独特的风炉：以铜铁铸造，仿照古鼎形状，有三足，足间开三个窗口。炉底有一个窗口用来通风漏灰，下置三足的灰承。

炭挝

六棱形的铁棒，可轻松敲碎木炭。形状还可随意变换，有斧头形的，有槌形的。

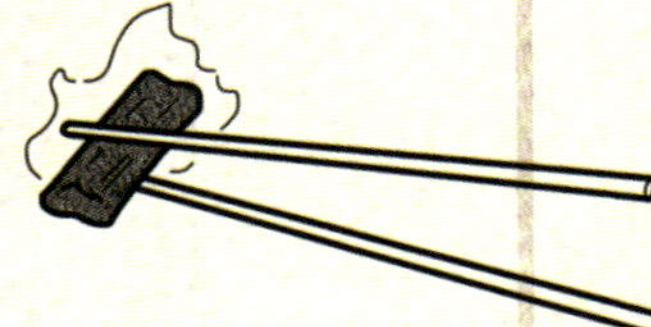

火筴

即火钳。可夹取滚烫的木炭。

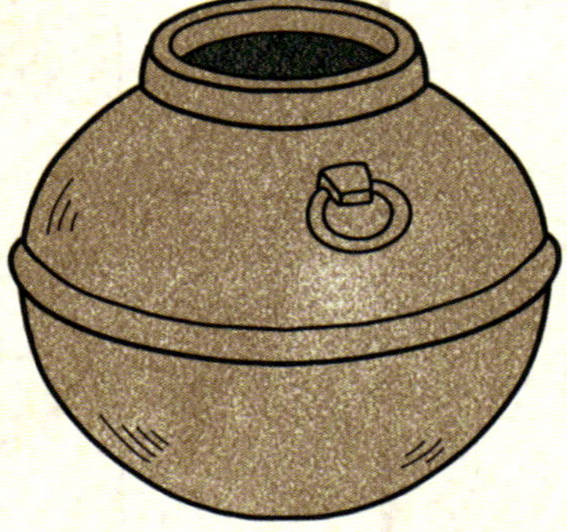

鍑

生铁做的煮茶锅。锅的内壁要光滑，外壁和底要粗糙，才能利于导热。

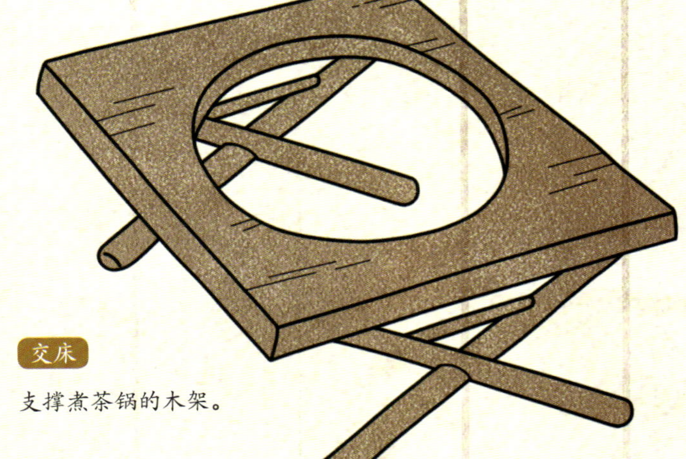

交床

支撑煮茶锅的木架。

备茶器

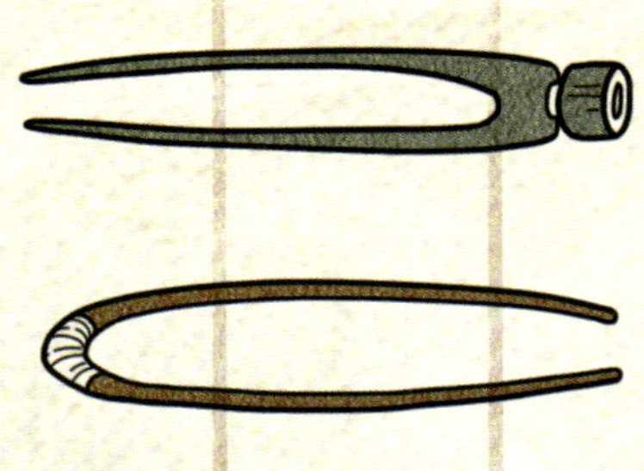

夹

小青竹制成，可夹着茶饼在火上烘烤。竹子的清香能增添茶叶的香气。

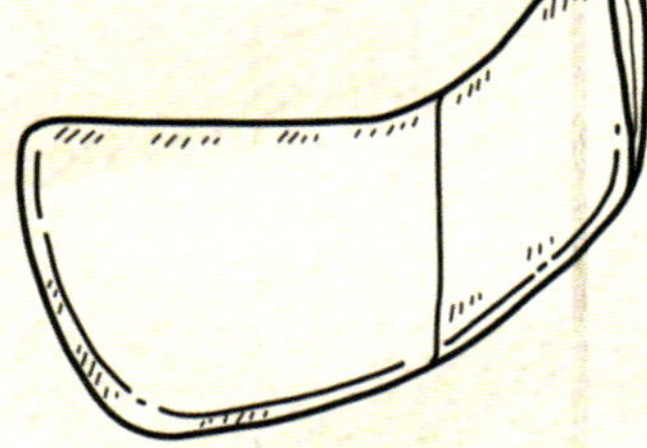

纸囊

用来包烤好的茶饼，使其香气不散。

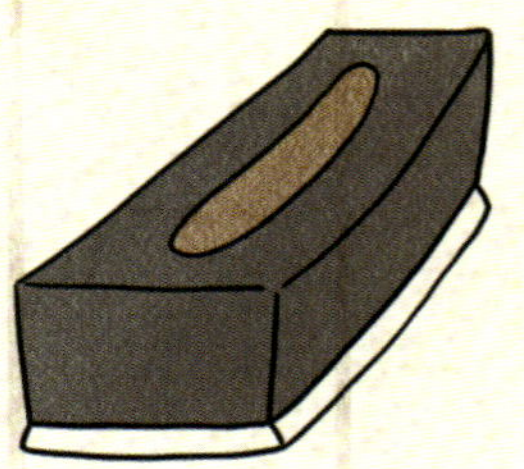

碾、拂末

木头制作，形状内圆外方，用来碾压茶饼。碾碎的茶末，用鸟羽做成的拂末（扫茶末的工具）清扫。

水方

木制的存水器具，内外的缝隙都要涂漆。

熟盂

盛沸水的容器，容量很大，能装二升水。

瓢

取水用的瓢，一般为葫芦或木制。

竹筴

竹制，但两头用银包裹，煮茶时用它来搅动茶汤。

漉水囊

过滤水的器具。骨架用生铜铸造，能避免产生污垢使水染上异味。滤水的袋子用青篾丝编织而成。

鹾簋

存放盐的瓷器。一般配备取盐用的工具——竹做的“揭”。

饮茶器

碗

饮茶用的瓷器。陆羽认为青瓷中的越瓷、鼎州瓷品质都不错。

清洁整理用具

札

洗涤工具。一般用竹管夹着棕榈纤维制成。

巾

准备两块，用来清洁茶具。

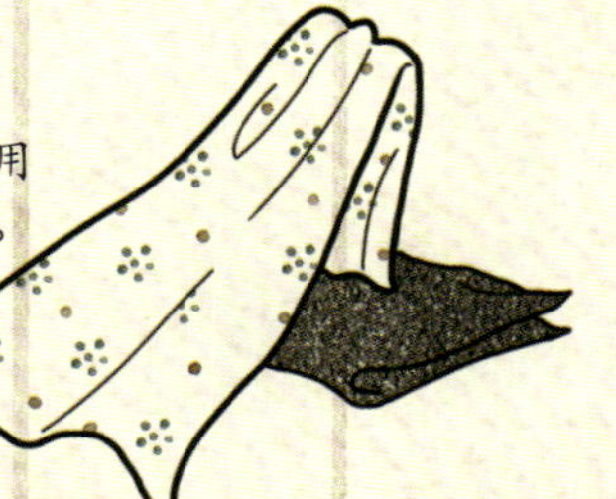

具列

可以陈列和收纳所有茶具的竹木家具，有床形也有架形，也可制成有门的小柜。

畚

白蒲草编成的储具，一次可以放十只茶碗。

涤方

木头制成，用来装洗涤后的剩水。

滓方

收集茶渣用的容器。

都篮

装茶器的竹筐子。

罗和合

绷着纱或绢的罗可以筛茶末；合是圆柱形的盒子，用来存放茶末。

则

用贝壳、竹木或铜铁做成的量器，像勺子。同时，“则”也是度量单位。陆羽提出烧一升水，可用一“方寸匕”的则来取茶末，可凭个人口味浓淡进行增减。

唐代文人与茶

唐代茶文化的确立，标志性事件便是陆羽的《茶经》问世。除了陆羽个人的贡献外，唐代文人群体对茶文化的丰富与发展也起到了不可忽视的作用，大量茶诗的涌现便是这一过程的生动体现。

唐代的茶诗作者多达百余人，创作的茶诗近五百首。著名的茶诗人不仅包括颜真卿、皇甫曾、张志和、戴叔伦、陆龟蒙等，李白、杜甫等大诗人也曾留下与茶相关的诗篇。其中最具代表性的茶诗作者无疑是卢仝、白居易，以及与陆羽同时代的诗僧皎然。

· 宋代《卢仝烹茶图》(局部) 钱选作 台北故宫博物院藏

“茶仙”卢仝

卢仝（约775—835年），自号玉川子，唐代诗人。

尽管在唐代诗坛诸多名家中，卢仝的名字并不算耀眼，但他却因一首《走笔谢孟谏议寄新茶》在茶文化史上占据了独特的地位，被誉为“茶仙”。时至今日，诗中名词名句“七碗”“两腋清风”“玉川子”等，仍然在后代诗人咏茶的作品中被广泛引用。

《走笔谢孟谏议寄新茶》是卢仝在品尝了友人孟简所赠新茶后即兴创作的古诗。原文如下：

日高丈五睡正浓，军将打门惊周公。
口云谏议送书信，白绢斜封三道印。
开缄宛见谏议面，手阅月团三百片。
闻道新年入山里，蛰虫惊动春风起。
天子须尝阳羡茶，百草不敢先开花。
仁风暗结珠琲瓃，先春抽出黄金芽。
摘鲜焙芳旋封裹，至精至好且不奢。
至尊之余合王公，何事便到山人家。
柴门反关无俗客，纱帽笼头自煎吃。
碧云引风吹不断，白花浮光凝碗面。
一碗喉吻润，两碗破孤闷。
三碗搜枯肠，唯有文字五千卷。
四碗发轻汗，平生不平事，尽向毛孔散。
五碗肌骨清，六碗通仙灵。
七碗吃不得也，唯觉两腋习习清风生。
蓬莱山，在何处？
玉川子，乘此清风欲归去。
山上群仙司下土，地位清高隔风雨。
安得知百万亿苍生命，堕在巅崖受辛苦。
便为谏议问苍生，到头还得苏息否？

诗的内容大致可以分为三部分：第一部分描写了卢仝接到友人赠茶的情形。诗人通过“日高丈五睡正浓”引入，描绘了自己在午后的宁静时光里睡眠正酣，突然被送茶人打断，接着用浓墨重彩的赞美词汇，展示好茶的珍贵、自己的喜爱和对友人的感激之情。

第二部分从“柴门反关无俗客，纱帽笼头自煎吃”开始，描写自己关上门来细品好茶的感受。卢仝在这部分通过“一碗喉吻润，两碗破孤闷”将饮茶的效果层层递进，展现了茶从物理层面滋润喉咙、舒缓孤独，再到帮助思维活跃，甚至带来文思的灵感。尤其是“三碗搜枯肠，唯有文字五千卷”，虽有夸张之意，但诗人借此展现出了自己不拘小节、狂放不羁的才子形象。接着第四碗、第五碗直至第七碗，卢仝通过饮茶，渐渐进入了一个如梦如仙的精神世界，仿佛能达到“通仙灵”“肌骨清”的境地，最后甚至有了“唯觉两腋习习清风生”的超脱感，表现出一种脱离尘世、升华至仙境的境界。

第三部分，卢仝并没有止步在自己飘飘欲仙的感受中，而是转向了对社会现实的深刻反思。他通过描绘“群仙”与“百万亿苍生命”的鲜明对比，揭示了世间的不公与劳苦民众的困苦。卢仝借此呼吁统治阶级应当关心百姓疾苦、减轻剥削与压迫。卢仝的茶诗影响深远，但可惜的是，他在唐太和九年（835年）的“甘露之变”中遇害。

酷好饮茶的白居易

白居易（772—846年），字乐天，号香山居士，唐代伟大的现实主义诗人。

白居易一生酷爱茶与酒，他现存诗歌中，涉及茶的就有60多首。晚年，他在《首夏病间》一诗中写道：“竟日何所为，或饮一瓯茗，或吟两句诗。”可见茶已成为他日常生活的重要组成部分。然而，白居易的茶诗并非单纯为了赞美茶本身，而是寄托了他更深的情感与思想。他生活的时代是盛唐末期，国力已不如前，许多文人的心态也发生了巨大变化。虽然他自己不曾为衣食担忧过，但在政治上却始终未能如愿，屡受贬谪，心中积压了不少失望与困惑。《唐才子传》记载白居易“居易累以忠鲠遭摈，乃放纵诗酒”，可见他是想通过诗酒来排解内心的痛苦，寻求精神上的安慰与解脱。

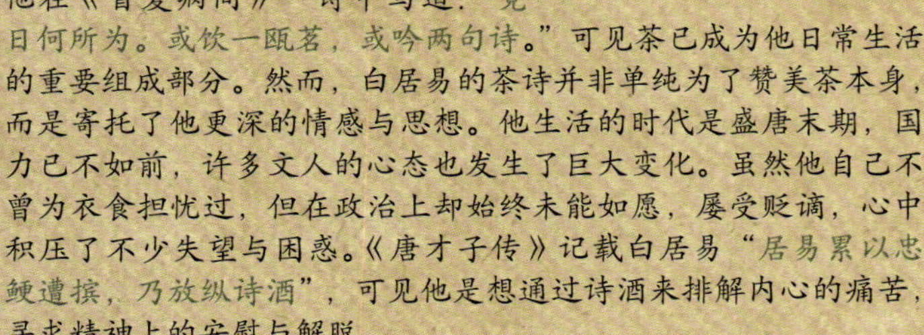

白居易的茶诗主要体现了三个方面的内容：一是借饮茶来解闷；二是借茶交友；三是悟道。在唐代，茶文化已经融合了儒、释、道思想，许多文人饮茶不仅仅是享受其中的美味，更是在茶中寻求某种哲学与精神的启示，白居易自然也不例外。

诗僧皎然

皎然，字清昼。他专心于山水田园与茶道诗歌的创作，在当时的茶文化界和文学界具有较高的影响力。

皎然生活在唐代，那时茶文化已在整个社会逐步普及。作为一位爱茶的诗僧，皎然在诗歌中将茶与禅相结合，认为两者有着相通的精神内核，他在《对陆迅饮天目山茶，因寄元居士晟》一诗中写道：“稍与禅经近，聊将睡网赊。”透露出饮茶的同时自己也感悟到了禅的境界。

最能体现皎然禅意的茶诗是《九日与陆处士羽饮茶》。诗中写道：“九日山僧院，东篱菊也黄。俗人多泛酒，谁解助茶香。”普通人过重阳节大多饮酒助兴，他与陆羽却以茶替酒、以茶就菊，十分雅致。

皎然与陆羽一样，都爱茶懂茶，自然成为知音。他俩和颜真卿共同建立了“三癸亭”，常在亭中举行茶会，吟咏茶诗，品茗论道，成为中国茶文化史上的一段佳话。

有趣的中国茶诗

中国的茶诗与茶词，不仅数量庞大，而且形式多样。除了常见的绝句、律诗等形式外，在一些较为冷门的诗词体裁中，也能找到茶的踪影。

宝塔诗

唐代诗人元稹与白居易友情深厚，合称“元白”。元稹创作的宝塔诗《一字至七字诗·茶》在形式上独具特色，采用了每句字数递增的宝塔结构。此诗的内容可分为三个层次：首先，从茶的本性出发，表达了人们对茶的热爱；其次，通过茶的煎煮过程，反映了饮茶的习俗；最后，诗人提到茶的功能，指出其能够提神醒酒，具有独特的保健作用。

茶，
香叶，嫩芽。
慕诗客，爱僧家。
碾雕白玉，罗织红纱。
铫煎黄蕊色，碗转曲尘花。
夜后邀陪明月，晨前命对朝霞。
洗尽古今人不倦，将知醉后岂堪夸。

回文诗

回文诗的独特之处在于其字句回环往复，不仅可以正着读，倒过来也同样合乎文理，且意义不变。北宋文学家和书画家苏轼，作为唐宋八大家之一，创作了大量的茶诗，其中尤以回文茶诗最为别致。苏轼在《记梦回文二首（并叙）》中提到，这两首回文诗源于他在大雪初晴时做的一个梦，梦醒后记作诗篇。从这点可以看出，苏东坡真是名副其实的茶迷，甚至连梦中都不忘饮茶。

（其一）
酡颜玉碗捧纤纤，
乱点余花唾碧衫。
歌咽水云凝静院，
梦惊松雪落空岩。

（其二）
空花落尽酒倾缸，
日上山融雪涨江。
红焙浅瓯新火活，
龙团小碾斗晴窗。

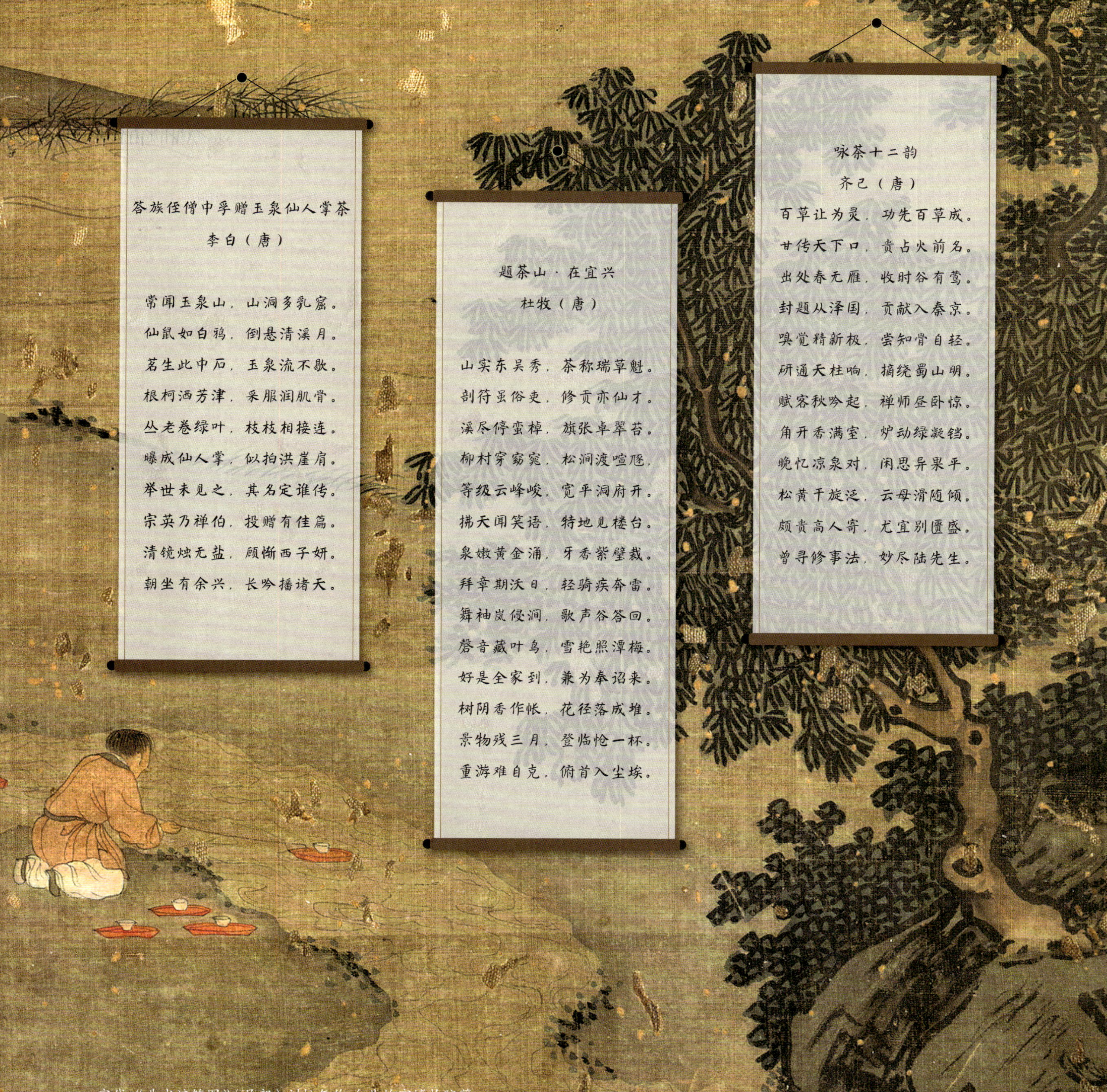

· 宋代《曲水流觞图》（局部）刘松年作 台北故宫博物院藏

联句诗

联句指几位作者共同完成一首诗，要求内容连贯、意境统一。唐代一首名为《五言月夜啜茶联句》的茶诗，便是由六位作者共同创作的，他们分别是：颜真卿、陆士修、张荐、李崿、崔万和皎然。为了增添诗作的独特性，作者们使用了许多与饮茶相关的代名词。例如，陆士修用“代饮”来形容以茶代酒，张荐则用“华席”代指茶宴。

泛花邀坐客，代饮引情言。——陆士修
醒酒宜华席，留僧想独园。——张荐
不须攀月桂，何假树庭萱。——李崿
御史秋风劲，尚书北斗尊。——崔万
流华净肌骨，疏瀹涤心原。——颜真卿
不似春醪醉，何辞绿菽繁。——皎然
素瓷传静夜，芳气满闲轩。——陆士修

唱和诗

“唱”指的是一个人先创作一首诗，“和”指的是第二个人依照前一首诗的体裁、题材、韵律或思想内容作出回应。唐代文学家皮日休和陆龟蒙都是茶文化的爱好者，两人经常以诗文互相唱和，人送称号“皮陆”。

茶中杂咏·煮茶
皮日休
香泉一合乳，煎作连珠沸。
时看蟹目溅，乍见鱼鳞起。
声疑松带雨，饽恐生烟翠。
尚把沥中山，必无千日醉。

奉和袭美茶具十咏·煮茶
陆龟蒙
闲来松间坐，看煮松上雪。
时于浪花里，并下蓝英末。
倾余精爽健，忽似氛埃灭。
不合别观书，但宜窥玉札。

雅致又热闹的唐代茶会

古代文人常常聚集在一起举行文会或诗会，进行思想交流和诗艺切磋。比如西汉时期，汉武帝修建柏梁台，与群臣共同创作了《柏梁诗》；再如东晋时期，由王羲之牵头，有四十多位文豪参加的兰亭集会。进入唐代，随着诗道的鼎盛，文人的诗会活动愈加频繁，甚至形成了固定的诗社。

这些诗会、诗社通常以酒为媒介，古人称之为“诗酒之会”或“诗酒社”。然而，除了酒，茶也是文人群体创作活动中不可或缺的饮品，久而久之，专门的茶会逐渐兴起。

茶会在盛唐时期就已出现，王昌龄曾在《洛阳尉刘晏与府掾诸公茶集天宫寺岸道上人房》一诗中提到过茶会，钱起也作有《与赵莒茶宴》和《过长孙宅与朗上人茶会》，表明茶会已成为文人日常生活的一部分。到中唐时期，茶会文化逐渐普及，颜真卿、刘长卿、李嘉佑等都有关于茶会的诗作。

如果茶会的规模较大，通常会组织赋诗活动。这些创作既能展示文人们的诗才，也能加深彼此间的情谊。

· 宋代《唐十八学士图》卷（局部）
赵信作 台北故宫博物院藏

二十多人参加的大型茶会

唐大历九年（774 年）三月，阳光明媚，春风和煦。湖州刺史颜真卿应长城县（今浙江湖州长兴县）县丞潘述和县尉裴循的邀请，携同陆羽、皎然、李萼、裴修等名士，齐聚长城县西南十五里的潘子读书堂，举行了一场盛大的雅集——竹山堂雅集。三月正是江南采茶、制茶的季节，这场茶会恰逢此时举办，可能是为了庆祝新茶顺利上贡。当天，文人雅士们品茗、吟诗，畅快欢聚，场面十分热闹。雅集结束后，颜真卿将众人创作的连句诗记录下来，《竹山堂连句诗帖》成为这一盛会的珍贵遗存。

万卷皆成帙，千竿不作行。——陆羽
练容餐沆瀣，濯足咏沧浪。——李崿
守道心自乐，下帷名益彰。——裴修
风来似秋兴，花发胜河阳。——康造
支策晓云近，援琴春日长。——汤清河
水田聊学稼，野圃试条桑。——皎然
巾折定因雨，履穿宁为霜。——陆士修
解衣垂蕙带，拂席坐藜床。——房夔
檐宇驯轻翼，簪裾染众芳。——颜粲
草生还近砌，藤长稍依墙。——颜颛
鱼乐怜清浅，禽闲喜颉行。——颜须
空园种桃李，远墅下牛羊。——韦介
读《易》三时罢，围棋百事忘。——李观
境幽神自王，道在器犹藏。——房益
昼饮山僧茗，宵传野客觞。——柳淡
……

唐代宫廷茶道

每年，贡茶源源不断地从各地运送入宫，且茶样不断翻新，数量日益增多，唐代宫廷便顺理成章地形成了独特的茶俗。

唐代诗人张文规在《湖州贡焙新茶》中生动描绘了新茶入宫给宫人带来的喜悦：

> 凤辇寻春半醉回，仙娥进水御帘开。
> 牡丹花笑金钿动，传奏吴兴紫笋来。

诗中描述皇帝乘辇外出踏春，回宫后，恰逢春茶贡品送到，侍女脸上的笑意止都止不住，急忙跑进来，将这一好消息传达给正在洗脸的皇帝。这首诗捕捉了宫廷生活的瞬间，生动展现了茶在宫廷生活中的重要地位。

唐代女诗人鲍君徽的《东亭茶宴》则描绘了宫廷妃嫔们品茶的宁静场景：

> 闲朝向晓出帘栊，茗宴东亭四望通。
> 远眺城池山色里，俯聆弦管水声中。
> 幽篁引沼新抽翠，芳槿低檐欲吐红。
> 坐久此中无限兴，更怜团扇起清风。

诗中妃嫔们在东亭举行茶宴，远望城池与山色交融，低头聆听伴随水流的悠扬乐曲，周围竹林深幽，槿花待放，氛围宁静而怡人。妃嫔们在这样的环境中品茗，久久不愿离去，团扇轻摇，送来阵阵清风，恍若世外桃源。

茶道不仅深受后妃宫女的喜爱，皇帝日常也乐于品茶论道。唐代笔记小说集《杜阳杂编》中记载，皇帝博览群书，每当与文人学士讨论经义、切磋文章时，常命宫女准备茶饮赐给众人。此外，在殿试这种庄严的场合，皇帝也会通过赐茶的方式表达鼓励与赏赐。唐代王建在《宫词一百首》中写道：

延英引对碧衣郎，江砚宣毫各别床。
天子下帘亲考试，宫人手里过茶汤。

因为唐代皇帝对茶道很重视，并视之为礼，所以得到赐茶的大臣们往往会感到无上的荣耀。刘禹锡在《为武中丞谢新茶表》中生动地反映了臣子受赐后的欣慰与喜悦。他写道：

臣某言：中使窦国安奉宣圣旨，赐新茶一斤。猥降王人，光临私室。恭承庆赐，跪启缄封云云。伏以方隅入贡，采撷至珍。自远爰来，以新为贵。捧而观妙，饮以涤烦。顾兰露而惭芳，岂蔗浆而齐味？既荣凡口，感倍丹心。无任欢跃感恩之至。贞元二十年三月。

从文字描述来看，武中丞接受赐茶的仪式极为庄重：高品宦官双手捧着圣旨大声宣读，武中丞跪地听旨。宣读完毕，他接过赏赐的一斤茶叶，小心翼翼地解开敕封的素绢，动作间满是敬重。这份赏赐对他而言是无上的荣耀，以至于他内心既深感荣幸，又隐隐夹杂着一丝惊慌与惭愧。

· 唐代《调琴啜茗图》（局部）周昉作 美国纳尔逊 · 艾金斯艺术博物馆藏

这幅画可能是宫廷仕女研习茶道的最早图像记录。尽管画中未直接描绘烧火煮茶的情景，但其主题显然围绕着品茶与调琴展开。画面中有三位妃嫔和两位侍女，作者从不同角度描绘了唐代妇女坐立的姿态，她们姿态悠闲、气质超然，与茶道的理念十分契合。

· 浙江省湖州市长兴县大唐贡茶院

唐代的茶政

唐代的贡茶主要通过两种途径获得：一是各地进献，二是官方设立的贡茶基地。根据地方志记载，大历元年（766 年），唐朝中央政府在常州义兴（今江苏宜兴）设立了“贡茶院”。随着贡茶需求的不断增加，该地区的茶叶供不应求，相邻的湖州长兴（今属浙江）也开始参与贡茶生产，大历五年（770 年），长兴的顾渚山正式设立贡茶院。

长兴贡茶的产量极大，采摘和加工的规模也相当可观。由于顾渚山下的金沙泉水质优良，所以也同这里出产的紫笋茶一起成了皇家专用。周边各乡的茶农将采摘的茶芽集中送至顾渚山，利用金沙泉水加工成茶饼。

对湖州和常州的刺史来说，贡茶事务至关重要。每年他们都会亲自前往泉下进行祭祀，祈求水脉兴旺。就连官位更高的太守也时常在贡茶上忧心：一怕贡茶质量不好、数量不足，二怕金沙泉枯竭耽误茶叶加工。而对身处社会底层的茶农来说，每年的贡茶任务更是沉重的负担。袁高在《茶山诗》中便描绘了茶农们在深山峻岭中采茶上贡的艰辛画面：

茶山诗

袁高（唐）

禹贡通远俗，所图在安人。后王失其本，职吏不敢陈。
亦有奸佞者，因兹欲求伸。动生千金费，日使万姓贫。
我来顾渚源，得与茶事亲。氓辍耕农耒，采采实苦辛。
一夫旦当役，尽室皆同臻。扪葛上欹壁，蓬头入荒榛。
终朝不盈掬，手足皆鳞皴。悲嗟遍空山，草木为不春。
阴岭芽未吐，使者牒已频。心争造化功，走挺麋鹿均。
选纳无昼夜，捣声昏继晨。众工何枯栌，俯视弥伤神。
皇帝尚巡狩，东郊路多堙。周回绕天涯，所献愈艰勤。
况减兵革困，重兹固疲民。未知供御余，谁合分此珍。
顾省忝邦守，又惭复因循。茫茫沧海间，丹愤何由申。

袁高是唐代的进士，性格十分耿直。他担任湖州刺史期间，对百姓的困苦感同身受，于是在贡茶时，挥笔写下这首诗，连同三千六百串茶饼一起上报朝廷。清代郑元庆所撰的《石柱记笺释》里说：“自袁高以诗进规，遂为贡茶轻省之始。”可见袁高的上奏减轻了百姓的负担。

规模庞大的清明宴

唐代宫廷常举办茶宴，其中规模较大的一种叫作清明宴。

长安地区从汉代起便一直流行在清明节时用茶果供奉祖先，宫廷也十分重视这一节令，清明宴可能正是在此基础上发展而来。南宋胡仔在《苕溪渔隐丛话》中提道："唐茶惟湖州紫笋入贡，每岁以清明日贡到。先荐宗庙，然后分赐近臣。"表明清明宴不仅是一项重要的宫廷宴会，也承载着加强朝廷凝聚力的作用。

唐代的清明宴规模宏大，尽管现存资料未能详细记录宴会的全过程，但可以推断清明宴必定严格遵循宫廷礼仪。具体而言，宴会通常需要配备仪卫和侍从，并伴随音乐和歌舞，由朝中礼官主持，营造出盛大而庄重的氛围。

精致的茶点是茶宴上必不可少的主角之一，通常分为茶食和茶果两种。《唐人宫乐图》中有核桃仁，《宴饮图》中则描绘了梨子。此外，还有许多其他食品可配茶享用。

粽子

做法和现在的粽子差不多，是唐代比较盛行的吃食。

馄饨

和现在的馄饨差不多，中间裹有肉馅，蒸或煮都行。

消灵炙

一种"一羊之肉，取之四两，虽经暑毒，终不败臭"的烤肉类食物。

胡食

从西域来的食物皆称胡食，当时在长安城内无论贵贱都爱吃。留下文字记载的有毕罗（一种有馅的面点）、搭纳（一种裹着肉馅、不封口的油炸面饼）、胡饼（即现在的馕）、勒浆（一种来自波斯的酒）等。

点心

一种食物的统称，指正餐前吃的零嘴小吃，多为面点糕饼之类。

·吐鲁番市阿斯塔那古墓群出土的唐代点心

· 唐代《唐人宫乐图》轴　佚名　台北故宫博物院藏

从画中人物服饰、屋内陈设和整体氛围推测，这幅画描绘的是唐代宫廷仕女饮茶场景。画面共十二人。嫔妃们围坐在大矮方桌旁，有的品茶、舀茶、拿茶点，有的摇扇、吹笙、弹琴、奏琵琶等。两位侍女分立桌旁。

桌上摆放着一个大盆，盆里搁着长柄勺，旁边是一个六曲葵口带中架的精致器皿，桌面上零散放置着五个海棠形漆盒，每位嫔妃面前都有一个小巧的碟子。桌下，一只小狗安静地趴在那里，目光专注地望向远方，丝毫没有表现出觅食的迹象。从画面细节可以判断，嫔妃们手中的碗口较大，且碗中不见菜肴，再结合小狗的状态，说明她们此时正在悠然饮茶，而非饮酒或饮用汤浆。这些画面细节淋漓尽致地展现出宫廷茶会的优雅格调。

寺院茶道

茶道是一种通过饮茶来追求思想宁静、领悟事理、超脱自我的文化活动。这一理念与佛教修习有相似之处，因此有“茶禅一味”之说。

在寺院中，茶的用处很多。首先，礼敬宾客不能少了茶。许多寺庙设有专门的“茶堂”或“茶寮”，并配有“茶头”——专责奉茶的僧侣，负责接待来访者。其次，寺院本身作为文化活动的中心，也成了文人士大夫和僧人进行茶道交流的理想场所。

唐代是佛教发展的黄金时期，茶文化也随之进入了新的阶段。曾收养陆羽的积公禅师因擅长烹茶，被唐代宗召入宫中；唐宣宗为了追求长生不老，也将一位年逾百岁的嗜茶老人召进宫来，为他修建茶寮并赐予他茶叶五十斤。这些僧侣在讲解佛法时，无疑也传播了茶文化。唐代皇帝普遍崇信佛教，无论是在长安、洛阳，还是在五台山等地，都有专门服务皇室的御用寺院。皇帝及王公贵族在这些地方进香祈福时，受寺院茶道文化影响，逐渐也会用茶来礼佛了。

·陕西省宝鸡市扶风县法门寺航拍图

唐代皇寺法门寺

陕西省宝鸡市扶风县的法门寺始建于东汉后期（147—180 年），距今已有 1800 多年历史。因供奉释迦牟尼佛指舍利而闻名，被誉为“关中塔庙始祖”。古时称为阿育王寺，唐武德元年（618 年），唐高祖李渊敕名“法门寺”，这一名称至今沿用。自显庆四年（659 年）唐高宗首次迎奉佛指舍利，至乾符元年（874 年）唐僖宗送还佛指舍利，唐代八位皇帝六次迎奉、两次送还佛指舍利，见证了法门寺作为佛教圣地的深远影响。

1981 年 8 月 24 日，历经风雨的法门寺明代砖塔在连绵秋雨中倒塌，佛像破碎，佛经散落。1987 年 4 月 3 日，人们在清理塔基时意外发现了唐代地宫，出土了佛指舍利及 2000 多件唐代供佛的珍宝。文物摆放符合唐代皇帝礼佛的最高仪式，其中一套茶具安放在供奉佛骨的地宫后室。

法门寺地宫出土的宫廷茶具

法门寺地宫出土的这批唐代宫廷茶具大多成型于咸通九至十年（868—869年），是唐僖宗专用的茶具。根据同时出土的记录供品明细的碑文所载，这些茶具包括“茶槽子、碾子、茶罗子、匙子一副，共计七事，重八十两”。与实物对照后，确认“七事”包含茶碾子、茶碢轴、罗身、抽斗、茶罗子盖、银则和长柄勺。此外，还发现了琉璃质的茶碗和茶盏，以及盐台和法器等珍贵物品。

在地宫中，还出土了两个精美的贮茶笼子，编织工艺均极为巧妙。法门寺出土的茶具不仅配套齐全，而且材质精良，真实地体现了唐代宫廷茶道的繁复奢华，反映了当时宫廷对茶文化的极高重视与追求。

鎏金鸿雁纹银茶槽子、鎏金团花银碢轴

茶槽子和茶碢轴的作用是把烘干的茶饼碾成茶末。

碢轴轴饼的形状像圆形的铁饼，边缘处还有密集的沟槽，能轻松碾碎茶末；轴杆呈中间粗两端细的圆柱形，上面錾刻有“五哥”两个字，正是唐僖宗的小名。

长方形的茶槽子由碾槽、槽身辖板和槽座组成。槽座的两端形状为如意云头，槽身两侧各饰有一对飞马和许多流云纹。

鎏金飞天仙鹤纹银茶罗子

茶罗子的作用是把茶末筛得更细。

这件银茶罗子整体器形为长方体，由盖、罗、罗架、屉、器座组成。顶盖錾刻有两对首尾相连的飞天像，周围流云浮动。顶盖还用和合云、如意云头、莲瓣纹和流云纹装饰。罗架的两侧錾刻有束着发髻、穿着褒衣的驾鹤仙人，另两侧錾刻有飞翔的仙鹤，由重重莲瓣纹映衬着，十分仙气。

从结构上来说，罗和屉是匣子形状的。罗还分内外两层，中间夹着密集的罗网。屉安装有环状拉手。

鎏金摩羯鱼三足架银盐台

唐代人喝茶要加盐或其他佐料来调味，这个银盐台的功能正是如此。

银盐台由盖子、台盘和三足架组成。盖子的中心用团花纹装饰，配有莲花苞形的捉手，盖沿做成卷曲荷叶的形状，雅致非常。盖面还装饰有四条摩羯鱼，这是一种佛教经典里记录的龙首鱼身的巨鱼。

三足架和台盘焊接在一起，支架中部伸出四条枝干，顶部分别装饰着摩羯鱼和智慧珠。

鎏金银龟盒

这个银盒形状为乌龟，有专家推测是用来装茶末的。从造型来看，银龟昂着脑袋，尾巴弯曲，四足紧贴着身体，十分神气。它的甲背是可揭开的盖子，既逼真又实用。在唐代人的心中，乌龟长寿，是吉祥的象征。

系链银火箸

这把又长又细的银筷子，中间用银链相连，功能是取放火炭。

鎏金飞鸿球路纹银笼子

这件银笼子有专家推断是一件焙茶器，用来烘干茶饼。也有专家认为是贮茶器，用来盛放茶饼。

笼子整体由笼盖、笼体和提梁组成。四只脚是花瓣组成的倒三角形，提梁和笼盖之间用银链相连。

这件笼子最引人注目的是腹壁上錾刻的24只鸿雁，它们结伴翱翔，栩栩如生。再看笼盖上，还有15只鸿雁在盘旋。

鎏金飞鸿纹银则

形状像勺子一般，是煎茶时用来舀茶末和搅动茶汤的茶具。这件银则花纹十分精美，饰有连珠菱形纹、十字花纹和飞鸿流云纹。

金银丝结条笼子

这也是一件用来烘干或盛放茶饼的茶具，整体采用非常细的金丝和银丝编织而成，笼盖的顶端，还用金丝编成了宝塔的形状。四个支撑足，以狮头装饰，足底分成四叉，呈旋涡形，精致中透出皇室的威严。

鎏金团花纹葵口圈足银碟

此碟底平，腹浅，碟边为五曲葵口造型，中心和四周錾刻有团花纹样。这种银碟多个成一套，可能是用来放茶点、茶果的。

宋代茶事

饮茶的盛世

常言道：“茶兴于唐，而盛于宋。”晚唐时期，茶道文化在宫廷贵族的积极参与下繁荣起来，基于这样的基础，宋代的茶道文化更加兴盛，普通百姓也开始对茶产生浓厚的兴趣。此外，晚唐时期兴起的斗茶之风传入中原，也成为宋代民间重要的文娱活动之一。

《茶酒论》中看茶之普及

《茶酒论》是敦煌莫高窟出土的一卷民间故事文本，作者是唐代乡贡进士王敷。在这篇文章中，作者巧妙地将茶和酒进行拟人化处理，通过一场生动而激烈的辩论，让双方陈述自己的优点，揭露对方的不足，旁征博引，妙趣横生。茶与酒的辩论不仅体现了作者高超的文学才情，也折射出当时茶文化在民间的广泛流行与影响。从文章的字里行间可以看出，民间百姓对茶的认识已十分深刻，他们不仅熟知茶叶的实际功效，也对茶文化蕴含的精神内涵有了一定的理解和体会。

茶酒论

王敷（唐）

序：窃见神农曾尝百草，五谷从此得分。轩辕制其衣服，流传教示后人。仓颉制其文字，孔丘阐化儒因。不可从头细说，撮其枢要之陈。暂问茶之与酒，两个谁有功勋？阿谁即合卑小，阿谁即合称尊？今日各须立理，强者光饰一门。

开篇是文章的序言，交代辩论的起因——神农氏亲尝百草，轩辕黄帝制定了衣服的做法和款式，仓颉创造了文字，孔子阐释了儒家的教义……这些都是有名的功绩。但茶和酒这两者，谁更有功勋呢？现在它们两位需要各自阐述理由，证明自己更加重要。

茶乃出来言曰：“诸人莫闹，听说些些。百草之首，万木之花。贵之取蕊，重之摘芽。呼之茗草，号之作茶。贡五侯宅，奉帝王家。时新献入，一世荣华。自然尊贵，何用论夸？”

茶先站出来，介绍自己是百草之首，万木中的精华。人们把它献给帝王享用，十分名贵，哪还需要特意夸赞呢？

酒乃出来：“可笑词说！自古至今，茶贱酒贵。单醪投河，三军告醉。君王饮之，叫呼万岁，群臣饮之，赐卿无畏。和死定生，神明歆气。酒食向人，终无恶意。有酒有令，仁义礼智。自合称尊，何劳比类。”

酒反驳说，自古以来，酒比茶贵，君王能用酒赏赐群臣，将士们喝了酒能鼓舞士气，而且有酒就有酒令，这体现了仁义礼智，自己更加尊贵。

茶谓酒曰：“阿你不闻道：浮梁歙州，万国来求。蜀川濛（流）顶，其山蓦岭。舒城太湖，买婢买奴。越郡余杭，金帛为囊。素紫天子，人间亦少。商客来求，船车塞绍。据此纵由，阿谁合少？”

茶又举例，万国来求各地的名茶，优质的名茶对于天子都十分难得，人们为了买好茶，船只车辆都把道路堵塞了，到手的好茶，还要用金帛来包裹，以此证明茶的尊贵。

酒谓茶曰：“阿你不闻道：剂酒干和，博锦博罗。蒲桃九酝，于身有润。玉酒琼浆，仙人杯觞。菊花竹叶，君王交接。中山赵母，甘甜美苦。一醉三年，流传今古。礼让乡闾，调和军府。阿你头恼，不须干努。”

酒也不甘人下，它列举了多种美酒，指出饮酒能让人滋润身体，还可以拉近人们的关系。

茶谓酒曰：“我之茗草，万木之心，或白如玉，或似黄金。名僧大德，幽隐禅林。饮之语话，能去昏沉。供养弥勒，奉献观音。千劫万劫，诸佛相钦。酒能破家散宅，广作邪淫。打却三盏以后，令人只是罪深。”

茶进行反驳，说它能让人头脑清晰，是供奉佛前的贵品。但饮酒过度却会让人家破人亡，助长不正之风。

·北宋砖雕上的厨娘形象

酒谓茶曰："三文一缸，何年得富？酒通贵人，公卿所慕。曾遣赵主弹琴，秦王击缶。不可把茶请歌，不可为茶作舞。茶吃只是腰疼，多吃令人患肚。一日打却十杯，腹胀又同衙鼓。若也服之三年，养虾蟆得水病报苦。"

酒反唇相讥，说茶三文钱就能得一大缸，十分廉价，喝多了还会肚胀得病。自己却是贵人和公卿都钦慕的。

茶谓酒曰："我三十成名，束带巾栉。蓦海其（骑）江，来朝今室。将到市廛，安排未毕。人来买之，钱财盈溢。言下便得富饶，不在明朝后日。阿你酒能昏乱，吃了多饶啾唧。街中罗织平人，背上少须十七。"

茶接着说自己十分受欢迎，在市场上贩卖的时候，还未安排好，就引得众人来买。而酒只能让人昏乱，喝多了喋喋不休地抱怨，甚至背负罪名。

酒谓茶曰："岂不见古人才子，吟诗尽道：渴来一盏，能生养命。又道：酒是消愁药。又道：酒能养贤。古人糟粕，今乃流传。茶贱三文五碗，酒贱盅半七文。致酒谢坐，礼让周旋。国家音乐，本为酒泉。终朝吃你茶水，敢动些些管弦！"

酒便通过引用古代才子的诗句言论，来强调酒在文化和社交中的重要地位，并称酒能助兴，让人们在宴会上更好地享受。

茶谓酒曰："阿你不见道，男儿十四五，莫与酒家亲。君不见生生鸟，为酒丧其身。阿你即道：茶吃发病，酒吃养贤。即见道有酒黄酒病，不见道有茶疯茶癫。阿阇世王为酒煞父害母，刘零为酒一死三年。吃了张眉竖眼，怒斗宣拳。状上只言粗豪酒醉，不曾有茶醉相言。不免求首杖子，本典索钱。大枷搕项，背上拖椽。便即烧香断酒，念佛求天，终身不吃，望免迍邅。"

茶举出一些反例，称喝酒过量会让人丧命，喝茶则不会，反而能让人更加贤德。

两个政争人我，不知水在旁边。
水谓茶酒曰："阿你两个，何用匆匆？阿谁许你，各拟论功！言词相毁，道西说东。人生四大，地水火风。茶不得水，作何相貌？酒不得水，作甚形容？米曲干吃，损人肠胃。茶片干吃，砺破喉咙。万物须水，五谷之宗。上应乾象，下顺吉凶。江河淮济，有我即通。亦能漂荡天地，亦能涸煞鱼龙。尧时九年灾迹，只缘我在其中。感得天下钦奉，万姓依从。由自不说能圣，两个何用争功？从今以后，切须和同。酒店发富，茶坊不穷。长为兄弟，须得始终。若人读之一本，永世不害酒癫茶疯。"

茶和酒争论不休，这时，旁听的水站了出来，对两人说，不论茶还是酒，都离不开水。水才是万物之本，干吃酒曲和茶叶，只能破坏人们的肠胃和喉咙，但自己从不站出来居功自傲，你们两个怎么还吵成了这样？你们只有相互合作，才能互惠互利，酒店能富裕，茶坊也不穷。如果钻牛角尖，就会因为过度饮酒或饮茶而导致疯狂。

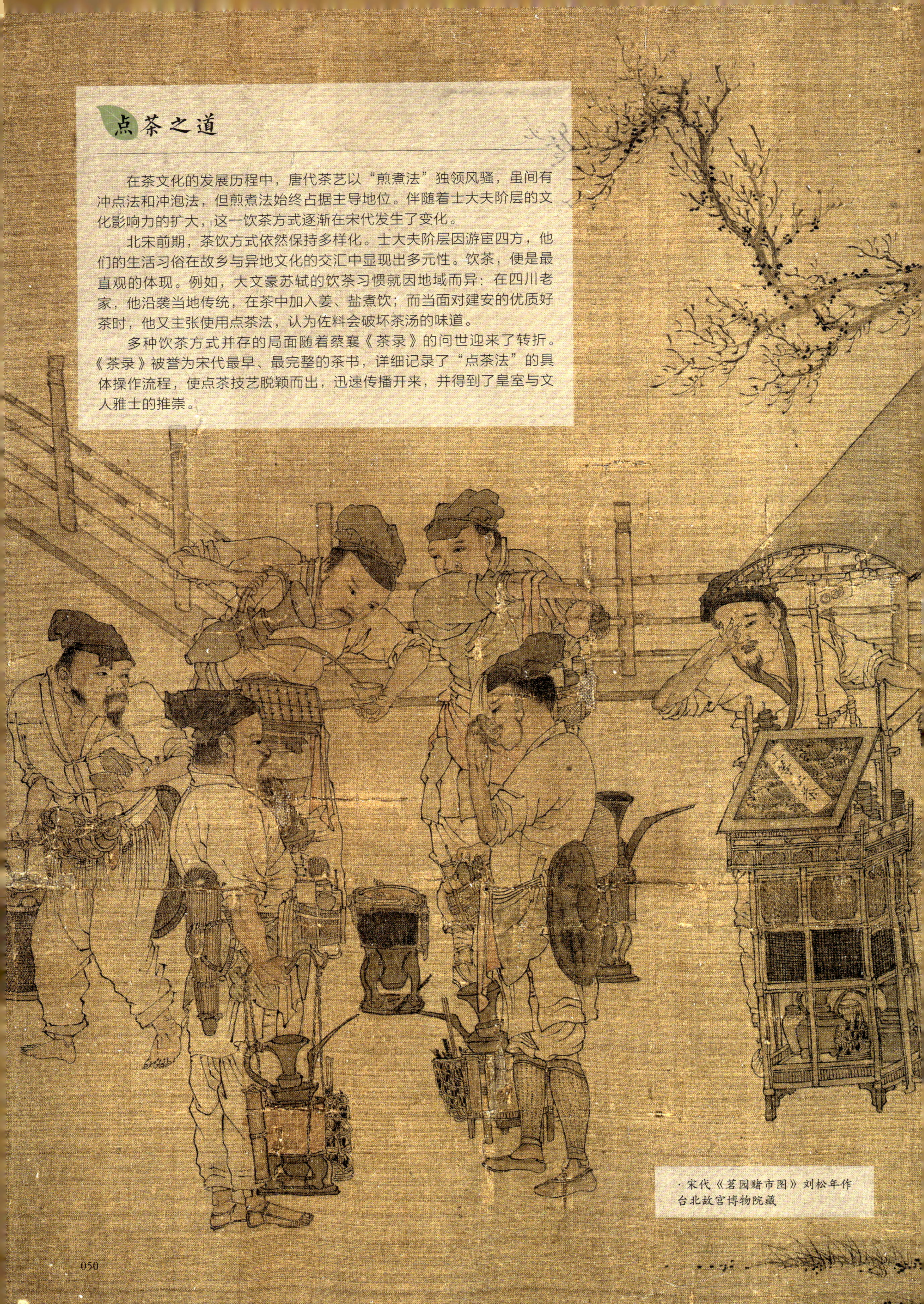

点茶之道

在茶文化的发展历程中，唐代茶艺以“煎煮法”独领风骚，虽间有冲点法和冲泡法，但煎煮法始终占据主导地位。伴随着士大夫阶层的文化影响力的扩大，这一饮茶方式逐渐在宋代发生了变化。

北宋前期，茶饮方式依然保持多样化。士大夫阶层因游宦四方，他们的生活习俗在故乡与异地文化的交汇中显现出多元性。饮茶，便是最直观的体现。例如，大文豪苏轼的饮茶习惯就因地域而异：在四川老家，他沿袭当地传统，在茶中加入姜、盐煮饮；而当面对建安的优质好茶时，他又主张使用点茶法，认为佐料会破坏茶汤的味道。

多种饮茶方式并存的局面随着蔡襄《茶录》的问世迎来了转折。《茶录》被誉为宋代最早、最完整的茶书，详细记录了“点茶法”的具体操作流程，使点茶技艺脱颖而出，迅速传播开来，并得到了皇室与文人雅士的推崇。

· 宋代《茗园赌市图》刘松年作
台北故宫博物院藏

点茶方法

《茶录》中写道:"钞茶一钱匕，先注汤调令极匀，又添注入环回击拂。汤上盏可四分则止，视其面色鲜白，著盏无水痕为绝佳。"几句话说明白了点茶的过程和评判标准，下面来详细解析。

炙茶

宋人点茶所用的是茶饼。点茶时，需先将茶饼从茶笼中取出，放入洁净的容器中用沸水稍加浸泡，使表层油膏软化后，用竹夹刮去两层油膏。随后，将茶饼置于炭火上烘干，再用净纸包裹，用木槌敲碎。若是当年新茶，可省略这些步骤。

碾茶

把碎茶块放入碾槽中，轻拿慢推，碾成细细的茶粉。这些茶粉要及时使用，如果放置过夜了，颜色就会变得暗淡。

罗茶

用非常细密的罗把茶末筛得更细，最好能多筛几次，因为只有足够细的茶末，才能让茶汤的泡沫更白。

候汤

候汤是点茶中的重要环节，涉及选水与掌握水温两个方面。选水讲究水质的优劣，而烧水则重在把握温度。唐宋文人推崇"三沸水"，避免使用过度沸腾的"老水"。由于当时条件所限，煮水火候的判断主要依赖听觉，待水声适宜时便及时将水移离炭火，用于点茶，因此这一过程被称作"候汤"。

· 宋代 曜变天目盏
日本静嘉堂文库美术馆藏

· 南宋 吉州窑三叶纹圆锥碗
美国芝加哥艺术博物馆藏

熁（xié）盏

用开水把茶具冲洗一遍进行预热，以便后续激发茶的香气。

点茶

先将"一钱匕"的茶粉放入茶碗中，注入少量开水，调成均匀细腻的茶膏。接着，一边继续注入开水，一边用茶匙快速击拂，使茶膏与水充分融合。蔡襄在《茶录》中指出，"汤上盏可四分则止"，即注水差不多到碗壁的十分之六处就可以了。而宋徽宗在《大观茶论》中强调，注汤击拂需七次，能让茶与水和谐交融，既不轻浮清淡，也不过于浓重浑浊。

分茶炫技

分茶技艺起源于五代时期，并在宋代得到人们的广泛重视，成为与书法、弹琴等艺术形式并列的独特技艺。分茶也被称为"汤戏"或"茶百戏"。

分茶的门道十分高深，在注汤的过程中，操作者需凭借丰富的技巧与经验，用茶粉在茶汤表面勾勒图案，或是巧用茶匙，通过击拂、拨动等动作，让茶汤表面的茶沫如被赋予生命一般，变幻出千奇百怪的图案。这些图案有的仿若灵动的文字，有的神似秀丽的山水、娇艳的花鸟、灵动的虫鱼以及蓬勃的草木。分茶技艺极具随性特质，处处彰显着创意，充满了无限的变化与可能，和现今的吹墨画、咖啡拉花有着异曲同工之妙。

有趣的宋代茶器

宋代的文人注重茶艺，将碾茶、煮水、点茶视为茶文化的核心，而与之相应的茶具如茶碾、汤瓶、点茶盏等，也成为他们青睐的对象。在这种背景下，审安老人创作了《茶具图赞》，用白描手法生动描绘了十二种茶具，并为每一件茶具赐以姓、名、字、号，赋予了它们如同人一样的性格和身份。这十二件茶具被称为“十二先生”，每一件都在宋代茶文化中扮演着不可或缺的角色。通过这种拟人化的表达方式，茶具不再仅仅是饮茶的器物，更成为文人雅士心中的“友伴”。

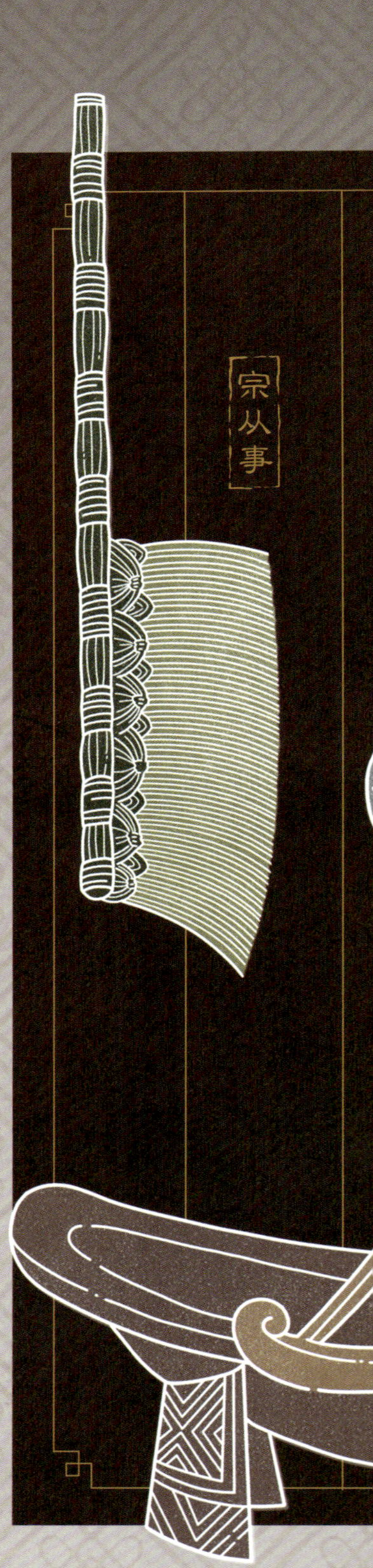

韦鸿胪

名 文鼎　字 景旸

号 四窗闲叟

作用 炙茶用的烘茶炉

木待制

名 利济　字 忘机

号 隔竹居人

作用 捣茶用的茶臼

胡员外

名 惟一　字 宗许

号 贮月仙翁

作用 取水的瓢

竺副帅

名 善调　字 希点

号 雪涛公子

作用 调沸茶汤用的茶筅

司职方

名 成式 字 如素

号 洁斋居士

作用 清洁茶具的布巾

罗枢密

名 若药 字 傅师

号 思隐寮长

作用 筛茶粉的罗

宗从事

名 子弗 字 不遗

号 扫云溪友

作用 清洁茶具的茶帚

漆雕秘阁

名 承之 字 易持

号 古台老人

作用 承接茶盏的盏托

陶宝文

名 去越 字 自厚

号 兔园上客

作用 饮茶用的茶盏

汤提点

名 发新 字 一鸣

号 温谷遗老

作用 注汤用的汤瓶

金法曹

名 研古、轹古 字 元锴、仲铿

号 雍之旧民、和琴先生

作用 碾碎茶叶的茶碾

石转运

名 凿齿 字 遄行

号 香屋隐君

作用 磨茶粉的石磨

唐宋茶具文物欣赏

· 南宋至元代 银鎏金花鸟纹茶具
美国大都会艺术博物馆藏

· 南宋 包金银茶匙
美国普林斯顿大学艺术博物馆藏

煮茶人俑

风炉

· 唐代 三彩茶具 巩义博物馆藏

这套三彩茶具由茶碾、风炉、水盂、执壶、茶盏、茶台及一个正在煮茶的人俑组成，造型和《茶经》中所记录的相似。它们能直观展现唐代茶事的全过程，包括碾茶、煮茶、分茶和饮茶。

执壶

水盂

摆着三碟茶点的茶台

· 宋代 青白瓷凤首小执壶
美国普林斯顿大学艺术博物馆藏

· 北宋 耀州窑青瓷刻划花凤纹提梁壶
美国大都会艺术博物馆藏

· 宋代 茶碗和茶碟
美国普林斯顿大学艺术博物馆藏

· 唐代 三彩碗
美国普林斯顿大学艺术博物馆藏

斗茶之风盛行

宋代的点茶技艺催生了独特的斗茶风俗，这种风尚最初兴起于福建，又被称为“茗战”，随后逐渐传播至全国。斗茶不仅在民间广为流行，还吸引了文人墨客和宫廷的关注，成为一种文化盛事。

点茶的成功与否主要依据两个标准：一是茶汤的“面色鲜白”，二是乳花能够“著盏无水痕”。所谓“建安斗试，以水痕先者为负，耐久者为胜”，即点出的茶不能在茶盏上留下水痕，谁先出现了水痕就输了。除此之外，汤色也分青白和黄白两种。《茶录》中记载，“黄白者受水昏重，青白者受水鲜明”，因此斗茶中，青白胜过黄白。

宋代唐庚的《斗茶记》描述了斗茶的场面——二三人聚集一起，煮水烹茶，对斗品论长道短，决出品次。范仲淹在《和章岷从事斗茶歌》中则描绘了群体斗茶的盛况：

北苑将期献天子，林下雄豪先斗美。
鼎磨云外首山铜，瓶携江上中泠水。
黄金碾畔绿尘飞，紫玉瓯心雪涛起。
斗余味兮轻醍醐，斗余香兮薄兰芷。
其间品第胡能欺，十目视而十手指。
胜若登仙不可攀，输同降将无穷耻。

文人斗茶注重品位的高雅，而民间的斗茶则更多体现公开竞赛的热烈气氛。无论形式如何，对胜负的重视始终是斗茶活动的核心精神，胜者如登仙般光耀，败者则如降将般羞愧。

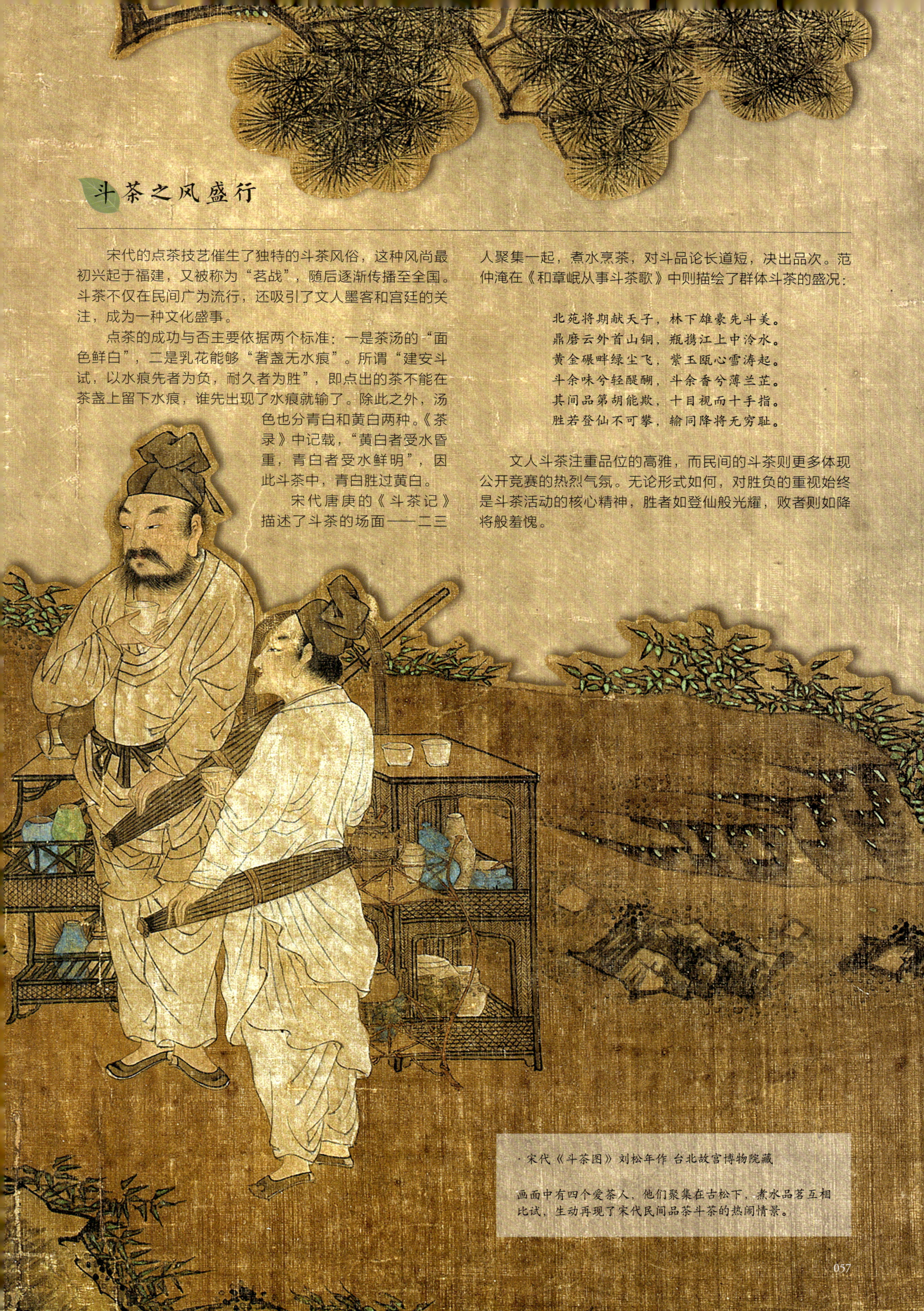

· 宋代《斗茶图》刘松年作 台北故宫博物院藏

画面中有四个爱茶人，他们聚集在古松下，煮水品茗互相比试，生动再现了宋代民间品茶斗茶的热闹情景。

不同的饮茶场合

在宋代，人们的饮茶场景主要分为以下三类：其一为居家日常的饮茶活动，这是宋人在日常生活中舒缓身心、享受宁静时光的一种方式；其二是在茶坊、茶肆、娱乐场所等营业性或公共场所饮茶，在这些地方，人们不仅能品香茗，还能交流信息、休闲娱乐；其三则是文人士大夫之间的雅集饮茶，此类饮茶活动往往伴随着诗词唱和、品鉴古玩等文化活动，有着浓厚的艺术氛围。当然，也存在一些善心人士以及寺院设立的茶亭、施茶处等饮茶场所，但这些都属于特殊情形，并非常见的饮茶场景。

日常居家饮茶

宋代，“柴米油盐酱醋茶”的说法开始流行，点茶而饮成为全社会日常生活的一部分。由于太过日常，相关文字记载并不丰富。不过，考古发掘出土的宋代壁画墓中有不少与茶有关的壁画，这些壁画通常展现墓主人生前的生活场景，可看作是当时人家居家点茶的生动写照。

相较平民日常饮茶，文人和官僚乃至帝王的饮茶生活，多了些清雅的文化气息。从《张约斋赏心乐事》中可知，三月在“经寮斗新茶”，十一月在“绘幅楼削雪煎茶”，这都是贵胄之家依照时节，在特定建筑中开展的不同茶事活动。虽然宋代尚未出现专门用于饮茶的茶寮、茶室，但已经有了雏形。一般的文人才子，在冬季天降瑞雪时，也会用雪煎水点茶，吟诗咏曲，既不辜负瑞雪美景，也不辜负香茗佳味，尽显文雅。

· 河南许昌禹州 白沙宋墓开芳宴图（线描图）

壁画中，主人夫妇悠然对坐，在他们中间的桌上，摆放着注子（也就是带托汤瓶）和茶盏。注子的盖子设计成兽形模样，灵动而独特；盏与盏托皆以莲瓣纹精心装饰，尽显雅致。在夫妇二人身后，有四名侍从双手捧着果盘、酒器等物，恭敬地侍候在旁。

在宋墓出土的文物里，像这样墓主夫妇对坐宴饮的图并不少见，考古界以为这类场景为古代的“开芳宴”。经专家考证，白沙宋墓的墓主人是普通的地主，并无显赫身份，这幅壁画生动展现出民间一般富足家庭日常饮茶品酒的生活场景。

公共场所饮茶

自唐代中期崭露头角，茗铺、茶肆、茶店便如磁石般渐渐吸引了社会各阶层民众，成为大家生活里的公共空间。

在汴京（今河南开封），茶坊多集中于御街过州桥、朱雀门外街巷、潘楼东街巷以及相国寺东门街巷等地。从《清明上河图》中不难发现沿河区域有许多饭店茶铺。店内与店门前，桌凳林立，无论顾客盈门还是门可罗雀，皆整洁有序。桌子有正方形与长方形两种形制，凳子均为长条形，凳面宽阔，排列得整齐划一。

宋代的茶馆茶肆，经营手法丰富多元。四季更迭，店内总会插上应时花卉，张挂名人绘画，以艺术之美吸引消费者驻足观赏，延长他们的停留时间。据《梦粱录》所载，茶肆之中，鼓乐唱曲之声常伴卖茶之举，甚至有人直接敲打茶碗，以独特的节奏韵律增添氛围。

茶坊茶肆内除了供应单纯的点茶之外，随着季节流转，还会售卖应季的“奇茶异汤”。冬日里，诸如七宝擂茶等食料丰富的热饮温暖登场；夏日时，各类清凉消暑的“凉水”则成为主角。

除了茶肆、茶坊、茶楼这些在固定地点外，两宋的繁华都市中，还有推车、挑担以及提瓶卖茶的人。他们营业至夜半三更，为深夜仍在活动游玩的吏人、商贾和市民们送上饮茶服务。

宋代《清明上河图》（局部） 张择端作 故宫博物院藏

《清明上河图》生动地描绘了清明时节北宋都城汴京内外以及汴河两岸的热闹盛景。整幅画作可清晰划分为三段：

前段先起笔描绘郊外风光，低矮的茅檐错落分布，田间小路纵横交错，往来行人点缀其间。

中段围绕“上土桥”铺陈开来，将汴河及其两岸景致尽展眼前。一座气势恢宏、宛如飞虹横跨的木结构桥梁尤为令人瞩目，作为水陆交通的汇聚要冲，其地位举足轻重。桥上，车骑络绎不绝，商贩密集，行人来来往往，一派繁华喧嚣。桥下，一艘漕船正缓缓放倒桅杆，欲穿过狭窄桥洞，艄公们神情专注、全力操作，他们紧张的劳作场景引得众多百姓纷纷围观。

从画卷的后段，能看到市区街道的繁华景象。城内商号鳞次栉比，气派的大店门口搭起了华丽的彩楼欢门，尽显热闹；小店铺则多是敞棚样式，透着质朴的烟火气。街道上熙熙攘攘，人群摩肩接踵，车马、轿子与骆驼往来不断。行人来自不同阶层，有风度翩翩的绅士、身着官服的官吏、奔走忙碌的仆役，还有各行各业的商贩劳工，他们服饰风格各异，或忙碌奔波，或悠闲踱步，生活状态各不相同。城中的交通工具种类繁多，有彰显身份的轿子、浩浩荡荡的驼队、拉车的牛马、慢悠悠的驴车，还有人力驱动的车辆。这些生动的画面，将北宋汴京城街市的繁荣盛景原汁原味地呈现在观者眼前。

文人士大夫的茶会雅集

在宋代，文人的茶会已不再局限于单纯的茶汤品鉴，而是拥有了社交属性。它为人们提供了相聚的契机，大家借此相互交流，打听并了解家乡的种种情况。文人会聚的茶会上，行茶令也是常见活动。南宋的王十朋在诗中曾提到，他与一众友人玩茶令时，会选定一物作为题目，众人需各自列举与之相关的典故，若答不上来，便要接受惩罚。

茶会雅集的举办环境，大多择址在环境清幽的园林之中。以"南宋四家"之一刘松年的《撵茶图》为例，这幅画作在他与茶事相关的作品中最具代表性，它所描绘的正是宋代文人于园林中举办的一次典型小型雅集。

· 宋代《撵茶图》（局部）刘松年作 台北故宫博物院藏

观《撵茶图》，画面中茶事内容与文人雅集场景平分秋色。画面右侧，一张长桌旁，有一位僧人正兴致高昂地挥笔创作。而在他的正对面与右前方，各坐着一位文士。其中一位文士双手展卷，却无心阅读，两人都目不转睛地盯着僧人，专注地看他作画。

画面左半部分，两个侍者正全神贯注地投入到茶事之中。他们使用的器具和整套茶事流程，是典型的点茶法。其中一人跨坐在长方形矮几上，右手稳稳握住石磨转柄，匀速碾磨茶叶，被磨好的茶末不断从磨中涌出。画面再往上，另一人站在方桌旁，左手稳稳端着茶碗，右手拿着汤瓶。

方桌之上，各类茶具琳琅满目：盏托、茶碗整齐排列，贮茶盒与盖罐静静放置，水盆、勺一应俱全。桌前侧下部的横档处，一条茶巾垂挂而下。桌前地面上，一只小方几稳稳托着烧得正旺的茶炉，炉上搁着造型繁复的煮水器。在执瓶注汤的侍者身旁，一座镂空雕花的精美器座上，安置着一只大型贮水瓮，瓮口覆着卷边荷叶形状的盖子，为整个场景添了几分古朴与雅致。

· 宋代《西园雅集》(局部)刘松年作 台北故宫博物院藏

茶与社会生活

宋代，茶成为全社会广泛接纳的饮品。它与社会生活的众多层面紧密相连，催生了诸多与茶相关的社会现象、习俗和观念等。这些观念与习俗，是宋代丰富多彩茶文化的生动体现。

客来敬茶

客来敬茶这一习俗大体形成于两晋南北朝时期。两晋交替之际，北方名士为躲避灾祸纷纷南下，先抵达的南渡者常常在建康（今江苏南京）城下迎接新南渡之人，并用茶饮加以招待。然而在两晋时期，客来设茶大多只是不常见的个人行为。到了宋代，客来敬茶的习俗已全面盛行。《南窗纪谈》记载：客人到来就摆设茶水，客人将要离开就准备热汤，不知这一习惯始于何时。然而上至官府，下到民间小巷，都没有废除。这表明在宋代，以茶招待客人的风气已在社会各个阶层广泛流行开来。

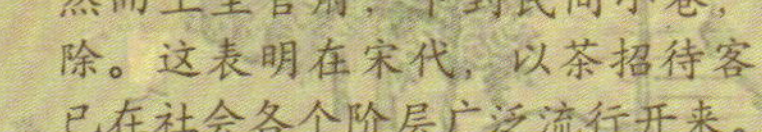

以茶睦邻

自客来敬茶在宋代成为人们习以为常的待客礼俗后，邻里间以茶水相互往来，俨然是以“客礼”相待，茶在邻里交往中发挥着重要作用。据《梦粱录》记载：每月初一和十五，邻里间茶水往来不断。至于吉凶等事，不仅庆吊之礼不会废止，情况严重时还会出力相助，这也是睦邻之道。由此可见，南宋时期，邻里之间无论有无事情，都通过茶汤往来互通消息，若有新住户迁入，邻居们争相借予生活用品，赠送汤茶，指引买卖之处等，尽显睦邻之义。

茶与婚俗

宋代以前，婚姻礼仪中以羊、酒、金银珠宝、锦缎等物作为礼品。自宋代茶饮习俗盛行后，茶也融入了婚姻礼仪之中，无论是相亲、定亲、退亲、下聘礼，还是举行婚礼，都离不开茶的身影。婚姻礼仪中使用茶，主要是因茶具有不移之性。正如明代陈耀文在《天中记》中所说，凡种植茶树必定要播下种子，若进行移植便不会再存活，所以男方聘妇必定以茶作为礼品，从含义上确实有可取之处。

茶酒司

宋代人的社交活动特别多，不管是官方的还是私人的宴会，还是结婚、葬礼这样的红白喜事，总是接连不断。为了应对这么多宴会，官府就把手下的人分配到四司六局去，让这些专业的人员来负责和监督。这里说的“四司”是帐设司、茶酒司、厨司、台盘司。而“六局”就是果子局、蜜煎局、菜蔬局、油烛局、香药局、排办局。因为四司六局的人都很专业，他们做事不会出错，能省下主人的很多麻烦。不管是在自己家里，还是在酒楼、茶馆，或者是想在出名的花园、馆子、寺庙道观，甚至船上这些地方办酒席，只需要跟这些局里的人员说一声，他们立刻就能准备齐全，而且都能按照规矩和礼仪来办。

这里重点介绍茶酒司所掌的职责，主要负责宴席上所有和茶、酒、食物以及礼仪相关的事情，比如准备器具、负责暖酒、招待迎送客人、倒茶倒酒、上菜摆盘等。不管是办喜事、庆寿，还是办丧事、斋戒的宴席，都得靠他们来安排。他们还得负责传递消息、写请帖、送聘礼，还有操办仪式等。

·宋代《清明上河图》（局部） 张择端作 故宫博物院藏

外食

除了办大规模的宴席之外，在汴京及临安（今杭州）这样公私生活终日繁忙的大都市，人们对于便捷的饮食有很大需求。两宋都城中的主要商业街上都有众多的饮食店，为大众提供现成的饮食。就算是冬日里下大雪，也有夜市会开张营业。忙着做生意的人都没有时间做饭，遍布城区的茶坊酒肆为其提供快捷方便的饮食，有些经商之人，甚至自己家里根本不准备蔬菜饮食。半夜三更还有提瓶、挑担、摆小摊的小贩，为居民提供茶饮、小食等服务。

茶坊茶肆、提瓶、担架浮铺，都在陆地上为民众提供茶饮茶食服务，而盛行在西湖上乘船游玩的临安，还有多种小船为湖上的游人提供茶事服务。《梦粱录》中有记载，西湖上的船有些是专门卖东西和给游客提供吃喝服务的。有的卖鱼虾鲜货、海蜇皮、螺蛳头等食物，有的专门给游客泡茶喝，并准备佐茶的茶果子。

宋代的北苑贡茶

唐代湖、常二州的紫笋茶和阳羡茶的入贡渐成制度，使茶从一般的土贡方物中脱颖而出。历五代至北宋，茶因为官焙贡茶制度的细致与完善，而全面介入社会政治生活。宋代各地进献朝廷的贡茶数量少则一二十斤，多至一二百斤不等，其中以建州北苑贡茶的品级最高。

“北苑”不是地名也不是茶名，宋代将今福建省建瓯市凤凰山一带的茶区称为北苑。凤凰山为凤凰山脉最南端的一座山，海拔不上百米，山麓宽广平坦，红壤，气温低，降水多，南面有河。河谷两岸植被繁茂，布满松林柑茶，是理想的茶叶生长地。

五代十国时期，建州（今福建建瓯）所在的闽国相对太平，建茶发展迅速。闽国亡后，南唐后主李煜派了官员专程到此处设立北苑茶区官焙，专供皇帝御用。到了宋代，宋太宗为了显示皇帝的神圣地位，诏命在北苑贡茶的茶面上进行改进，将象征天子、皇后的龙凤和花草图案印上去，这就是“龙凤团茶”。

咸平年间，丁谓担任福建转运使，为了投皇帝所好，他要求数千茶工在上贡前十天才开始采茶制茶，以保证茶叶的新鲜，此外，他还极力宣传推广龙凤团茶，让此茶在京城成为人人追捧的名品。

庆历年间，蔡襄担任福建转运使，他编写《茶录》对北苑贡茶进行了理论总结，并大大提高了茶的产量、质量和影响力。蔡襄在御用龙凤团茶的制作上进行了两个步骤的改革：一是品质上采用鲜嫩的茶芽作原料，使茶团更趋娇小，更匹配宫廷的精致生活；二是外形上增加花样，除圆形外，还出现了椭圆形、四方形和菱形等饼样。经过他的努力，龙凤团茶名满天下。

· 福建省建瓯县铁狮峰风光

福建省建瓯市东游镇茶山风光

茶学大兴

宋代茶道文化的一个极为显著的特征便是茶学的蓬勃发展。彼时，文人学士与各级官吏纷纷投身其中，从茶叶的品种特性、种植采摘，到茶道的礼仪规范、品饮艺术，展开了全方位、多层次的钻研。他们深入总结茶事经验，将实践上升到理论高度，还时常切磋茶道技艺，交流心得。这种浓厚的学术氛围与文化热情，为茶道文化的传播与兴盛营造了绝佳的环境。

宋徽宗画像

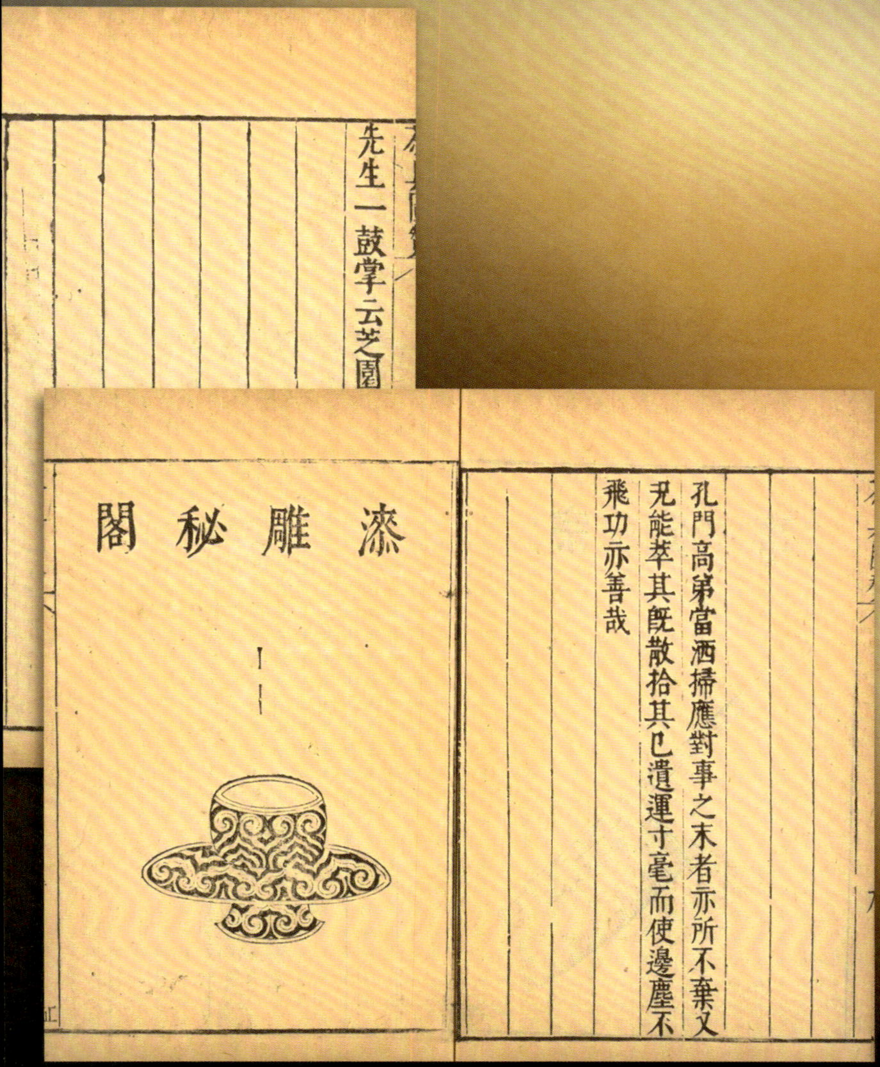

漱雕秘閣

孔門高弟當洒掃應對事之末者亦所不棄又况能卒其既散拾其已遺運寸毫而使邊塵不飛功亦善哉

《茶录》

蔡襄，字君谟，集官员、书法家、文学家、茶学家多重身份于一身。他对茶的热爱使他深入到茶叶制作与品饮等诸多专业领域。凭借自身丰富的知识与亲身体验，蔡襄精心著述了《茶录》一书。《茶录》以北苑茶事为核心展开，全书分为上、下两篇。上篇《论茶》深入探讨茶叶的相关理论，下篇《论茶器》着重介绍品茗器具。在《茶录》中，蔡襄最早记录了制作北苑贡茶时添加香料这一独特工艺，率先提出品评茶叶色、香、味的具体内容，还全面且细致地介绍了品饮茶叶的方法，独具慧眼地推荐了兔毫盏这一饮茶用盏。唐代陆羽的《茶经》之后，《茶录》堪称最具影响力的茶学著作。

《宣和北苑贡茶录》

熊蕃，建阳人，字叔茂，《宣和北苑贡茶录》的作者。这部著作有两大特点：其一，详细记述了北苑茶的发展历程，让人们得以清晰了解其在历史长河中的演变轨迹；其二，书中记载了从宣和年间至绍兴年间北苑贡茶的花色品种，还涵盖了这些贡茶的制作时间、模型样式以及尺寸规格等关键信息。后来，熊蕃之子熊克对该书进行了内容补充，并且精心描绘了三十八幅茶饼图。依据该书记载，北苑贡茶的发展过程如下：

紫笋茶
↓
研膏茶：茶芽蒸后，研成膏状，然后压成茶饼。茶饼中间留有孔洞，焙干后，十余饼为一串。滋味浓重苦涩。
↓
蜡面茶：制作方法可能是通过揉压的方式，去掉部分带苦涩味的茶汁。制成的茶饼表面光润，像涂了蜡一般。
↓
京铤：蜡面茶中的优品。
↓
龙凤茶

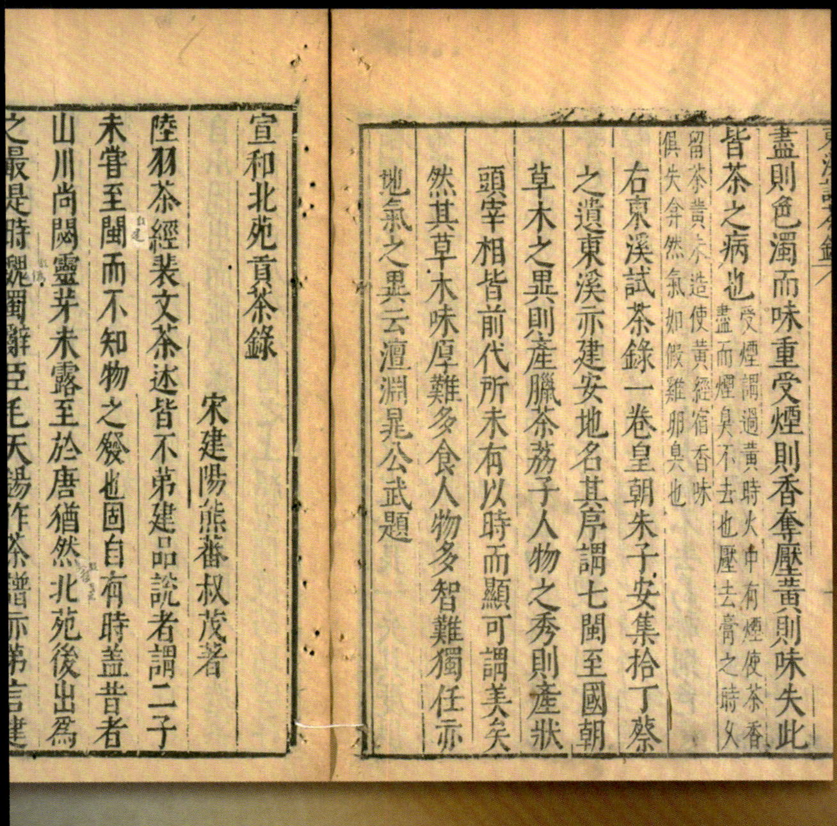

盡則色濁而味重受煙則香奪壓黃則味失此皆茶之病也

右東溪試茶錄一卷皇朝朱子安集拾丁蔡之遺東溪亦建安地名其序謂七閩至國朝草木之異則產臘茶荔子人物之秀則產狀頭宰相皆前代所未有以時而顯可謂美矣然其草木味厚難多食人物多智難獨任亦地氣之異云澶淵晁公武題

宣和北苑貢茶錄

宋建陽熊蕃叔茂著

陸羽茶經裴汶茶述皆不第建品說者謂二子未嘗至閩而不知物之發也固自有時蓋昔者山川尚閟靈芽未露至於唐猶然北苑後出為

《北苑别录》

赵汝砺身为熊蕃的门生，察觉到熊蕃所著的《宣和北苑贡茶录》存在不够全面之处，于是着手补撰了《北苑别录》。在这本书里，赵汝砺对茶叶采摘、加工等环节的记述详尽完备，堪称介绍宋代团茶加工最全面细致的著作。依据《北苑别录》的记载，北苑御茶园规模宏大，共有四十六处。

《大观茶论》

宋徽宗赵佶所著之书，全面总结宋代茶事经验，尤其对点茶道论述深刻，尽显其斗茶功底，为后人研究宋代茶道留存了珍贵文献。

《茶具图赞》

此书由审安老人所著，是一本茶具专著，配有十二幅茶具图，并为它们别出心裁地起了名号。

北宋《岁朝图》（局部）佚名
美国弗利尔-赛克勒美术馆藏

《岁朝图》是一幅描绘北宋宫苑内新年庆祝场景的画作。此画呈现了嫔妃、宫女、孩童们在夜晚欢度新年的温馨场面。画面色彩丰富，金色的纹样与灰暗的背景形成对比，柔和而雅致。画中，几位人物围坐在桌旁，目光却集中在屋外正在小心点燃爆竹的年轻女子身上。桌上摆放着茶和蜜饯，这些细节表明，在宋代宫廷的家宴中，茶是不可或缺的重要元素，进一步展示了茶文化在皇室生活中的重要地位。

宋代宫廷茶道

宋代，茶不仅是一种饮品，更被皇帝们视为极其珍贵的文化瑰宝。皇帝们不仅自己品尝，还通过赐茶来表现对重臣的恩宠。这种赐茶并非随意，而是有着严格的等级和礼仪。只有在重要的礼仪场合，如南郊祭祀时，皇帝才会将小龙团茶赐予中枢密院的几位高级官员。欧阳修曾在《龙茶录后序》中记录了他在嘉祐七年（1062 年）被赐予小龙团茶的情景，他将这饼茶珍藏了多年，每每看到都感动不已。

此外，宋代皇帝还积极通过外交手段向外传播茶文化。在与周边少数民族和邻国的交往中，茶叶经常作为礼物或赏赉被赠送给对方，成为文化交流的重要媒介。宋代的茶文化通过这种方式传入西夏、辽、金等国家，影响了这些地区的饮茶习俗和茶文化的发展。

外交赐茶

赐茶活动是宋代外交礼仪中至关重要的一环。据《宋史》记载，每当外国使节到达或外国君主前来朝见，朝廷都会在皇宫的内殿设宴款待。此时，皇帝的近臣以及刺史、正郎、都虞候等高级官员都会出席，形成一场隆重的仪式。

仪式开始时，使节们行揖礼并鞠躬致意。这时，殿前的舍人会在殿上通报使节的身份，并引导他们上前，依照礼仪接受召见。使节随后会行喝拜礼，并进行大起居礼，这些礼仪不仅显示了对皇帝的尊重，也反映了使节作为外国代表的重要地位。完成这些礼仪后，使节们会出列，感谢皇帝的面见之恩，然后回到原位，再次行喝拜礼和舞蹈礼。此后，他们会再次出列，向皇帝表达对沿途驿馆提供的宴席、茶水、药品的感谢，并传达对皇帝问候的感激之情。最后，官员们会按照传令，分批引导使节离开，同时赐予茶和酒，使节们会如前所述，再次行喝拜礼以示感谢。

在群臣朝见、出使等宴饯仪式中，赐茶酒也是固定的程序之一。《宋史》记载，宴会结束后，皇帝会赐予使节衣物、茶和酒以示慰问，并由通事舍人陪同，使节们被引至四方馆阁门使处，在本厅就餐，整个过程体现了宋代礼仪的规范与茶文化的高度融合。

游观赐茶

茶事活动在皇帝的日常游观活动中也占据了重要地位。《宋史》记载：每年上元节，皇帝会在宣德门上观赏花灯；初夏时节则去金明池观看水上表演；为了视察农事，皇帝还驾幸过飞龙院、开封尹府、都亭驿、礼贤院、茶库杂院等地。宋仁宗曾下诏，要求详细制定皇帝前往宫观和寺院时的赏赐标准，包括赐予茶叶、绢帛等物品。可见，赐茶赐绢在当时已被视作彰显皇恩和巩固政权的重要手段。

视学赐茶

对宋代皇帝来说，他们还有一项重要的日常事务，就是亲自去视察国子监学生们的学习情况以及学习成果。在这一过程中，茶不仅仅是饮品，更是礼仪的重要组成部分，充分展现了皇帝对教育的重视和对学者的尊敬。

《宋史》中就记载：徽宗皇帝下诏对国子监的文武学生进行升迁和奖励，并赐予章服和官职。在视学当天，皇帝首先驾临文宣王庙，进行祭孔之礼。接着驾临太学，进入预设的席位，席位也有讲究，御座设在堂上稍北的位置，从官、讲官、执经官的席位安排在御座的南侧，太学生们的席位分列堂下，东西相对。众人到齐后，班首奏报“万福”，在场的官员们齐声回应，接着阁门承旨宣布“升堂”，在场者行拜礼后升堂就位，侍立在皇帝两侧。之后，皇帝下令赐茶，各级官员和学生们按序就座，享受皇帝赐予的茶水。整个过程严格按照宫廷礼仪进行，每一步都有专门的官员引导，秩序井然，场面隆重而庄严。

大朝茶宴

前面提到的游观赐茶、视学赐茶在宋代宫廷中只能算中型茶宴，要论规模最大、礼仪性最强，还数大朝茶宴。

宋朝的制度规定，每逢春秋两季的第二个月、圣节、郊礼、籍田礼结束后，或是皇帝巡游归来，会在宫廷中举行盛大的宴会，以展示皇帝的恩惠与慈爱。如果遇到重大灾害或重大礼仪活动刚结束，则会取消这些宴会。天圣年间，大型宴会一般在集英殿举行，次一级的宴会在紫宸殿，而小型宴会则在垂拱殿进行。如果皇帝有特别旨意，则可不受常规制度的限制。

为了举办这些大宴，有关部门会在宫殿庭院中搭建起山楼，布置好场景，并安排群仙队仗和六番进贡的仪式，还会装饰九龙五凤等形状的装饰物。宴会当天，宫殿内陈设着锦绣帷帘、香球和银制香炉，御茶床和酒器则放置在殿东北的柱子之间。群臣依次在殿下列席，按照品级分配座位。

宴会的规模和隆重程度可以从熙宁二年大宴的人员安排中窥见一斑。当时中书省、枢密院、宣徽院的官员、亲王及节度使等高官共计数十人参加宴会。宴会的服务人员有一百七十八人、御厨六百人、仪鸾司一百五十人，加上其他各类服务人员，共计数千人之多。翰林司的主要职责是供应果子、茶茗及汤药，而如此众多的服务人员专门负责茶汤的供应，反映了当时宫廷对茶饮的重视。

在这些大朝茶宴中，除了茶饮以外，皇帝还常常安排其他活动，如赏花、赐花、赋诗、奏乐舞蹈、泛舟钓鱼、观赏古画书法等。这些活动不仅丰富了宴会的内容，还通过茶道展现了皇帝的礼仪和对文化的推崇。通过这些大规模的宫廷茶宴，宋代的茶文化得到了广泛的传播和发展，成为当时社会生活的重要组成部分。

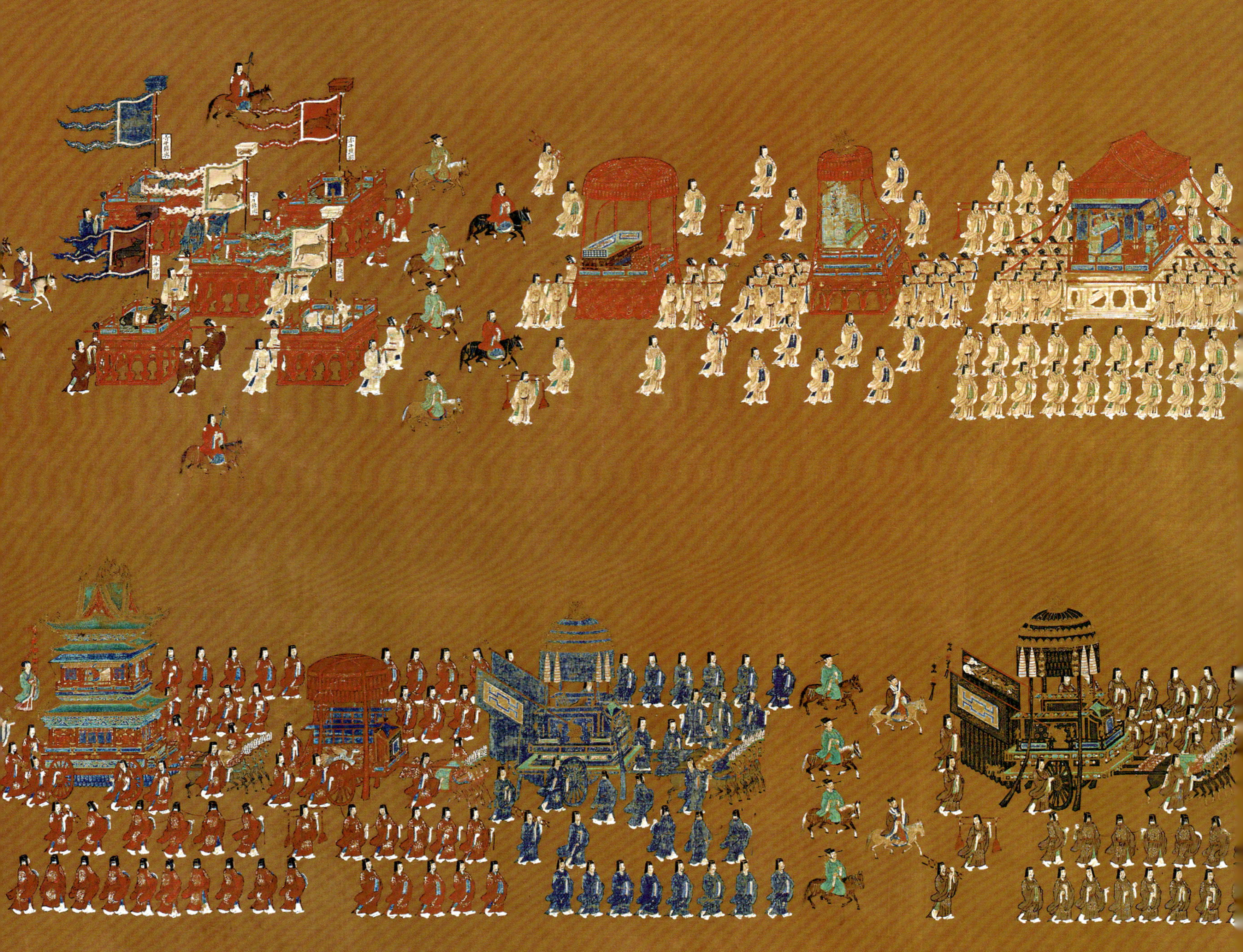

· 元代《大驾卤簿图书》（局部）曾巽申作 中国国家博物馆藏

《大驾卤簿图书》是一幅描绘宋代皇帝出行仪仗的绢本设色画卷，以细腻的工笔描绘出 5481 个人物、2873 匹马、61 乘车舆等。画卷不仅记录了皇帝出行的宏大场面，还详细展现了宋代的舆服、仪卫、兵器、乐器等制度。这幅画虽未直接描绘宋代宫廷的大朝茶宴，但通过浩荡繁复的场面，我们可以推测出大朝茶宴应当是同样庄严壮观的盛大仪式。

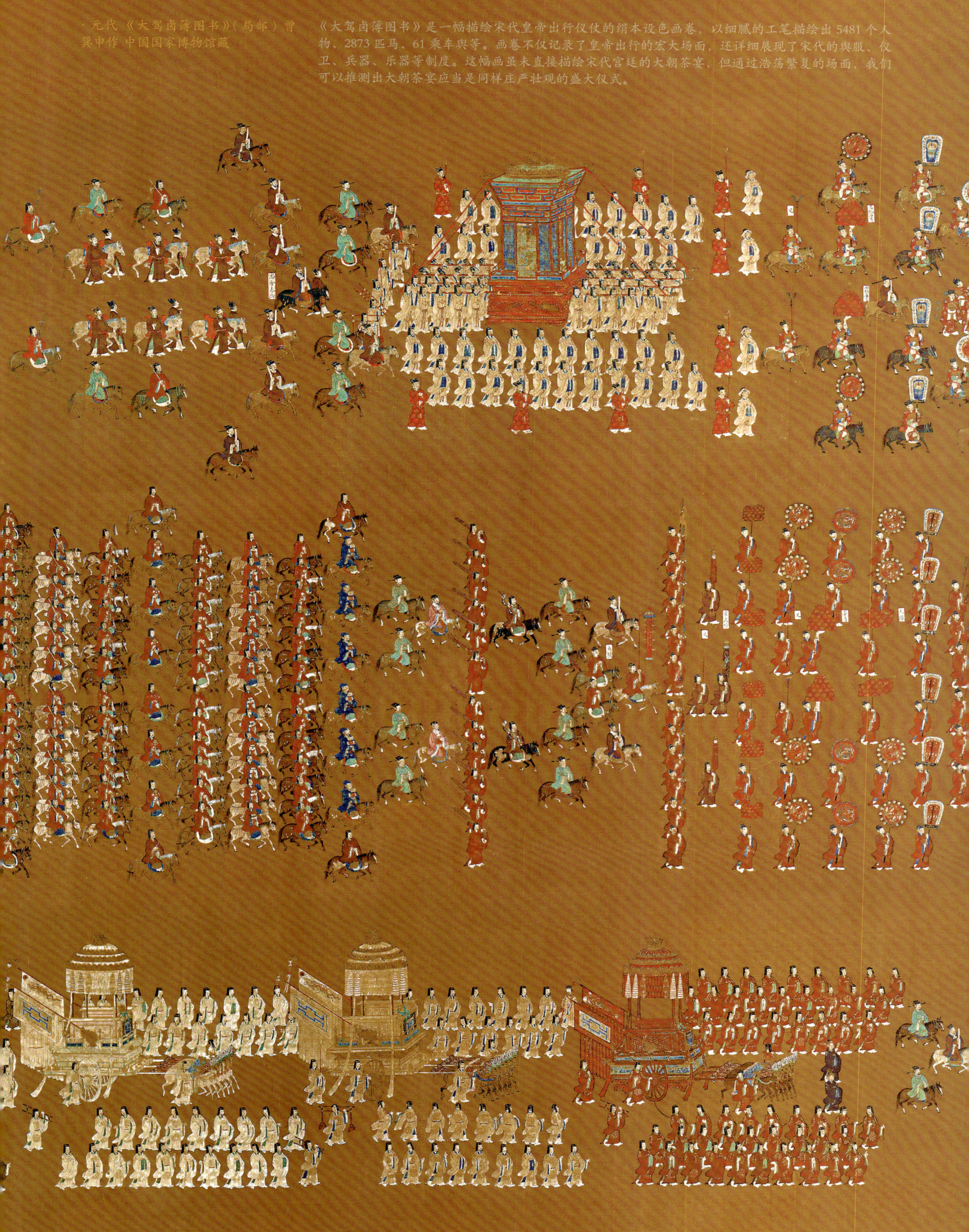

辽金元茶事

短暂的过渡

北方游牧民族建立的辽、金政权，与两宋处于政治对峙又文化融合的状态。因受宋文化影响，这些游牧民族的汉化程度较高，上层贵族也有饮茶的习惯，饮茶方式、茶具形制和宋代大致相同。在出土的辽金壁画中，有不少以茶文化为主题的内容。后来实现大一统的元代，虽然存在时间不长，但在茶文化发展史上却是上承宋代、下启明代的关键过渡时期。元代政府除了沿袭宋代的北苑御茶园，还在福建武夷山九曲溪的第四曲溪畔设立了御茶园。宫廷使用的茶叶仍以团饼茶为主，而民间一般饮用叶茶和末茶。点茶法在元代依旧盛行，相关茶具也延续了宋代的风格，不过，也出现了用沸水直接冲泡散茶的饮用方式。

辽金饮茶风气

辽金饮茶风气的兴起，首先是通过使者将朝廷茶仪引入了北方。在辽朝的朝仪里，“行茶”是极为重要的环节。《辽史》中关于这方面的记载甚至比《宋史》还要多。当宋使进入辽地，完成参拜仪式后，主客入座，便会进行行汤、行茶的程序。宋使觐见辽朝皇帝时，在殿上酒过三巡后，会先“行茶”，而后才行肴、行膳。至于辽朝内部的礼仪，茶礼更是繁多。比如皇太后生辰，参拜之礼结束后会行茶，大馔开始之前也要行茶。契丹人有朝日的习俗，大馔之后还会将茶敬献给尊贵的太阳。

南宋与金对峙期间，中原地区的饮茶礼仪和风俗同样对女真人产生了影响，而女真人又进而影响到了西夏的党项人。从此，茶礼广泛流行开来。金朝的女真人不仅在朝仪中施行茶礼，民间也逐渐兴起这种风气。在女真人的婚礼中，茶被极为看重。在男女订婚的日子里，男方会前往女方家里拜访，这一习俗源于北方民族早期母系氏族制度的遗风。当男方的宾客抵达后，女方家族众人会整齐地坐在炕上，以庄重的姿态接受男方行大礼。这种仪式被称为“下茶礼”。

· 金代 定窑白瓷印花分格四季花卉纹碗 台北故宫博物院藏

元代饮茶风气

元代茶文化的阶层差异极为鲜明。宫廷之内，宋代那充满风雅韵味的茶道传统得以延续。贵族们依旧钟情于精美的团饼茶，点茶的技法搭配着从前朝传承下来的茶具，持续盛行。反观民间，受蒙古族质朴饮食文化的熏陶，人们开始把晒干的散茶直接投入沸水中冲泡。于是，一种“上层守雅，民间趋简”的格局悄然形成。这一格局既留存了宋代茶艺的遗风余韵，又催生出更为便捷的饮茶新方式，在不知不觉中改写着中国茶史的发展脉络。据相关记载，元代主要的饮茶方式可归为四大类：

·河北省张家口市宣化辽代张匡正墓壁画中的碾茶、煮茶场景

茗茶

先是采摘嫩芽，去除青气后再进行煮饮。有人认为，这种方法有可能是连同叶子一并吃下，因而非得是嫩叶才行。

毛茶

毛茶的吃法是在茶中添加胡桃、松实、芝麻、杏等物，一同进食，边饮边嚼。这种吃法虽有损茶的纯正滋味，然而既能饮茶，又能享用果物，在民间颇受欢迎。

末子茶

采茶之后，先将茶叶焙干，接着磨细，不再进行榨压成饼的工序，而是直接储存。这种茶是用于点茶的，与日本现今茶道所用的抹茶相近。

蜡茶

沿袭宋代的团茶。不过数量已大幅减少，大致只有宫廷中的贵族才有机会品尝到。

·元代的茶碗茶杯 台北故宫博物院藏

转变的时机

明代茶文化承继宋元，在传承的基础上又开拓出全新局面。纵观明代，茶文化呈现出诸多鲜明的新特征。其一，饮用冲泡散茶在当时蔚然成风，成为主流的饮茶方式，开启了新的茶文化篇章。其二，在瓷茶具依旧占据主导地位的大环境下，紫砂茶具如一匹黑马强势崛起，代表着茶文化发展的全新方向与潮流趋势。其三，文人阶层在饮茶时，更加注重与自然的和谐相融，对饮茶环境的要求愈发严苛，借此彰显自身不随波逐流、高雅脱俗的气节与情操。

·明代《明太祖坐像》
台北故宫博物院藏

·明代《煮茶图》王问作
台北故宫博物院藏

画中能看到一人正在聚精会神地弄炭烹茶，他使用的茶具已经是现代人熟悉的提梁茶壶了。

·明代 青花云龙纹提梁壶
台北故宫博物院藏

·明代 青花赤壁赋图茶钟
台北故宫博物院藏

散茶大兴

尽管散茶在元代已较为普及，可贡茶依旧采用团饼茶，明代初期这种模式未变。不过，明代开国皇帝朱元璋出身社会下层，深知元代弊政与民间疾苦，觉得进贡团饼茶有“重劳民力”的问题，便下令停止制造“龙团”，改为进贡芽茶。《明太祖实录》记载：“庚子诏。建宁岁贡上供茶，听茶户采进，有司勿与。敕天下产茶去处，岁贡皆有定额。而建宁茶品为上，其所进者必碾而揉之，压以银板，大小龙团。上以重劳民力，罢造龙团，惟采茶芽以进。其品有四，曰探春、先春、次春、紫笋。置茶户五百，免其徭役，俾专事采植。既而有司恐其后时，常遣人督之，茶户畏其逼迫，往往纳赂，上闻之，故有是命。”

这道诏令是当时散茶流行的侧面反映。它进一步打破团饼茶的传统束缚，有力推动了芽茶和叶茶发展。资料显示，明代在茶园管理、茶树特性掌握、茶叶采摘等方面都有较大提升，还出现不少新的生产加工技术。

随着工艺技术改进，各地名茶发展迅速，品类日益繁多。回溯过往，宋代的知名散茶屈指可数。但到了明代，黄一正所著的《事物绀珠》中，光辑录的“今茶名”便多达 97 种，其中散茶占据了绝大多数，彰显出明代散茶的蓬勃发展态势。

饮茶方式的改变

在明太祖朱元璋的大力提倡下，散茶饮用在明代跃居为主要的饮茶方式。尽管煎茶与点茶法在一定程度上依旧存在，却已然演变成部分人寄托情怀的特殊方式。从现有资料可知，散茶冲泡在当时获得了绝大多数人的认可。由散茶冲泡衍生出的瀹茶法，在明代的茶著中屡见不鲜。明代屠隆所著的《考槃余事》专门设有“洗茶”一章，其中写道：“凡烹茶，先以热汤洗茶，去其尘垢冷气，烹之则美。”此处提及的茶，显然是条形散茶。由于洗茶的需求，饮茶器具中又增添了茶洗这一物件。

·明代 白瓷三系竹节把壶
台北故宫博物院藏

·明代 青花四季花卉纹碗
台北故宫博物院藏

茶器偏好的转变

散茶冲泡成为明代主要饮茶方式后，唐、宋时期的茶具已然不再适用。瀹茶法的兴起，促使茶壶的使用更为广泛。与此同时，人们偏好的茶盏也从黑釉瓷转变为白瓷和青花瓷，因为它们能更好地映衬出茶的色泽。在明代茶具的发展进程里，宜兴紫砂茶具的兴起，无疑是浓墨重彩的关键篇章。紫砂茶具的造型设计与材质选用，完美呼应了当时社会所崇尚的端庄典雅、质朴无华、亲近自然的精神追求。伴随着时大彬、李仲芳等一众制壶技艺高超的名家声名鹊起，紫砂茶具也逐步衍生出风格各异的流派，从单纯的实用器具，蜕变成为一门独具魅力的艺术品类 。

明人对茶壶的偏好可归纳为“尚陶尚小”。文震亨在《长物志》中提到：茶壶以砂质的为上品，因为它既不会夺走茶香，又没有熟汤之气。冯可宾的《岕茶笺》也记载：茶壶以瓷窑烧制的为上等，以小巧为贵。每一位客人配备一把壶，任其自行斟饮，这样才更有情趣。因为壶小就能使茶香不轻易散失，茶味也不会耽搁变味。由此可见，明

·明代 斗彩八仙纹茶钟
台北故宫博物院藏

·明代 青花山水高士图茶钟
台北故宫博物院藏

·明代 斗彩四季花卉纹杯
台北故宫博物院藏

·明代 青花莲瓣纹莲子茶钟
台北故宫博物院藏

·明代 官窑 霁青釉葵口杯
台北故宫博物院藏

·明代 甜白釉八方杯
台北故宫博物院藏

人挑选茶壶除了实用特性外，更看重是否能满足饮茶者所追求的“趣”。这种“趣”实际上已超脱茶本身，成为文人精神的一种外化。晚明时期，社会矛盾错综复杂，文人士大夫逐渐脱离现实，走上独善其身之路。与此同时，王阳明“心学”盛行，中庸之道、尚礼尚简的理念受到推崇，佛教内敛崇定的特质以及道家自然虚无的思想也成为一时风尚。这些思想倾向与人生哲学反映在茶艺上，在崇尚自然古朴的同时，又增添了唯美元素，对茶、水、器、境都提出了更高要求。而紫砂壶恰好适应了这种审美心理，广泛流行也就不足为奇了。

·明代 青花凤凰纹三系茶壶
台北故宫博物院藏

·明代 甜白釉暗花菱花式杯
台北故宫博物院藏

·明代《品茶图》（局部） 文徵明作 台北故宫博物院藏

这幅画作乃文徵明所绘，呈现了他与友人陆子傅于林中茶舍品茗的场景。画面里，草堂所处环境清幽雅致，小桥下流水潺潺，高耸的苍松挺立。堂舍宽敞明亮，几案洁净无尘。堂内，二人相对而坐，一边品茗，一边清谈。茶寮之中，泥炉配砂壶，炉火熊熊燃烧，童子身后的几案上，茶罐与茗盏整齐陈列。

饮茶环境之美

明代文人所构筑起的茶道美学体系主要体现在两个方面：

一方面，明代文人对饮茶时的自然环境极为苛求，这一点在留存于世的众多明代茶著和诗文当中皆能找到印证。在明人笔下的自然景致里，茶常常与山、石、松、竹、烟、泉、云、风、鹤等意象一同呈现。此般搭配着实精妙，毕竟茶本就发源于自然，当它与周遭的自然环境完美融合，那美妙的意境达到了无与伦比的境界。

另一方面，明代文人对饮茶的氛围与意境精心雕琢，唯恐落入俗套，力求高雅之境。这份用心，淋漓尽致地体现在对茶舍、茶寮的布置，茶具的选用，茶人的素养以及饮茶时情绪的把控等诸多细节之上。

单就布置茶寮的要求而言，许次纾于《茶疏》里有着详尽记述："小斋之外，别置茶寮。高燥明爽，勿令闭塞……寮前置一几，以顿茶注茶盂，为临时供具。别置一几，以顿他器。旁列一架，巾帨悬之"。从视觉层面来看，透过文徵明的《品茶图》以及唐寅的《事茗图》，我们能直观知晓，茶寮是独立的建筑，与书斋界限分明。

倘若有些文人未专门修筑茶寮，他们大多也会在书斋、书屋中陈设茶具，以满足品茶之需。无论是知己好友到访，还是独自悠然静坐，都可以随时汲取清泉烹煮香茗，与书斋的氛围相得益彰。

明代文人在饮茶过程中所强调的人、茶、环境与氛围的完美契合，实则聚焦于内在精神层面的高度和谐，是对极致之美的不懈追求。

清代茶事

茶意的浸润

清代，茶树栽培与加工技术体系日臻完备，驱动茶区规模持续扩张、产量稳步增长。随着制茶工艺推陈出新，各地特色名茶呈集群式兴起，饮茶习俗亦焕发出更为丰富的形态。作为茶叶消费的重要载体，茶馆与茶庄在城乡街巷随处可见，形成了覆盖各阶层的饮茶网络。从宫廷礼仪到民间日常，茶饮深度融入清代社会生活，彰显出强大的文化渗透力。

· 清代《紫光阁赐宴图》卷（局部）姚文瀚作 故宫博物院藏

乾隆二十六年，乾隆皇帝在紫光阁设宴，隆重庆贺功绩。这场宴会规格堪称顶级，王公贵胄、朝堂文武、蒙古族的首领，还有参与西征的百余位英勇将士，都收到了邀请，齐聚一堂。下面这幅绘画作品，鲜活地展现出当时宴会的宏大场面与庄重氛围。透过这幅画，我们可以尽情想象在文华殿、重华宫以及乾清宫这些地方举办的大型茶宴，又会是怎样一番热闹非凡的景象。

清代宫廷茶事管理体系

清代宫廷茶事体系较明代发展显著，贡茶省份与茶叶种类大增，且建立起分工明晰的茶事体系，由茶库、御茶房等机构构成。

茶库为物资储备中枢，起初兼具存放茶叶及其他物资的功能。随着贡茶数量不断增多，后逐渐转变为专门的茶叶仓库。木箱内分类储藏着云南普洱茶砖、江南明前龙井等各地名茶，锡罐封存的茶膏与瓷坛窖藏的花茶亦数量可观。

御茶房即“上茶房”，是专为皇帝服务的茶房。其首要任务是为皇帝备日常饮用的玉泉山水，熬煮乳茶、冲泡清茶，同时负责制作节令茶点，如端午粽子、中秋月饼、重阳花糕等，还统筹时令鲜果的筛选与贮藏，为宫廷祭祀提供标准果品供物。

此外，清代宫廷也为身份尊贵者设有茶饮服务。皇后、皇太后、南三所皇子皆有专用茶房，已成婚的皇子皇孙在宫内居住时，也配有独立茶房。太监宫女在此为他们准备茶饮、制作奶制品小吃。

清代宫廷茶宴

清代宫廷茶事活动丰富，主要集中在文华殿、重华宫与乾清宫这三处场所。

文华殿经筵赐茶：清代沿袭明代经筵制度，皇帝会于春、秋两季在文华殿举办学术讲席。以乾隆皇帝为例，其在位期间共举行四十九次大型经筵。活动中，乾隆会向大臣赐茶，此举既彰显对学者身份的敬重，也体现了皇权对儒家文化的尊崇。

重华宫文人茶会：乾隆将登基前的居所重华宫改造成文化沙龙，每年正月选吉日举办茶宴。此类茶宴集饮茶与文学创作于一体，皇帝会出题，命参与大臣赋诗联句。

乾清宫国宴级茶礼：康乾时期，在乾清宫举行的“千叟宴”堪称宫廷茶宴的顶峰。宴会中的“进茶仪式”与“赐茶仪式”，均采用奶茶。

·清代 掐丝兼绘珐琅多穆壶 台北故宫博物院藏

·清代 仿拉古里木釉多穆壶 台北故宫博物院藏

清宫浓香奶茶

清宫对奶茶怀有深厚偏爱，究其根本，源于北方少数民族长期形成的食肉饮乳生活习俗。在这样的饮食结构下，人体易因长期缺少蔬菜摄入而产生不适，且大量食肉会导致消化不良等问题，茶叶恰好能够有效缓解这些状况。因此，自唐代中原茶叶传入游牧民族地区后，茶与乳相融合的奶茶，便迅速得到了他们的喜爱。

清宫中茶饮种类繁多，最为常见的当数日常佐餐的奶茶。据《宫女谈往录》记载，宫中早点和晚上十点多的加餐点心中都有奶茶。此外，奶茶还登上了宫廷筵宴的舞台，成为彰显皇帝皇恩浩荡的象征，并在祭祀等重要礼仪场合用以供奉神灵。

· 清代 金胎西洋掐丝珐琅奶茶罐 台北故宫博物院藏

· 清代 银奶茶碗 台北故宫博物院藏

· 清代 仿拉古里木纹碗 台北故宫博物院藏

· 清代 札木札雅木碗 台北故宫博物院藏

奶茶桶

奶茶桶（也称多穆壶），是斟倒奶茶的圆筒状容器。在清代宫廷中，存有金、银、银镀金等多种材质的奶茶桶。金桶多用于皇帝赏赐，尽显尊贵；银和银镀金桶既作赏赐，也是日常用品。此外，宫廷还有少量皮制奶茶桶，供野外活动使用。

奶茶壶

奶茶壶为盛装奶茶的器具，材质多为银或银镀金。造型风格粗犷且大气，与北方游牧民族地区的审美偏好相契合。

奶茶碗

奶茶碗的材质丰富多样，有金、银、玉、木等

清代民间茶馆之趣

明清时期，茶馆作为深受平民喜爱的活动场所，迎来了快速发展，尤其是清代，堪称我国茶馆的鼎盛时代。

“茶馆”这一称谓，在明代以前的资料里难寻踪迹。明末张岱的《陶庵梦忆》中提到“崇祯癸酉，有好事者开茶馆”，自那以后，“茶馆”便成了通用称呼。明末的北京街头，出现了简易的茶摊，仅一桌几凳，于街头巷尾用粗瓷碗卖茶。

茶馆发展至清代才迎来真正的全盛时期，彼时，不仅茶馆数量惊人，其种类与功能更是一应俱全，丰富多样。从现存资料可知，在康熙、乾隆统治的时期，杭州城的茶馆如雨后春笋般涌现，大大小小加起来有八百余家。

茶馆最显著的特点便是平民化。《儒林外史》中的马二先生并不富裕，身上只带几个钱，就能自在地在几处茶馆吃茶，足见当时茶价亲民。而且，茶馆还经营各类佐茶小吃，像橘饼、芝麻糖、粽子、烧饼、笋片、黑枣、煮栗子等，让人吃得满足、喝得畅快。

随着茶馆数量的与日俱增，其类型也愈发多元，渐渐分化出针对不同客群、各具特色的茶馆。像是专门为商人提供生意洽谈场所的清茶馆，提供曲艺说唱表演的书茶馆，坐落于山水之间，供文人雅士举办笔会、游客惬意赏景的野茶馆，能让茶客尽情对弈的棋茶馆等等。

清代民间茶馆的繁荣甚至影响到了皇宫。乾隆年间，每到新年，朝廷会在圆明园设置买卖一条街，其中专门有模仿民间茶馆的地方，生动逼真，热闹非凡。

·清代《圆明园四十景图咏·坐石临流》唐岱、沈源合画
法国巴黎国家图书馆藏

1744年，奉乾隆皇帝旨意，宫廷画师唐岱等人共同绘制了四十幅圆明园分景图，用以展现园内美景。上图为圆明园四十景之一“坐石临流”，有学者推测，图中场景即为“坐石临流”内的买卖街。

·清代茶馆模型

第二章

碧叶清芳——绿茶

绿茶，是中国茶文化的核心之一。自古至今，绿茶一直深植于中国人的日常生活中，承载着数千年的历史与文化积淀。从皇室贵族的贡茶到民间百姓的日常饮品，绿茶不仅仅是一种茶类，更是文化、健康与美学的交融。绿茶的制作历史可追溯到公元前，通过未发酵的独特工艺，保留了茶叶的天然色泽和口感，成为中国茶类中种类最多、历史最悠久的代表之一。

绿茶的特性

绿茶作为中国最具代表性的茶类之一，以色、香、味的完美融合而闻名。其独特的制作工艺，最大程度地保留了茶叶的原始风味。绿茶清新的香气，微苦中带甘的口感，展现出茶叶的自然精髓。清澈透亮的茶汤、细腻柔和的叶底，再加上回味悠长的鲜爽滋味，使人每一次品味，仿佛都在与大自然对话，感受到它轻盈清雅的韵味。

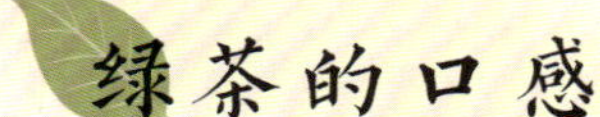

绿茶的口感

绿茶的口感因其产区和制作工艺的不同而略有差异，但总体上，绿茶的味道以清新、甘甜、略带微苦为主调。无论是西湖龙井的清幽，还是碧螺春的鲜爽，绿茶的每一口都能带给品饮者自然与茶叶本真的感受。口感上的“鲜爽”源于绿茶中高含量的茶多酚和氨基酸，它们共同赋予了绿茶清甜的滋味与略带苦涩的收敛感。品绿茶时，初入口的清冽感往往会带来一种洁净的口感，而后舌根处的微甘更是悠长，令人回味无穷。

绿茶的颜色

绿茶最大的特点在于其“清汤绿叶”的外观。未经过发酵的绿茶，因其制作工艺独特，杀青过程中的高温处理抑制了酶的活性，保留了鲜叶的天然色泽。正如其名，“绿茶”既指其干茶的翠绿色，也指冲泡后的汤色与叶底的清新。汤色清澈透亮，叶底碧绿如初，宛如早春雨后新芽，予人以一种鲜活感。这种清澈明亮的视觉体验与绿茶的清爽口感相得益彰，形成了绿茶独特的魅力。

绿茶的价值

绿茶不仅带给人口感上的享受，更因其保健功效而受到推崇。现代医学研究表明，绿茶中含有大量对人体有益的成分，如茶多酚、咖啡碱、叶绿素、氨基酸等。绿茶中丰富的抗氧化物质，尤其是茶多酚，能够有效清除体内自由基，延缓衰老，增强免疫力。同时，绿茶也被认为具有降血脂、防辐射等多种功效。长久以来，绿茶一直是人们日常健康饮食中不可或缺的一部分。

怎样选出好绿茶

在绿茶的制作过程中，鲜叶内含的天然成分得以大量留存，这赋予了绿茶标志性的“三绿”特征：干茶色泽翠绿，汤色清澈见底，叶底鲜亮嫩绿。对于初涉茶道的爱茶者而言，唯有具备一定的鉴别力，方能挑选出那些色香味均优的绿茶佳品。

观验干茶

先看干茶：手握轻捏，易碎则干，不变形则潮，潮茶易霉。再观外形、色泽、嫩度以辨优劣。注意，白毫为嫩芽烘焙后的茸毛，茶芽越嫩，白毫越显且紧附茶上，但此标准仅适用于毛峰、毛尖、银针等茸毛类茶。继而是闻香，好茶香气浓郁，可投干茶于沸水烫过的杯中嗅闻，有青草等杂味者品质不佳。

外形

优：好的扁形绿茶有着扁平挺直且表面光滑的特征；卷曲形或螺形的绿茶，则是紧细又光滑，整体质地较重且平均。

次：不好的绿茶往往外形粗糙，显得松散不紧实，有的还会出现结块或短碎现象。

色泽

优：优质绿茶的茶芽呈现出翠绿色泽，且表面油润光亮。

次：那些色泽深浅不一、枯干、混杂有其他颜色，以及灰暗缺乏光泽的绿茶，均被视为品质较差的茶叶。

嫩度

优：白毫或锋苗明显显露，茶身与茶首（即茶叶的尖端部分）重实饱满的绿茶，被视为上等佳品。

次：品质不佳的绿茶，芽尖或白毫较少，叶质偏老，整体感觉轻盈不重实。

品评茶汤

首先要注意茶汤的香气，纯净度、类型以及持久性都很重要；接着观察茶汤的色泽，好的茶汤应该明亮清澈；口感方面，可以品尝一下茶汤是否甘醇，含一口茶汤在口中，让它在舌尖和舌根流转，感受其独特风味；最后，通过查看叶底的嫩度、均匀度和色泽来综合评定茶叶的整体品质。

香气

优：好绿茶的香气应当清爽而醇厚，浓郁且持久，带有新鲜纯正之感，不应掺杂任何其他异味。

次：劣等绿茶的香气显得淡薄，持续时间短暂，缺乏新茶特有的新鲜气味。

汤色

优：好绿茶的茶汤，色泽澄清透亮，不含有任何杂质，呈现出极佳的视觉效果。

次：若绿茶的茶汤亮度不佳，颜色偏淡且略显浑浊，其品质通常不太好。

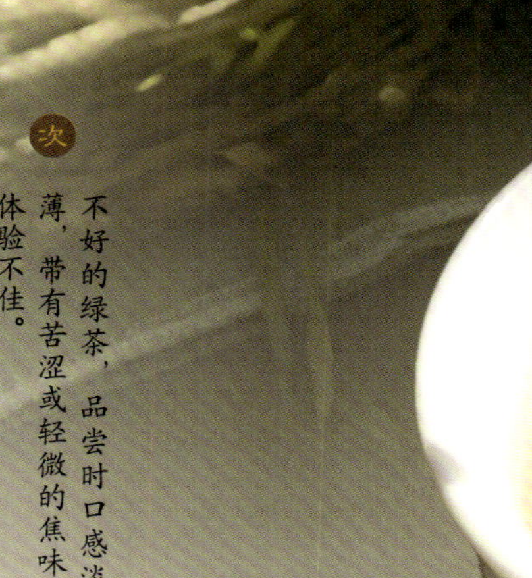

滋味

优：好绿茶初尝时或许略带一丝涩意，但随后转为甘甜，口感鲜爽且醇厚。

次：不好的绿茶，品尝时口感淡薄，带有苦涩或轻微的焦味，体验不佳。

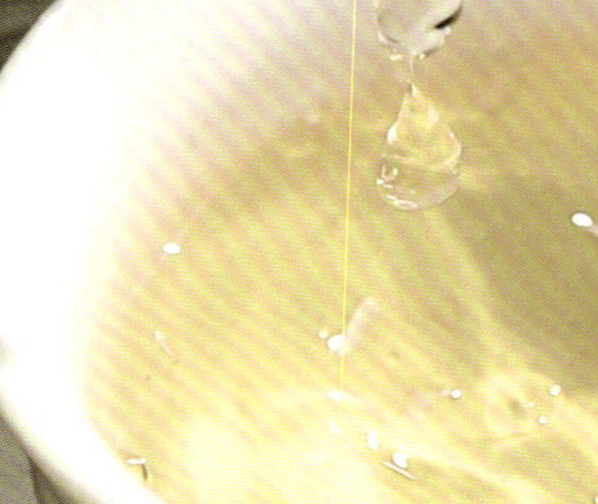

绿茶史话

绿茶是我国生产历史最悠久、产区最辽阔、品类最丰富、产量最庞大的一类。几千年来，历代茶人不断摸索，从生嚼鲜叶、原始绿茶、晒青饼茶、蒸青饼茶、龙团凤饼到蒸青散茶、炒青散茶、窨花绿茶，逐渐形成了成熟的工艺体系。

早期的探索与发端

绿茶的最早使用可以追溯到远古时代。那时，人们仅通过简单地采摘、晾晒甚至直接咀嚼鲜茶叶，获取其天然成分。茶叶在人们生活中的地位尚未固定，也未经过任何复杂加工。

随着人们对茶叶认识的加深，茶逐渐以更复杂的方式融入日常生活。最早的形式是“生煮羹饮”，这种方式类似于今天的煮汤。人们将新鲜的茶叶与其他食材一起煮沸，制成类似菜羹的汤，茶不仅作为饮品，更是一种日常食材，上了古人的餐桌。

在这一过程中，茶叶的煮饮方式也逐步发生变化。早期，人们会将茶树的新梢烤干，再放入水中煮沸，制成茶汤。这种“烧烤后煮饮”的方法，可以看作是绿茶早期“杀青”工艺的雏形。现代绿茶通过高温杀青，防止茶叶发酵并保持其天然色泽，而早期的“烧烤鲜茶”正是这种技术的最初尝试。尽管当时人们还没有学会将茶叶制作成干茶，但通过这种简单的烤制和煮饮，茶的风味已经初现端倪。

这种原始的“烤鲜茶”传统在云南的一些少数民族中依然存在。傣族和佤族人民在茶山劳作时，往往就地采摘茶树枝叶，烧烤后放入竹筒，再加山泉水煮成茶汤。这种方法不仅保留了茶叶的天然香气，还赋予了茶汤一种独特的焦香，滋味丰富且极具地方特色。

随着人类文明的进步，保存食物的方式也逐渐多样化。晒干是最古老的保存技术之一，茶叶的晒干收藏也是如此。原始社会的人们在采集茶叶后，常常将其放在阳光下晒干，以便冬季或长途旅行时使用。这种晒干收藏的技术，可能是最早的茶叶加工方式之一。唐代的樊绰在《蛮书》中记载了云南地区茶叶的采制和烹饮方式：“茶出银生城界诸山，散收无采造法。蒙舍蛮以椒、姜、桂和烹而饮之。”这说明了早期的茶叶加工仍以简单的晒干或直接使用为主。

随着需求的增加，茶叶的加工方法不断丰富。在某些日照不足的地区，晒干茶叶变得困难。为了应对这一挑战，人们发明了蒸青、炒青和烘青等工艺。这些技术最早在秦汉时期的巴蜀地区出现，通过蒸汽杀青，茶叶保持了绿色和清香，而炒青和烘青工艺则利用火焰加热，使茶叶快速干燥并定型。这些工艺不仅延长了茶叶的保存期，还显著提升了茶的品质。

绿茶走向成熟

在唐代，绿茶的制作和加工技术得到了极大的发展和改进，尤其是蒸青饼茶，作为一种精细加工的茶叶类型，代表了这一时期的制茶工艺水平。唐代的绿茶制作工艺不

· 唐代蒸青茶饼的制作步骤

仅在原始散茶和饼茶的基础上有所创新，还进一步细化和规范了茶叶的采摘、蒸青、捣碎、拍饼等各个环节，逐渐形成了一套完整的制作流程。

二月至四月是最佳采茶时节，茶树嫩芽在此时正值新鲜、充满活力的状态。采摘后的茶叶经过蒸青处理，高温蒸汽破坏了茶叶中的酶，抑制了发酵，确保了茶叶的绿色和清香。紧接着，将蒸好的茶叶捣碎并压制成饼。茶饼的形状和规格千变万化，不同的模具造就了不同的外观。正如陆羽所描述的，有的茶饼像胡人的靴子，有的像野牛的胸部，有的甚至像轻风拂水，微波荡漾。这些精美的茶饼不仅具有实用价值，还具有极高的观赏性。为了便于茶饼的保存，还会在定型后穿孔，烘干后串起来保存。这种蒸青饼茶的制作，既保留了绿茶的清新口感，又使得茶饼在长时间保存后依然能够保持良好的品质。

唐代的蒸青饼茶不仅是一种饮品，更是宫廷中用于重要礼仪和宴会的贡茶。顾渚紫笋茶便是其中的典型代表，据记载，每年春天，顾渚山上工匠和采茶工人数以万计，历时数月才能完成茶叶的采制，规模极为壮观。紫笋茶因品质上乘，成为唐代皇宫“清明宴”的专用茶品。

虽然皇家崇尚蒸青饼茶，但民间更青睐散茶。炒青绿茶和烘青绿茶在宋代的江南地区尤为盛行，被称为“草茶”。这些茶叶不仅制作工艺更加简便，也保留了茶叶的自然风味，广受百姓喜爱。宋代的茶文化在民间延续并蓬勃发展，绿茶成了生活中不可或缺的一部分。

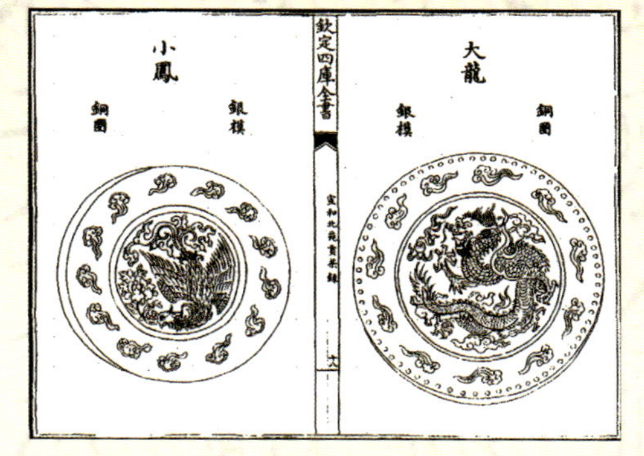

·《宣和北苑贡茶录》中的宋代龙凤团茶线描图

绿茶进一步蜕变

宋代的绿茶加工技艺进一步精细化，尤其是在贡茶的制作上达到了登峰造极的程度。宋代以蒸青饼茶为主要贡茶，其中最著名的当数福建建瓯地区的“龙凤团茶”。据宋代《北苑别录》记载，龙凤团茶的制作工序十分繁复，共包含采茶、拣茶、蒸芽、榨茶、研茶、造茶（压模）、焙茶、过黄等步骤。值得注意的是，宋代极为推崇茶色的纯白。因此，贡茶的制作过程中，漂茶与榨茶十分重要，去除了茶叶中的褐色物质后，茶汤色泽会更加纯净。

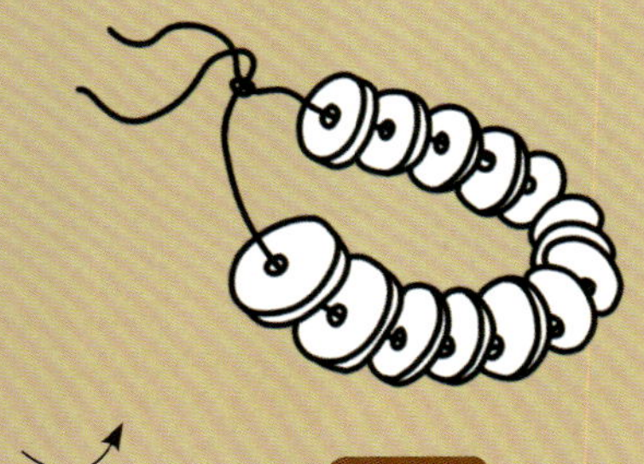

陆羽烹茶图

串茶饼

· 元代《陆羽烹茶图》（局部）
赵原作 台北故宫博物院藏

绿茶散茶的兴起

到了明代，绿茶的加工工艺发生了重要转变。明太祖朱元璋于洪武二十四年（1391 年）颁布诏令，废除了复杂的饼茶贡茶，改为采制更加简便的散叶茶。此举不仅顺应了民间需求，也促进了散叶茶的生产与推广。此时，炒青绿茶逐渐取代了蒸青饼茶，成为主流。炒青绿茶因其制作方便、风味独特，备受推崇。

明代的炒青绿茶制作工艺逐渐成熟。根据明代张源的《茶录》记载，炒青茶叶的制作流程包括先将茶叶拣去老叶和杂质，之后在高温铁锅中炒制，并通过多次翻炒和焙干来定型。炒青绿茶的加工工艺强调了火候的控制，茶叶在高温中逐渐释放出特有的香气，形成了明代茶叶的独特风味。

除了炒青绿茶，烘青绿茶在明代也广为流行。烘青绿茶的制作方法相比炒青更为温和，通过文火慢慢烘焙，使得茶叶在保持清香的同时，减少了火气的影响。这些工艺使得明代绿茶品种更加丰富，品质也日益提升，诸如徽州的松萝茶、杭州的龙井茶、歙县的大方茶等，皆是在这一时期崭露头角的名品绿茶。

放大画中细节，能看到一个小仆带着罐子，正在溪边取水准备泡茶。亭子旁的树下放着一套茶炉和烧水壶，旁边的石头上还摆着茶壶、茶叶罐和茶杯等茶具。

绿茶的发展与创新

清代，绿茶的生产规模和技艺进一步提升，炒青和烘青工艺得到广泛应用。

与此同时，绿茶在再加工茶的领域中也有所突破，花茶的出现便是其一。尽管早在唐宋时期，茶中加入香料已较为常见，但到了明清时期，花茶的制作技术得到了系统化发展。茉莉花茶、桂花茶等窨制花茶逐渐盛行，通过将绿茶与香花反复窨制，形成了特有的花茶香味。这种芳香四溢的花茶，尤受华北和山东等地茶客的青睐。

到了现代，机械化的引入使得绿茶的制作更加高效和标准化。今天，中国的绿茶种类繁多，既有传统的手工制茶工艺传承，也有现代科技下诞生的创新产品。绿茶不仅是国内市场的主导茶类，在国际上也占据了一席之地，成为中国文化的象征。

窨制是一个过程，它通过将鲜花与茶叶混合在一起，使茶叶在静止中逐渐吸收鲜花的香气。之后再去除花朵，将茶叶烘干，最终制成我们熟知的花茶。

· 明代《松亭试泉图》（局部）仇英作
台北故宫博物院藏

绿茶加工发展史一览

绿茶加工发展史，是一部跨越千年的茶香传承史。

茶鲜叶

远古时期

远古时期，人们直接咀嚼茶鲜叶以享其味。随着时间的推移，他们开始生火煮茶为羹饮，甚至将茶融入菜肴之中。直接食用茶鲜叶的口感比较苦涩，风味欠佳，加之受季节与地域影响大，非产茶时节或地区难以享用。

春秋时期

春秋时期，人们开始探索茶鲜叶的多种干燥方式，包括阳光曝晒、烧烤、蒸制及锅炒等。这些干燥方法使得茶叶能够长时间保存，便于人们随取随用，大大拓宽了茶的利用范围。

早期绿茶

魏晋南北朝

晒青饼茶

魏晋南北朝时，古人创新地将散装茶叶与米膏混合，制成茶饼，随后晒干或烘干。这一时期，茶叶被简单加工后，制成能远程运输的饼茶。然而，初加工的晒青饼茶仍带有浓郁的青草味，风味有待提升。

唐代

唐代绿茶加工技术进一步发展，人们将鲜叶蒸后捣碎，制成饼茶，再将饼茶穿孔后烘干保存。这种工艺有效克服了晒青茶残留的浓重青草气，让茶叶香气更加鲜爽宜人。可惜仍无法有力消除绿茶的苦涩味。

蒸青饼茶

宋代

龙凤团茶

宋代绿茶加工技艺更为精细。采回的鲜叶先经水浸、蒸青，再以冷水清洗，经小榨去水、大榨去茶汁后，研磨细腻，最后入模具压制成茶饼并烘干。这些工艺能有效降低茶叶的苦涩味，同时保持茶叶的绿色。然而，压榨去汁的做法也导致了茶叶香气与滋味的较大流失，且整个制作过程烦琐耗时，成本高昂。

宋元时期

宋元时期，绿茶加工在蒸青之后，不再进行揉捻与压制，而是直接进行烘干处理。这一变革简化了工序，同时也保留了茶叶的自然风味。可惜通过蒸青法制得的茶叶在香气浓郁度上仍显不足。

蒸青散茶

明清时期

炒青散茶

明清时期，绿茶加工技术实现了重大突破，采用了高温杀青、揉捻、复炒、烘焙至干的工艺流程，现代炒青绿茶的制作技艺与这一方法相似。显著优点在于利用锅炒的干热能充分激发出茶叶内在的馥郁香味。

明清时期

此外，明清时期还创新性地发展出了花茶窨制技术，将散茶与桂花、茉莉等多种香花混合，让茶叶充分吸收花香后，再筛除干花。这样能为绿茶增添更加丰富的香气层次。

窨花绿茶

精湛工艺
成就绿茶之美

绿茶的品质，不仅来自它所选用的嫩芽与叶片，更得益于古老而精湛的制作工艺。历经数千年的发展，绿茶的加工工艺从最初的简单晒制，逐渐演变为今天极其讲究的杀青、揉捻、干燥等关键步骤。每一步都凝聚着制茶人的智慧，也正是这些工序的巧妙转化，赋予了绿茶独特的色、香、味、形。

第一步：采摘

绿茶的制作从采摘开始。不同的绿茶种类对茶叶的采摘时间和标准有严格的要求。陆羽在《茶经》中提道：“凡采茶，在二月、三月、四月之间。”即绿茶的采摘多在早春进行，当嫩芽初生，如“薇蕨始抽”时为最佳采摘时机，这种嫩芽叶称为“笋”，品级最高；其次为稍展开的嫩芽叶，称为“牙”。采茶时需手工将嫩芽摘下，避免粗老叶混杂其中。

第二步：杀青

杀青指的是通过高温迅速破坏茶叶中酶的活性，防止茶叶在制作过程中氧化发酵，以此保持绿茶“清汤绿叶”的品质。传统的杀青方式包括蒸青和炒青。蒸青是利用蒸汽杀青，通过高温蒸汽处理茶叶，保持茶叶的嫩绿和鲜香。炒青是将茶叶直接放入高温的铁锅中翻炒，通过热量迅速使茶叶失去水分，达到杀青的目的。炒制的火候至关重要，火力过大会使茶叶产生“焦香”，火力不足则会导致茶叶发黄或不够香浓。炒青杀青过程中，需要不断翻动茶叶，确保其受热均匀。

揉捻的目的是通过手工或机器的揉压，使茶叶形成特定的形状，同时释放茶汁，增进茶叶的内含物与水的接触，提升冲泡时的香气与滋味。揉捻的力度和时间对茶叶的最终品质影响极大。不同类型的绿茶对揉捻的要求各异，有的茶叶讲究紧实，如龙井茶的扁平形状；有的茶则追求卷曲，如碧螺春。

在揉捻过程中，茶叶逐渐从柔软状态变为略带弹性的形态，这为后续的干燥过程提供了基础。传统手工揉捻讲究“轻重有度”，既不能太过用力损坏叶片，也不能太轻而无法成型。揉捻时，茶农会根据茶叶的种类和形态要求，调整揉捻的时间和手法。

第四步：干燥

干燥是茶叶制作的最后一环，也是确保绿茶能长期保存的重要步骤。绿茶的干燥方式有炒干、烘干和晒干三种。

炒干是通过锅炒的方式，使茶叶逐渐失去水分，达到干燥的效果。炒干茶叶的香气浓郁，往往带有明显的“锅香味”，如龙井茶等名茶大多使用炒干方式。

烘干则是将茶叶放入特制的烘干机或炭火上烘焙，茶叶在烘干过程中受热均匀，不易断碎，成品茶叶的完整性较好，适合制作细嫩的名优茶，如黄山毛峰等。

晒干是一种古老的干燥方式，利用日光的温度将茶叶缓慢烘干。这种方法保留了茶叶的天然风味，尤其适用于某些特殊的绿茶品种，如云南的晒青绿茶。晒干后的茶叶色泽较深，具有阳光气息。

山川披绿

中国绿茶产区分布

中国各地独特的地理环境和气候条件，赋予了绿茶不同的风味和特色。长江以南温暖湿润的气候，西南云贵高原的高山云雾，以及北方地区的昼夜温差，造就了产茶区的丰富多样性。这些地区不仅是绿茶的主要生产地，更因茶树品种和加工工艺的不同，而形成了各具特色的绿茶品类。中国绿茶的丰富性与多样性，正是其历史传承与地域文化融合的结果。让我们逐一走进中国四大主要绿茶产区，探索它们如何凭借各自独特的自然条件，产出不同风格的绿茶，成就了茶界的多彩篇章。

江南绿茶区

江南绿茶区涵盖了中国最为富饶的茶叶产地，位于长江中下游南部，包括浙江、苏南、皖南、上海、江西、湖南、鄂南和闽北。这片区域气候温和湿润，年平均气温在16℃至18℃，降水量充沛，生态环境得天独厚，使得茶树在此繁茂生长。这里不仅是中国绿茶的主产区，也是古代茶文化的摇篮之一。江南绿茶以其精细、鲜嫩著称，清香悠远、口感醇厚。尤其是西湖龙井、黄山毛峰、碧螺春等名优茶，更是中国绿茶的代表作。西湖龙井茶叶形如“碗钉”，色泽翠绿，茶汤澄澈，滋味鲜醇，作为中国十大名茶之一，享誉世界。黄山毛峰则因其香气幽雅、味甘回甜而闻名，茶芽肥壮，满披白毫，口感层次丰富。

西湖龙井　黄山毛峰　碧螺春

浙江省茶田风光

在江南这片土地上，四季分明的气候与充足的雨水滋养了成片的茶园。每当春季来临，茶树新芽纷纷萌发，采茶女穿梭在碧绿的茶田间，采摘着细嫩的茶芽，宛若诗画。正是这些自然与人文的和谐景象，赋予了江南绿茶悠久的文化底蕴和独特的魅力。江南绿茶区还是中国出口绿茶的主要基地。浙江和皖南出产的眉茶、珠茶等大量出口到世界各地，成为全球茶叶市场的重要组成部分。

江北绿茶区

江北绿茶区位于长江以北，主要涵盖苏北、山东、皖北、河南、陕西和甘肃等地。这里地处北方，年平均气温较低，仅为14℃至16℃，年降水量在800毫米至1100毫米之间，相比江南绿茶区，这里冬季较为寒冷，夏季又常出现干旱，因而茶树的生长条件相对严苛。但也正是在这种环境下，江北绿茶形成了其独特的风味——香气浓郁、滋味醇厚。

江北绿茶区的绿茶以其浓烈的口感著称，茶叶内含物质较多，汤色深而清亮。特别是山东的浮来青、日照雪青，安徽的六安瓜片，河南的信阳毛尖，这些名优绿茶不仅以其品质闻名，还因昼夜温差大、干物质积累多，形成了特别的“厚实感”。其中，六安瓜片以其片形独特、茶香幽长、汤色明亮而成为江北绿茶中的代表；信阳毛尖则因其细长挺直的茶芽、鲜爽甘甜的口感深受人们的喜爱。

六安瓜片　　信阳毛尖

尽管江北茶区的绿茶产量相对较低，但每一片茶叶都承载着这片土地的辛劳与智慧。随着现代茶业技术的进步，江北绿茶逐渐被推向国际舞台，成为中国茶叶版图中不可忽视的一部分。

· 山东省茶田风光

· 福建省茶田风光

华南绿茶区

华南绿茶区包括位于岭南以南的广东、广西、闽南、海南和台湾等地，这里温暖潮湿，年平均气温高达 19℃至 20℃，降水量丰富，常年温暖如春，是茶树的理想生长地。虽然该地区盛产乌龙茶和红茶，但华南绿茶也以其独特的风味和悠久的历史占据一席之地。

华南绿茶的最大特点便是其清新的口感。得益于充足的光照和丰富的降水，茶叶在这里能长时间保持鲜嫩，这让华南绿茶在香气和滋味上与其他茶区的绿茶形成鲜明对比。它们的香气常带有花果清香，茶汤则轻盈、甘爽。以广东的乐昌白毛茶、广北银尖和广西的桂平西山茶、凌云白毫为代表，华南绿茶独具清新的岭南风情，令人回味无穷。

华南绿茶区茶树的生长几乎不受季节的约束，一年四季都可以采茶，因此这里的茶叶供应相对稳定，且茶树新芽充满生机与活力。此外，闽南的南安石亭绿、海南的白沙绿茶以及台湾的三峡碧螺春等名优绿茶，也因其独特的生长环境而享誉茶界。尤其是台湾的三峡碧螺春，以其纤细卷曲的茶叶外形、如花似果的香气和清爽甘醇的滋味著称，成为华南茶区中不可忽视的绿茶瑰宝。

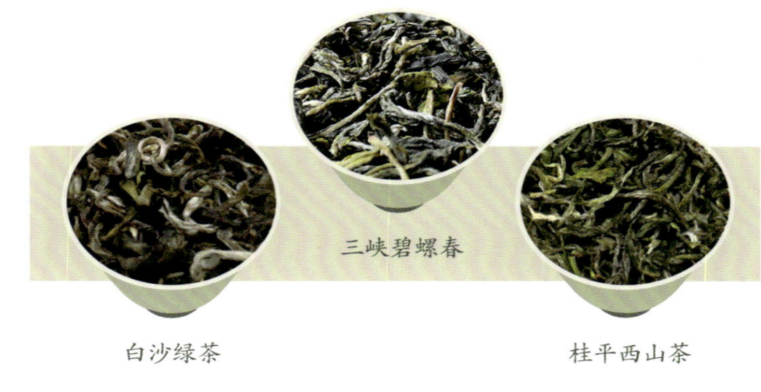

三峡碧螺春

白沙绿茶　　桂平西山茶

· 四川省茶田风光

西南绿茶区

西南绿茶区横跨贵州、四川、重庆、云南和西藏等地，是中国最为古老的茶叶产区之一，这片高原孕育了中国最早的茶树。这里的茶园多分布于山地高原地带，海拔较高、云雾缭绕，特殊的地理环境造就了西南绿茶独特的品质。西南绿茶芽叶肥壮多毫，内含物质丰富，因此茶汤滋味浓郁、层次复杂，具有独特的韵味。

西南绿茶区的绿茶往往带有山野气息和浓郁的清香。贵州的都匀毛尖，四川的蒙顶甘露、峨眉竹叶青，重庆的永川秀芽，云南的南糯白毫、宝洪茶等都是代表性绿茶品种。这些茶叶大多产自高海拔地区，茶树在湿润的云雾中生长，阳光透过薄雾照射在茶树上，茶叶因此积累了更多的芳香物质和营养成分。尤其是蒙顶甘露和峨眉竹叶青，它们的清新、甘甜之感，正是源自这些独特的地理条件。

西南绿茶区也是中国茶树的发源地之一，这里的茶叶历史可以追溯到上千年前。云南的古茶树群更是为西南茶区增添了一分传奇色彩。如今，随着茶文化的不断发展，西南绿茶不仅在国内享有盛名，而且出口至世界各地。其清香甘爽的口感与深厚的历史底蕴，使得西南绿茶成为许多绿茶爱好者的至爱。

此外，西南茶区的产茶历史与其浓厚的民族文化密不可分。尤其在云南和西藏地区，至今仍保留着传统的晒青茶和烤茶文化，这种古老的制茶方式，为西南绿茶注入了丰富的文化内涵。西藏林芝地区出产的珠峰圣茶，因其高海拔生长条件，更显得品质珍贵，茶汤醇厚，滋味悠长。

峨眉竹叶青

永川秀芽

蒙顶甘露

在西南绿茶区中，四川省雅安地区凭借得天独厚的自然条件，成为绿茶种植的理想之地。这里地形独特，历经地质运动形成台状丘陵和浅丘地貌，不仅使茶树能够获得充足的散射光，避免了强烈直射光的影响，还因阻碍空气流动，形成了局部气流循环，增加了云雾的形成机会。加之雅安气候温润，四季分明，水汽含量高的空气为云雾的聚集提供了有利条件，这种云雾缭绕的环境为茶树生长提供了适宜的湿度和温度，从而孕育出品质卓越的绿茶。

绿茶名品

西湖龙井

西湖龙井素有“名茶之冠”“绿茶皇后”的美誉，此茶品质超凡脱俗，以“色绿、香郁、味甘、形美”四绝闻名于世。西湖龙井产自西子湖畔，与山间云雾相依相伴，占尽天时地利。西湖龙井的历史渊源深厚，本是一个地名与泉名的结合，现在则特指产自浙江杭州市郊西湖乡龙井村一带的著名绿茶。自唐代起，这里就开始产茶，茶圣陆羽在《茶经》中便有“钱塘（茶）生天竺、灵隐二寺”的记载。而以“龙井”称茶名则始于宋代，至清代时期声名大噪。西湖龙井，承载着杭州独具魅力的茶文化，历经千年传承与发展，以淡雅之香、清幽之韵，引得古今中外爱茶之人皆为之沉醉痴迷。

产地	浙江杭州西湖的狮峰山、龙井山、五云山、虎跑、梅家坞等地
茶条	紧实扁平，形态规整
色泽	翠绿鲜亮，色泽均匀
汤色	嫩绿（黄）明亮，清澈纯净
香气	豆香，清新淡雅
滋味	鲜爽回甘，口感饱满
叶底	嫩绿完整，质感柔软，富有生机

西湖龙井的历史发展

南宋时，杭州作为都城，茶叶生产蓬勃兴起。西湖龙井独特的豆香、清亮的色泽、甘甜的口感，与众山所产之茶截然不同，逐渐吸引了文人雅士的目光。

元代，文人墨客们纷纷在诗中描绘龙井的风光，赞美好茶的魅力。茶香在僧人居士间流传。这一时期的西湖龙井，虽未普及，但已逐渐在文人圈中崭露头角。

到了明代，西湖龙井茶终于迎来了它的辉煌时刻。黄一正的名茶录、江南才子徐文长辑录的全国名茶中，都赫然列有西湖龙井茶的名字。茶农们精心采摘炒制，茶商茶客们趋之若鹜，将其销往全国各地。

清代西湖龙井茶更是达到了鼎盛。乾隆皇帝六次下江南，其中四次亲临西湖龙井茶区，观看茶叶采制，品茶赋诗。狮峰山下胡公庙前的十八棵茶树，更是被封为“御茶”，成为皇室贡品。

在这近千年的历史演变过程中，西湖龙井茶从无名到有名，从老百姓的家常饮品到帝王将相的贡品，它见证了时代的变迁，承载了丰富的文化内涵。

西湖龙井的传说趣谈

在西子湖畔云雾缭绕的茶山之上，流传着许多关于龙井茶的美丽传说，从龙井老妪的善行得到神助，到乾隆皇帝与狮峰御茶的传奇邂逅，这些传说与西湖龙井的品质相得益彰，共同构成了西湖龙井深厚的文化内涵。

龙井老妪施茶

相传，在龙井村边，住着一位心地善良的老妇人。她家门口的小路是南山农民前往西湖的必经之路，每天都有许多行人匆匆路过，于是她就在家门口摆了一张桌子和几条板凳，还用自家种的野山茶泡好茶，供行人解渴休息。

有一年冬天，大雪纷飞，老妇人看着自家那几棵被冰雪覆盖、奄奄一息的茶树，心里十分发愁。这时，一个面容慈祥的长者路过，见老妇人面带忧虑，便询问原因。老妇人叹气道："这些茶树都快冻死了，明年春天怕是连茶都没得泡了。"长者听后，微微一笑，指了指旁边一个破旧的石臼说："这东西或许能帮你，不如卖给我吧？"老妇人虽然疑惑，但还是把旧石臼洗了洗送给了长者，长者则留下了十两银子。

第二年春天，奇迹出现了！那几棵茶树竟然焕发了新生，长得比往年更加茂盛。更神奇的是，在洗石臼泼水的地方，竟然又长出了许多新的茶树。老妇人高兴极了，又开始热情地给行人泡茶。

狮峰茶香醉宫廷

"茶中之美，龙井为首。"相传乾隆皇帝下江南时，来到了杭州龙井狮峰山下。当时，山间云雾缭绕，茶香扑鼻，几个村姑正在茶树间忙碌地采摘着鲜嫩的茶叶。乾隆皇帝看得心花怒放，也学着村姑的样子采起茶来。

就在这时，太监急匆匆地赶来禀报说太后病了，请皇上速速回京。乾隆皇帝心急如焚，随手把刚采的一把茶叶放进袋子里，就日夜兼程地赶回了京城。原来，太后只是吃多了山珍海味，一时身体不适，并无大碍。当乾隆皇帝赶到太后寝宫时，一股清香扑鼻而来，太后顿时精神焕发，问乾隆带来了什么好东西。乾隆皇帝一摸口袋，原来是那把从狮峰山采来的茶叶。经过几天的颠簸，茶叶已经变干了，但香气却更加浓郁。

太后想尝尝这香气四溢的茶叶，宫女们连忙泡好茶呈上来。太后喝了一口，只觉清香四溢，胃不再胀闷。太后高兴地说："杭州龙井的茶叶，真是灵丹妙药啊！"乾隆皇帝见太后如此高兴，便下令将狮峰山下胡公庙前的十八棵茶树封为御茶，每年采摘新茶进贡给太后。

如今，杭州龙井村胡公庙前的那十八棵御茶依然枝繁叶茂，吸引着无数游客前来探访。

西湖龙井是这样制作的

采茶人和制茶人从茶园采摘鲜叶开始，通过精湛的炒制技艺，再到巧妙的贮存处理，每一环节都一丝不苟，最终将平凡的茶叶转化为令人陶醉的佳茗。

采摘

春天，采茶人选取一芽一叶或一芽二叶初展的芽叶。对于更高品质的头春茶，芽头需略长于叶片，长度约2.5厘米。经过精心挑选，四斤鲜嫩的茶青方能经过后续工序，最终蜕变成一斤珍贵的成品龙井。

炒制

炒制西湖龙井时，电锅温度迅速升至200℃至250℃。制茶人精准控制投茶量，不到半斤的茶叶轻轻落入锅中。在接下来的15分钟里，运用"抖、搭、搽、拓、甩、扣、挺、抓、压、磨"等十大传统技法。鲜叶在高温下逐渐释放蒸汽，而制茶人凭借精准的磨压与抓抖手法，引导茶叶达到最佳的香气状态。

初炒完成后，茶叶需摊晾回潮，使叶梗内的水分重新分布，二青叶变得柔软。当温度降至70℃至80℃时，茶叶再次入锅，进行约20分钟的轻柔翻炒。此过程中，茶毫逐渐脱落，茶叶外形变得扁平挺直，呈现出独有的颜色，并散发出幽细的兰花香。

贮存

炒制完成后，西湖龙井的贮存环节同样至关重要。将新茶小心放入石灰缸中。石灰强大的吸潮能力能帮助龙井茶保持鲜活与香郁。为确保茶叶品质，一年中生石灰需更换三次。

西湖龙井的冲泡方法

泡制一壶西湖龙井，需精心筹备与细致操作。

准备工作

准备好盖碗、茶荷、茶则、水盂等泡茶所需器具。每人用茶量约为2克，水温控制在80℃至85℃之间，茶与水比例保持为1：50。

冲泡

首先进行赏茶，观察茶叶的形态与色泽。接着温杯，向盖碗中注入少量热水，以温热杯身和杯盖。然后从茶荷中取出适量茶叶，轻轻放入盖碗中，注意避免损伤茶叶。接下来，倒入约85℃的热水，浸没茶叶，待叶片稍微舒展后即可，这一步是为了去除茶叶表面的微尘，但西湖龙井无需过度洗茶。

冲泡时，可以运用“凤凰三点头”的手法，即借助腕力使水壶下倾上提三次，让茶叶在杯中翻腾，同时注水至盖碗沿口。这种手法既能使茶叶充分浸润，又增添了一种仪式感。之后，将杯盖斜置，避免茶叶因长时间浸泡而闷黄。

品饮

首泡后，稍等片刻即可品尝。此时的茶汤嫩绿清澈，香气清幽淡雅，滋味鲜爽甘醇。当茶汤饮至剩余三分之一时，用85℃左右的热水续泡，待茶汤色泽变得更加浓郁再饮用。这一泡的滋味会稍微醇厚一些。

第三泡时，同样在茶汤剩余三分之一时，用较大的力度进行“凤凰三点头”续泡，由于多数内含物已经浸出，需要借助水力促进其进一步浸出。静待茶汤浓郁后品尝，这一泡相较于第二泡会显得清淡一些，口感略薄，但仍然能感受到生津爽口的妙处。西湖龙井通常品饮三次，每次都有不同的韵味。

洞庭碧螺春

洞庭碧螺春，位列“中国十大名茶”，其声名仅略逊于西湖龙井，素有“一茶之下，万茶之上”的美誉。洞庭碧螺春产自江苏省苏州市吴中区太湖洞庭山。这里属于亚热带季风气候，气候温暖湿润，四季分明。这里的土壤为富含养分的黄棕壤，酸碱度适中，为茶树生长提供了理想的条件。在山峦之间，茶树与枇杷树、杨梅树、板栗树以及柑橘树等果树和谐共生，它们的枝丫相互交织，共同在这片土地上深深扎根。果实之香融入茶中，花朵之韵窨制茶味。正因如此，洞庭碧螺春自其诞生之日起，便天然蕴含着一股浓郁的花果香。洞庭碧螺春的制作工艺，凝聚了世代茶农的智慧与心血。从鲜嫩芽叶的精心采摘，到炒制过程中的精妙手法，茶农们凭借着丰富的经验和精湛的技艺，成就了洞庭碧螺春那形美、色艳、香浓、味醇的“四绝”品质。

- **产地** 江苏省苏州市吴中区太湖洞庭山
- **茶条** 纤细，卷曲成螺
- **色泽** 白毫满披，绿意若隐若现于银泽之下，富有生机
- **汤色** 鲜嫩的绿色清澈见底
- **香气** 花果香，清高浓郁
- **滋味** 鲜美且醇厚，甘甜浓郁，层次丰富
- **叶底** 鲜嫩的绿色，明丽而生动

洞庭碧螺春的传说趣谈

说起碧螺春之名，有两段动人的传说，它们为洞庭碧螺春增添了浓郁的文化气息。

碧血丹心育碧螺

从前，西洞庭山有位勤劳又善良的孤女碧螺，她的歌声十分美妙，乡邻皆沉醉其中。隔水相望的东洞庭山，住着正直勇敢、受人尊重的青年渔民阿祥。碧螺的歌声常常传入在太湖上打鱼的阿祥耳中，阿祥心生倾慕，却无缘与她相见。

一年春天，太湖里恶龙现身，踞守湖畔山岭，强逼人们在西洞庭山为其建造庙宇，还索要少女做"太湖夫人"，遭到太湖人民拒绝。恶龙恼羞成怒，扬言掳走碧螺。阿祥听闻，为护乡邻与碧螺，决心与恶龙对抗，双方皆身负重伤。乡邻赶来斩杀恶龙，救回重伤昏迷的阿祥。

碧螺得知阿祥为救自己和乡亲受重伤，将阿祥抬至家中悉心护理。阿祥伤势过重，昏迷垂危。一日，碧螺在阿祥与恶龙交战处，发现一株小茶树，清明后，茶树吐芽，碧螺焦急之下，用茶芽泡成茶汤给阿祥饮用，阿祥饮后精神大振。

此后，碧螺每日清晨采茶、泡茶喂给阿祥，阿祥身体逐渐复原，而碧螺却因耗尽元气憔悴而死。阿祥悲痛万分，与众乡邻将碧螺葬于茶树之下，为纪念她，人们把这株茶树称为碧螺茶。

从"吓煞人香"到雅名传世

洞庭碧螺春已有1000多年的历史，当地民间最早称之为"洞庭茶"，它还有一个颇为奇特的名字——"吓煞人香"。相传，在很久以前，有一位尼姑上山踏春，彼时山间春意盎然，茶树郁郁葱葱。尼姑被这美景所吸引，顺手摘了几片鲜嫩的茶叶。回到寺庙后，她将茶叶泡入水中，刹那间，一股奇香扑鼻而来，那香气浓郁醇厚，令人陶醉不已，尼姑不禁脱口而出："香得吓煞人！"从此，当地人便将此茶叫作"吓煞人香"。

清代康熙皇帝南巡至太湖地区，当地官员献上了这种汤色碧绿、卷曲如螺的名茶。康熙皇帝端起茶杯，轻抿一口，只觉满口生香，不禁倍加赞赏。然而，康熙皇帝觉得"吓煞人香"这个名字过于粗俗，于是便根据茶叶的色泽和外形，赐名"碧螺春"。

洞庭碧螺春是这样制作的

长期以来，洞庭碧螺春凭借其独特的采摘标准和精湛的制作工艺，以“干而不焦，脆而不碎，青而不腥，细而不断”的品质，成为色泽、香气、滋味、形态皆出色的国家级茗茶。这背后是一套涵盖了从采摘到制作的精细流程，各个环节彼此紧密相连、相辅相成。

采摘

茶农们深谙采摘的时节对于茶叶品质的重要性，当地茶谚“前三日早，正三日宝，后三日草”便形象地说明了这一点。采茶过早，芽头小影响收成；过迟则茶叶变老，影响质量。还有“雨前是上品，明前是珍品”，清明前嫩芽初展的上春茶，俗称“明前茶”，是珍品；清明后谷雨前的二春茶，茶柄如旗，茶芽似枪，仍为上品；谷雨过后，茶叶生长旺盛，品质下降，有“谷雨茶，满地抓”之说。立夏后茶叶变老，小满过后更不宜采摘，即“立夏茶，夜夜老，小满过后茶变草”。

制作碧螺春要求采得“早、嫩、净”，通常采摘一芽一叶或一芽二叶初展嫩芽，芽长1.6厘米至2厘米，叶形如“雀舌”。炒制一斤明前茶需6万个以上嫩芽，可见其幼嫩。采摘一般在清晨或上午，当地采茶女头戴斗笠，腰挎竹篓，成群结队在东、西山茶园采茶。采时用指尖掐，置篓中用湿巾覆盖以保质量。

采回的芽叶要严格拣剔，当地茶农称“只只芽头要过堂”，拣去嫩籽、老叶、鱼叶及杂质，使芽叶大小整齐。拣好的鲜叶放于洁净、阴凉处摊晾收水，利于形成特殊花果香气。一般下午拣茶后摊晾至晚上进行炒制，当天采摘的茶芽必须当天炒制，不能隔夜。

炒制

洞庭碧螺春的炒制与众不同之处在于，它要求连续完成高温杀青、热揉成形、搓团显毫、文火干燥四个步骤，整个过程中“手不离茶，茶不离锅，炒中带揉，揉中有炒”。

杀青

在洞庭东、西山地区，由于鲜茶叶杀青需要高温，双手得伸进热锅里翻炒，因此这项工作多由男性完成。翻炒时，要先抛后闷，确保茶叶“捞净、抖散、杀透、杀匀”。现在，杀青时的温度与古时不同，锅温需达到120℃，太高太低都不行。

揉捻

杀青后，锅温降到70℃左右，开始揉捻。制茶师傅单手或双手握叶，沿锅壁滚动翻转，力度要“轻、重、轻”，防止芽叶断碎，避免茶汁过多流出粘锅。揉捻过程中，每揉几圈就要抖散一次，散发水汽。揉到茶叶基本成条卷曲，不粘手，容易散开时，这一工序就完成了，大约需要15分钟到20分钟。揉捻能让茶叶细胞破坏，茶汁溢出后附着在叶表，增加茶汤浓度，也使茶叶初步卷曲。

搓团

锅温控制在60℃到50℃，先高后低。将揉好的茶叶分成两团，制茶师傅将其握于两手掌心，沿同一方向团转搓揉，使茶条进一步卷曲。每团搓揉几圈后放入锅中定型，然后合并抖散，再反复搓团、解块、干燥。搓团时用力要均匀，由轻到重，再由重到轻，既要搓成螺形，又要保持芽叶完整，绒毛显露。这一工序大约需要10分钟到15分钟，当茶叶接近九成干时即可。搓团是洞庭碧螺春形成独特外形的关键，“铜丝条、螺旋形”的外形就在这一步逐渐显现。

干燥

锅温保持在50℃左右，将茶叶均匀薄摊在锅中或垫上洁净薄纸，轻轻翻动几次，3分钟到5分钟后出锅。此时毛茶含水量在8%到10%。为保持品质，最好将茶叶放置在装有生石灰的容器中“收灰”，利用生石灰的吸湿性保持茶叶干燥，从而更好地保留其色、香、味、形。

洞庭碧螺春的冲泡方法

要想充分领略洞庭碧螺春的韵味，掌握正确的冲泡方法至关重要。

准备工作

为冲泡洞庭碧螺春，需备齐以下器具：透明玻璃直身矮杯、赏茶碟、茶则、茶针、密封茶叶罐、茶巾、烧水壶以及水盂。透明玻璃杯因其透明性，便于观察茶叶在水中的动态及茶汤色泽的变化，是冲泡此茶的优选。

茶叶方面，应选择条索纤细、卷曲成螺、满披白毫、银绿相间且香气浓郁的优质洞庭碧螺春。

此外，还需进行温杯操作。沿杯壁注入约三分之一杯的开水，轻轻旋转杯身，使杯身均匀受热，之后将水缓缓倒入水盂。

冲泡

置茶时，采用上投法。按照每杯 1∶50 的比例，将茶叶缓缓置于杯中。

待烧水壶中的水沸腾后降至约 80℃时，采用定点高冲法将水注入杯中，直至七八分满。

品茶

冲泡完成后，首先观察茶叶与茶汤的形态：茶叶在水中缓缓舒展，白毫舞动，茶汤逐渐转为碧绿。

头泡茶色淡、香气幽雅、口感清新；二泡茶翠绿诱人、香气浓郁、滋味醇厚；三泡茶清澈碧绿、香气馥郁持久、回甘悠长。

绿茶名品

黄山毛峰

黄山毛峰有着“香高、味醇、汤清、色润”的特点，是中国十大名茶之一，产自安徽省黄山市，用当地绿茶茶树的幼嫩芽叶制成。过去黄山属于徽州，所以黄山毛峰也叫“徽州毛峰”。又因为黄山市黄山区以前叫太平县，所以黄山毛峰又被叫作“太平毛峰”。黄山产茶、制茶的历史非常悠久，宋代就有黄山云雾茶，到了明代云雾茶开始兴盛，还成为贡茶，全国闻名。清光绪年间，徽州的茶商在黄山云雾茶的基础上，研制出了新的茶叶品种。因为这种茶叶覆盖着白毫，芽尖像山峰，所以取名“毛峰”，后来又加上了地名，就成了黄山毛峰。

叶底 嫩黄明亮，宛如初绽之花
滋味 鲜美，甘爽可口，余味持久
香气 清新馥郁，芬芳自然
汤色 色泽嫩绿杏黄，清澈透明
色泽 绿黄相间，伴有金黄色鱼叶点缀
茶条 紧细，状如雀之舌，形态优美
产地 安徽省黄山一带

黄山毛峰是这样制作的

安徽黄山自古以来就是名优茶的生产基地，黄山毛峰绿茶制作技艺传承于安徽省黄山市徽州区富溪乡，后扩展到黄山山脉南北麓的黄山市徽州区、黄山区、歙县、黟县等地。黄山毛峰凭借优良的自然品质和精湛的手工制作技艺，成为烘青茶中的佼佼者。

采摘

清明至谷雨前后，当茶园中约有一半的茶芽达到采摘标准时，便开始进行采摘。特级茶叶要求一芽一叶初展。这一过程从清明持续至谷雨，立夏前结束。采摘后的鲜叶需经过严格的拣选，去除受损、病虫害侵袭的叶片以及杂质，确保茶叶的纯净与质量。之后，根据鲜叶的嫩度进行分类摊放，以适度散失水分，为后续的制作工序做好准备。

杀青

黄山毛峰的杀青环节在平锅上手工操作，要将火温精准控制在150℃至180℃，全程保持稳定。每锅投入鲜叶250克至500克，制茶师傅双手迅速将鲜叶全部提起，快速翻拌并及时抖散，确保茶叶均匀接触锅面受热。持续翻炒，直至鲜叶不再有水闷气。三四分钟后，当叶质变软、略具黏性，叶面失去原本的光泽而呈现暗色时，杀青便恰到好处。

揉捻

杀青后的茶叶起锅放置在揉匾上，需轻轻揉捻，注意要及时抖散，避免闷黄。对于特别细嫩的芽叶，仅需在锅里稍加揉搓，目的是最大程度保留叶色的鲜艳和芽尖上的白毫。

干燥

干燥分为毛火和足火两步。

毛火时，一般把四个烘灶并排摆放。一开始火温较高，随着烘焙进行逐渐降低。茶坯出锅后，先放在温度较高的烘笼上，后续每有新茶坯出锅，前一锅的就移到下一个烘笼，保证持续操作。每隔一小段时间，就要轻轻翻动茶坯，让它受热均匀。大约半小时后，茶叶达到七成干，就可以下烘进行"摊晾"，这时的茶叶叫"毛火茶"。摊晾一段时间，茶坯"回潮"，通常把两烘毛火茶合并起来，进入足火环节。

足火时，每锅放入适量茶叶，锅保持在一个稳定的较低温度。烘干过程中要不断翻拌，前期翻拌频繁些，后面间隔时间长一点，直到茶叶完全干燥，干燥工序就完成了。

拣剔

拣剔工序是为了剔除劣茶和杂质，与此同时，这一过程能使叶脉中的水分继续向全叶渗透，让茶叶稍有"还软"。完成拣剔后，再以70℃的火温进行复火，使茶叶充分干燥。

黄山毛峰制作十分讲究，安徽省黄山市徽州区申报的绿茶制作技艺（黄山毛峰）已被列入第二批国家级非物质文化遗产代表性项目名录传统技艺类项目。

黄山毛峰的冲泡方法

黄山毛峰的冲泡过程不仅是一场视觉与味觉的盛宴，更是一种生活哲学的展现。

准备工作

用开水温杯，清洁茶杯的同时提高其温度，让茶叶能更好地释放香气与滋味。

冲泡

水温需严格把控，100℃开水降至80℃左右为佳。水温高于95℃会破坏茶叶中的营养成分，导致口感苦涩；水温低于70℃则难以泡出茶叶中的营养物质，茶味淡薄。

茶和水的比例约为1：50，先在杯中放入茶叶，再倒入少量热水浸没茶叶，加盖3分钟左右，再加入七八成满的开水。茶叶嫩、水温高、茶量多则冲泡时间短，反之则长，一般加盖3分钟后茶中成分浸出55%，此时茶香正常，饮用最佳，泡茶时间通常在3分钟至10分钟，泡久会使口味下降。

遵循“头道水，二道茶，三道四道赶快爬”的俗语，续三四次水即可。杯中茶水剩三分之一时就需加入热水，以维持适当浓度。

品茶

黄山毛峰汤色清澈明亮，香气清鲜悠长，滋味鲜醇浓厚，回甘明显 。品饮时，先是馥郁茶香萦绕鼻尖，轻啜一口，茶汤在味蕾间散开，鲜爽之感随即而来，令人身心愉悦。品茶时，可双手托杯缓缓转动，观赏茶汤色泽，看茶叶在水中舒展、起伏，感受茶的灵动之美。

· 安徽省黄山地区风光

绿茶名品

信阳毛尖

信阳毛尖，别称“豫毛峰”，属于烘青绿茶类，被誉为“绿茶之王”，为河南省代表性名茶。该茶以“形细圆挺直、表覆银毫、香高味浓、汤色翠碧”的鲜明特征闻名海内外，深受茶界推崇。河南省信阳市的种茶历史可追溯至两千多年前，唐代茶圣陆羽在《茶经》中将信阳划入淮南茶区，北宋文豪苏东坡更盛赞“淮南茶，信阳第一”。清代茶农蔡竹贤等人拓荒植茶，推动工艺革新，至清末形成细茶雏形。民国初年，信阳“八大茶社”引入现代制茶技术，1913 年将优质本山茶正式定名“信阳毛尖”，由此迈入系统化发展阶段。

产地	茶条	色泽	汤色	香气	滋味	叶底
河南省信阳市的淮南丘陵与大别山区域	细长且均匀，锋苗挺秀	翠绿光润，白毫显露，呈银绿带翠之色	整体嫩绿清澈	高鲜持久	浓烈醇厚	质地细嫩且分布均匀整齐

信阳毛尖的传说趣谈

传说很久以前，信阳的一个村落被一场可怕的瘟疫所笼罩，多数村民不幸染病，生死未卜，恐惧与绝望笼罩着整个村庄。青壮年纷纷逃离，而老弱病残则无力自救。村落里有一户人家，夫妻二人与一位年仅十八岁的女儿相依为命。面对父亲也染上瘟疫、家中无以为继的困境，这位勇敢的女儿决定采取行动。她毅然踏上前往鸡公山灵华寺的求签之路。在寺中，长老为她解读了签文，指引她向西行走七天七夜，翻过七十七座大山，便可达成心愿。女儿听后，没有丝毫犹豫，即刻启程。

历经艰辛，她终于翻过了七十七座大山，耗时恰好七天七夜。疲惫不堪的她，在一块大石旁沉沉睡去，梦中一位仙风道骨的老者赠予她一棵茶树，并告知其救治村民的方法。醒来后，她惊喜地发现身边真的出现了一棵小树。

女儿满怀希望地带着小树返回家中，与父亲一同将其种在山南坡。经过她的精心照料，小树茁壮成长，第七天便长出了嫩叶。她采摘嫩叶，用山泉水煎煮成汤，分发给村里的病人。病人们饮用后奇迹般地迅速痊愈了。

村民们对这棵茶树充满了敬畏与感激，将其视为神树。秋后，他们采集茶树种子，次年又在山坡上种植。几年间，茶树越来越多，形成了一片茂密的茶树林。

为了防止瘟疫再次肆虐，村民们养成了每天煎煮茶叶饮用的习惯。随着茶树种植范围的扩大，他们还邀请外地茶乡的师傅前来炒制茶叶，并且远销各地。信阳毛尖就这样带着神奇的传说，走进了人们的视野。

信阳毛尖是这样制作的

从采摘到炒制，时间与火候的精密掌控，成就了信阳毛尖那令人陶醉的色、香、味。信阳毛尖凭借这套独特工艺，优质茶品率达 95% 以上。

采摘

鲜叶采收遵循严格的分级标准：特级茶青选用半展的一芽一叶，一级茶青选取初展的一芽二叶，二级以下则以展开的一芽二叶为原料。采撷手法精细，掌心朝上，拇指与食指夹取嫩茎中段，手腕轻抬提折，使芽叶自然掉落掌心，施力轻柔以防叶质受损。

鲜叶盛装选用洁净透气的竹制容器，禁用布袋或塑胶袋，避免堆压闷积。采后及时运送至茶坊摊晾。摊放环境需满足地面湿润、空间通风阴凉、温湿度稳定及卫生条件达标，鲜叶按等级分批平铺，定时轻翻匀摊，确保当日采收鲜叶当日完成初制。

独特工具

炒制信阳毛尖的工具独特。细软竹枝扎成的茶把用来翻扫茶叶，使用一段时间需更换。炒制用两口倾斜安装的生锅和熟锅，另有烘茶灶、茶烘、烘托架等工具，均需保持清洁，防止气味污染。

生锅杀青

鲜叶摊晾后入生锅炒制，锅温适中，投叶适量。开始轻柔地挑抖散叶，散发水分，破坏酶活性、散发青气等。待叶变软，开始裹条轻揉成条，再挑起抖散，至不粘手时扫入熟锅。

熟锅整形

熟锅锅温保持稳定，先“裹条”使茶条紧细，穿插“扇条”“赶条”“理条”等动作，力度和速度随茶叶干燥程度调整，避免茶条断碎和白毫脱落，茶叶达七八成干时出锅。

初烘与摊晾

出锅茶叶及时初烘，用无烟、无味的优质木炭暗火烘焙，定时翻茶，八成多干时完成初烘。初烘后摊晾，使水分均匀渗出，进行初步簸选，特级、一级除外。

复烘与再烘

摊晾一段时间后复烘，控制火温与投叶量，定时翻动。复烘后剔除杂物，再用低温慢烘，使茶叶物质充分变化，达到标准干度。第三次烘茶后，茶叶干度达标、茶香浓郁、色泽光润，趁余温密封保存。保存时，仓库需为专用，保持卫生、低温、干燥、避光。

信阳毛尖的冲泡方法

信阳毛尖色、香、味、形皆具独特个性。想要冲泡出一壶上好的信阳毛尖，可参考以下要点。

准备工作

准备玻璃杯、玻璃壶、茶叶罐、茶盘、紫砂茶池、茶巾、茶荷。以热水冲洗玻璃杯，使其温热，既清洁又助茶叶更好释放香气滋味。

投茶

用茶荷将茶叶轻投玻璃杯，可赏其细、圆、光、直、多白毫且色泽翠绿的外形。

注水

普通信阳毛尖用 80℃左右热水冲泡，特级毛尖则宜用 70℃左右的热水。遵循“浅茶满酒”习惯，每克茶配 50 毫升至 60 毫升水为宜，冲泡时杯子勿倒太满。沿杯壁缓缓注水，让茶叶上下翻动，浸出内含物质。

赏色

冲泡后茶汤淡黄微绿，茶芽如兰花绽放，浮沉交映，赏心悦目。

闻香

信阳毛尖“头泡香高，二泡味浓”，具熟板栗香、毫香、鲜嫩香等多种香气，清香悠长，馨香扑鼻。

品茶

明前特级毛尖，入口微苦，旋即回甘，醇厚鲜爽，齿颊留香。一般冲泡两到三次为宜，三次后香味渐失。

绿茶名品

六安瓜片

六安瓜片既是安徽省六安市特产，也是中国十大名茶之一，更是中国绿茶中唯一一种去掉梗和芽的片茶。茶叶形态为单片，形似葵花籽，因此得名瓜片。六安地区种茶与制茶的历史很长。据专家研究，六安瓜片是在当地著名的齐山云雾茶基础上演变而来。明代文人许次纾在《茶疏·产茶》中赞誉：“天下名山，必产灵草，江南地暖，故独宜茶。大江以北，则称六安。”同时则称明代科学家徐光启在其《农政全书》中也高度评价：“六安州之片茶，为茶之极品。”因六安瓜片品质卓越，清代时被选为皇室贡品，慈禧太后每月都要享用十四两。

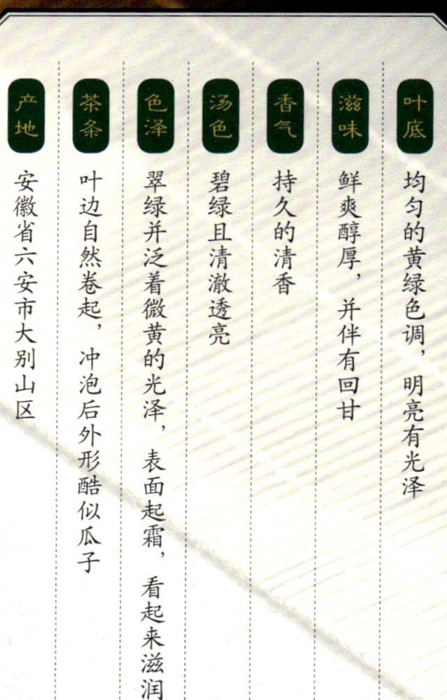

叶底	均匀的黄绿色调，明亮有光泽
滋味	鲜爽醇厚，并伴有回甘
香气	持久的清香
汤色	碧绿且清澈透亮
色泽	翠绿并泛着微黄的光泽，表面起霜，看起来滋润有光
茶条	叶边自然卷起，冲泡后外形酷似瓜子
产地	安徽省六安市大别山区

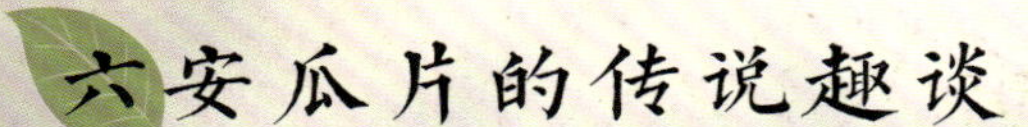

六安瓜片的传说趣谈

相传，在云雾缭绕的齐头山南坡深处，隐藏着一处名为“蝙蝠洞”的神秘之地。这座天然石洞镶嵌于近乎垂直的峭壁之上，若非身手矫健之人难以攀援抵达。

一个春日，几位采茶女结伴深入齐头山寻觅新茶。其中一位胆大的女子偶然瞥见蝙蝠洞侧畔竟生着一株异乎寻常的茶树——其主干粗如碗口，墨绿的叶片泛着油润光泽，嫩芽饱满如翡翠坠枝。她试探着伸手采撷，指尖刚触及芽尖，竟见断口处瞬间萌出更鲜亮的新芽。女子惊愕间连采数把，茶枝却似被施了仙法，越采越繁茂，直至日影西斜，整株茶树仍被莹润的嫩芽裹得密不透风。翌日破晓，女子怀揣竹篓再度攀藤而上，欲将这“采之不尽”的神迹告知乡邻。然而当她拨开晨雾，昨日那株神奇的茶树却凭空消失了。

后来，人们发现蝙蝠洞周遭的茶树因常年浸润蝙蝠粪便，被其中富含的磷质滋养根系，总比别处抽芽更早、叶质更厚，制成的六安瓜片茶汤格外甘醇，隐隐透着岩韵。此后，“蝙蝠洞神茶”的美名便在当地家喻户晓了。

六安瓜片是这样制作的

六安瓜片的采摘追求嫩梢壮叶。茶农一般在谷雨前后开始采摘，采摘标准以一芽二、三叶和对夹二、三叶为主。此时叶片生长基本成熟，内含物丰富，能为成品茶带来较浓的香气。采摘后的新鲜茶叶需要经过一系列精细的制作。

扳片

鲜叶采回后，茶农需用手将鲜叶的梗、叶、芽一一分离，把老嫩叶分开。扳片后要薄摊开来，并及时进行炒制。

炒制

炒片分为生锅和熟锅两个步骤，每次投入鲜叶二两左右。在生锅中，通过高温翻抖的方式进行杀青，要求动作娴熟，快速翻炒，使鲜叶均匀受热，破坏鲜叶中酶的活性，防止鲜叶发酵，同时让青臭气发散出去。

经过生锅杀青后的茶叶转入熟锅，熟锅采用低温炒拍的方式，进一步塑造茶叶的外形，使茶叶逐渐形成片状，同时继续散发水分和促进茶叶中物质的化学变化。

毛火

经过生锅、熟锅等工序的茶坯，此时含水率在9%至12%之间，需放置一二天，然后进行毛火工序。

拉小火

亦称“小火”，是片形烘青六安瓜片特有的干燥方法。使用直径约1.2米的大烘笼，内置木炭。两人一组，每次抬放约2.5千克至3千克的茶叶于烘笼中，在火堆上快速烘制二三秒，随后迅速替换另一笼，如此往复进行四五十次，期间需不断翻动茶叶。此过程旨在均匀加热茶叶，使其逐步干燥，并增强香气。完成后，茶叶需冷却并存放一至两天，以备进行下一道工序。

拉老火

亦称“老火”“拖老烘”，是片形烘青六安瓜片最后一道干燥工序，操作方式与拉小火相似，但火温更高，火势更加均匀。使用更大的火堆，每笼装载三四千克茶叶，由4人至6人轮流操作，每笼需烘制50次至70次，每次仅持续1秒至2秒，且每次均需翻动茶叶。直至茶叶达到极度干燥状态，手捏即成粉末，表面形成白霜。此道工序为茶叶带来了独特的焦香，同时使茶叶色泽更加翠绿，口感更为醇厚。

制成的六安瓜片要密封、避光储存，可选的容器有锡罐和铁皮罐。装前罐内垫一层棉纸或牛皮纸，且必须保持罐内清洁、干燥、无异味。

六安瓜片的冲泡方法

冲泡六安瓜片需准备以下器具：盖碗、公道杯、过滤网、茶荷、茶匙、品茗杯。这些器具在冲泡过程中各司其职，共同助力呈现六安瓜片的美妙滋味。

温具

首先，向盖碗内注入80℃的热水，将温烫过盖碗的水倒入公道杯中，短暂冲泡。将公道杯中的水倒入品茗杯中，稍作清洗后倒掉。

投茶

用茶匙从茶荷中轻轻取出3克至5克六安瓜片，根据个人口味调整投茶量。

冲水

沿盖碗杯沿的一侧，缓缓倒入80℃至90℃的热水，水量至七分满，覆盖茶叶。

静置

盖上盖碗盖子，静置约2分钟进行闷泡，让茶叶充分舒展，释放内含物质，使茶汤更加醇厚。

出汤

将过滤网置于公道杯上，将盖碗中的茶汤倒入公道杯，滤去茶叶，确保茶汤清澈透亮。

分茶

将公道杯中的茶汤均匀分配到品茗杯中，以便品饮。

续泡

六安瓜片一般可冲泡3至4次，以第2、第3次为最佳。

绿茶名品

太平猴魁

太平猴魁产自安徽省黄山市太平县（今黄山区），属烘青绿茶，创制于清末，为中国十大名茶之一。核心产区位于黄山太平湖畔，以“两刀一枪”的独特形态闻名，民间赞为“猴魁两头尖，不散不翘不卷边”，被公认为尖茶品类中的顶级代表。太平猴魁按品质分为猴魁、魁尖、尖茶三级，以猴魁为最优。叶底肥实挺直，茶汤兰香悠长，形、色、香、味均属绿茶典范。

叶底 色泽嫩绿，均匀且明亮，芽叶饱满，形态似花朵般展开

滋味 口感醇厚，回味带有甘甜

香气 清新高雅，具有兰花的香味，且高扬持久

汤色 黄绿透明，纯净度高

色泽 苍绿，均匀且润泽，表面覆盖有细微的白毫

茶条 二叶抱一芽，自然状态下呈现舒展状态，整体扁平且挺直

产地 安徽省黄山市太平县一带

太平猴魁的起源

清代末年，南京的一家知名茶庄发现，从安徽省黄山市太平县三门猴坑地区收购的茶叶中挑选出的嫩芽特别受欢迎。这一发现启发了太平县一位名叫王魁成的茶农，他开始模仿这种精选方式制作自己的茶叶，并将其命名为“王老二魁尖”。这款新茶因独特风味和高品质迅速赢得了市场的认可。

到了 1897 年，为响应提升皖南茶叶品质的号召，王魁成与其他几位茶农共同探讨并制定了一套新的制茶标准——两叶抱一芽的独特形态，奠定了现代太平猴魁的基础。历史资料表明，太平猴魁是多位茶农共同努力的结果。

与此同时，另一位茶商刘敬之注意到了市场上一种名为“魁尖”的茶叶备受欢迎。出于商业敏感性，他亲自购买了一些进行品尝，认为这种茶叶具有成为顶级绿茶的巨大潜力。于是，刘敬之与朋友苏锡岱合作，将这种茶叶带到 1910 年在南京举办的南洋劝业会上展示。为了更好地推广这款茶叶，他们根据其产地猴坑和王魁成的名字，将茶叶命名为“太平猴魁”。该茶在展会上获得了高度评价，逐渐声名远扬。

太平猴魁是这样制作的

太平猴魁的独特魅力不仅在于卓越的品质，还在于从采摘到制作每一个环节都严格遵循传统工艺与高标准。每一片茶叶都是大自然与匠心的结晶，承载着茶农们对完美品质的不懈追求。

采摘

太平猴魁的采摘时间较短，一般在谷雨前到立夏前，每年仅有 15 天至 20 天。茶叶长出一芽三、四叶时开园，立夏前停采。采摘时严格遵循“四拣”原则：

拣山

优选终年云雾缭绕的阴坡茶园，利于茶树积累养分，成茶品质更优。

拣棵

挑选长势旺盛、枝叶繁茂的茶株采摘，确保芽叶内含物质丰沛。

拣枝

采撷粗壮挺直、节间匀称的嫩梢，确保茶叶形态舒展秀美。

拣尖

精选芽头肥壮、毫毛密布的鲜叶，严控嫩度与匀整度。

采摘时分批进行，精细挑选，取枝头嫩芽，弃大叶，严格剔除虫蛀叶，保证鲜叶原料全部达到一芽二叶的标准，且大小一致，均匀美观。采摘天气一般选择在晴天或阴天午前（雾退之前）。

制作

太平猴魁制作工序分为杀青、毛烘、足烘、复焙四道，制作全过程达四五个小时。

杀青

用手炒制，炭火烘烤，锅温在 100℃以上。每杀青一次，仅投鲜叶 100 克至 150 克，在锅内连炒 3 分钟至 5 分钟。杀青时要求毫尖完整，梗叶相连，自然挺直，叶面舒展。

毛烘

一烘使叶子摊匀平伏；二烘使叶片平伏抱芽，外形挺直；三烘要达到边烘边捺的程度；四烘，当叶质不能再捺压时可下烘摊晾。

足烘

主要是固定茶叶外形，经过五六次翻烘，约九成干时，下烘摊放。

复焙

又叫“打老火”，边烘边翻，切忌按压，至茶叶足干即可起烘。

太平猴魁依品质高低分为一至三等或称上、中、下魁。其包装也很考究，需趁热时装入锡罐或白铁筒内，待茶稍冷后，以锡焊口封盖，可使远销国外和调运到北京、天津、上海等地的猴魁久不变质。

太平猴魁的冲泡方法

准备紫砂壶、玻璃杯或瓷杯、茶匙、公道杯等，以及太平猴魁茶叶。

投茶

若用紫砂壶，直接用茶匙将二三克茶叶放入壶中。

若用玻璃杯，先注入少量热水，再用茶匙将茶叶放入，采用中投法，使茶叶底部吸水，立于杯中。

冲泡

紫砂壶冲泡：沿壶边注入沸水至七分满，盖上壶盖，浸泡2分钟。

玻璃杯冲泡：水温控制在80℃左右，取5克至10克茶叶，根部朝下、叶尖朝上理顺放入杯中，沿杯壁缓缓倒水至茶叶完全浸没，后续水至八分满，浸泡约2分钟。

分茶

使用公道杯将壶中泡好的茶汤均匀倒入茶杯。

赏茶

细细欣赏太平猴魁冲泡后的茶芽，它们宛如盛开的花朵，茶汤呈现出清澈的青绿色，赏心悦目。

品茶

细细品味茶汤，其香气高爽，滋味甘醇，头泡时香气最为浓郁，二泡时味道愈发醇厚，即便是三泡四泡之后，那独特的幽香依然悠长，让人回味无穷。

绿茶名品

安吉白茶

安吉白茶是浙江省湖州市安吉县特产，原产于安吉县天荒坪镇大溪村海拔 800 余米的桂家场，这里有唯一一丛树龄逾百年的野生形态的白茶树。安吉白茶是一种罕见的变异茶树品种，虽名为“白茶”，实则属于绿茶类。这种“低温敏感型”茶树，叶芽俱白的时间短暂，一年仅约一个月，气温升高便会逐渐转绿。正因如此，清明谷雨时节成了安吉白茶的最佳采制时期。

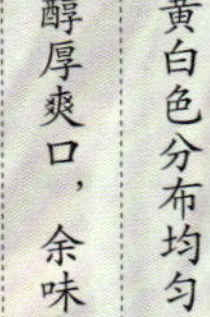

叶底	黄白色分布均匀，茎脉翠绿清晰
滋味	醇厚爽口，余味中带有丝丝甘甜
香气	香气浓郁，持久悠长
汤色	清澈明亮，无浑浊感
色泽	绿中带黄，毫色银白有光
茶条	根据制作工艺的不同，分为龙形和凤形两种。龙形安吉白茶扁平挺直，如剑似戟；凤形安吉白茶则条直略扁，壮实匀整。茶芽饱满肥壮
产地	浙江省湖州市安吉县

安吉白茶的传说趣谈

传说“茶圣”陆羽在完成《茶经》后，树立了一个新目标，那就是寻找世间最完美的茶叶品种。

在湖州一座云雾缭绕的山上，陆羽与茶童偶然间发现了一片神奇的茶园。这里的茶树与其他地方的截然不同，茶芽呈现出一种晶莹剔透的白色，宛如冰雪雕琢而成，散发着淡淡的清香。陆羽心中一动，他知道，自己终于找到了梦寐以求的极品茶叶。

他小心翼翼地采摘下这些白色的茶芽，与茶童一同回到住处，开始尝试制作茶叶。经过精心的炒制和烘焙，一种全新的茶叶品种诞生了。这种茶叶不仅外形独特，色泽银白如玉，而且香气高雅，滋味鲜爽甘醇，令人回味无穷。陆羽将其命名为“安吉白茶”。

当然，这只是一段传说，实际上，安吉白茶名称的由来与其独特的原料——白叶一号紧密相关。白叶一号是一种灌木型、中叶类的茶树品种，具有显著的季节性特征。春季，白叶一号的新芽会呈现出玉白色，叶脉是浅浅的绿色，叶片并不厚实。当气温升高至23℃以上时，叶片会逐渐转变为绿色。这一季节性特点是其名称中“白”字的来源。

安吉白茶是这样制作的

安吉白茶的采摘需在茶树白化期内进行，通常为春茶前期大约二十天的鲜叶，采摘标准严格，要求一芽带一片或二片真叶，要求茶叶中不含奶叶、鱼叶，芽叶需完整如朵，大小保持一致，同时茶柄应保留得尽可能短。采摘后的鲜叶便进入制作环节。

摊青

将鲜叶均匀摊放，让其自然散失部分水分。

杀青

使用缓底铁锅，烧至锅底暗红，鲜叶下锅后，一分钟内茶叶即可变烫，温度通过增减柴量来精准调控。此过程中，要严格把控温度和湿度，做到叶不焦、梗不红，同时保持叶形完整。杀青效果直接影响茶叶的香气和口感，这一工序对制茶师傅的手感和技巧要求极高。

理条

对于凤形安吉白茶，在杀青后需进行理条，使茶叶逐渐形成条直略扁、形如兰蕙的外形。

搓条初烘

在理条的基础上，对凤形安吉白茶进行搓条处理，并进行初步烘干。这一步骤使茶叶初步定型，同时散发部分水分。

摊晾

摊晾让茶叶温度迅速降低，避免余热继续作用影响茶叶品质。

复烘

凤形安吉白茶会进行复烘，进一步降低茶叶含水量，使茶叶香气更加浓郁，滋味更加醇厚。

收灰干燥

将茶叶的含水量控制在合适范围内，达到成品茶的标准。干燥过程中要注意温度和时间的把控，既要保证茶叶充分干燥，又要防止温度过高导致茶叶品质受损。

整理

对于凤形安吉白茶还会在干燥后进行整理，去除杂质和不符合要求的茶叶，保证成品茶的品质和外观。

安吉白茶冲泡方法

安吉白茶的风味和淡雅的气质深受茶友喜爱，正确的冲泡方法能更好地展现其魅力。

准备工作

先备好茶具和茶叶，茶具包括玻璃杯、茶荷、茶巾、茶则、茶针、茶叶罐、烧水壶、水盂等，玻璃杯为冲泡安吉白茶的首选，便于观赏茶叶在水中舞动的姿态，尽显其美。

冲泡

将沸水自然冷却至80℃至85℃备用。接着，取出3克至5克的安吉白茶放置于茶荷中，细细观赏其独特的外形与雅致的色泽。向玻璃杯中倒入少量沸水，这既清洁了杯子又提升了杯体的温度，为茶叶的香气散发创造了有利条件。完成温杯后，倒掉温杯水，再将已冷却至适宜温度的热水以低斟高冲的方式缓缓倒入玻璃杯中，直至七分满。最后，将安吉白茶轻轻拨入杯中，静观茶叶缓缓下沉，白毫在水中轻轻飘动。

品饮

一二分钟后即可品饮。先观汤色，杏黄清澈；再闻香气，清高馥郁，带竹香；最后品滋味，入口鲜、爽、清、雅、甘，回味无穷。安吉白茶有效成分首次冲泡浸出量最大，三次冲泡后基本达总量。

绿茶名品

都匀毛尖

都匀毛尖作为中国十大名茶之一，拥有“白毛尖”“鱼钩茶”“雀舌茶”等雅称。在明代被列为皇室贡品，与贵州仁怀茅台酒并称“北有茅台酒，南有毛尖茶”。该茶选用独特苔茶品种，芽叶肥壮多毫，内质丰厚，严格遵循“一芽一叶”采摘标准，经古法精制而成。其外形可与碧螺春媲美，滋味堪与信阳毛尖比肩。1915年斩获巴拿马万国博览会金奖后，又在1982年全国名茶评选中跻身十大名茶之列，都匀毛尖历经百年传承，始终保持着中国高端绿茶典范的地位。

产地	贵州省黔南布依族苗族自治州都匀市
茶条	整齐均匀，银毫显露，形态卷曲似鱼钩
色泽	翠绿欲滴，鲜亮诱人
汤色	黄绿晶莹，清澈透亮
香气	清新雅致，芬芳扑鼻
滋味	鲜美浓郁，余味悠长带甜
叶底	饱满而有光泽

六 “最” 茶香

都匀毛尖的茶汤蕴含着浓郁的黔南风情，口感方面，有人对它倾心不已，有人却难以钟情，这都源于个体口味偏好的差异。都匀毛尖以六大“中国之最”著称：其产地拥有最高的茶园海拔、最为均衡的降水量，云雾覆盖最为频繁，气候最为温和，茶区森林覆盖率最高，茶树生长的自然环境最优。

都匀毛尖的传说趣谈

传说，都匀这片土地上曾经居住着一位威名赫赫的蛮王，他膝下子女成群，共有九个英勇的儿子以及九十个聪明的女儿。岁月如梭，蛮王的年华逐渐老去，与此同时，他的儿女们也渐次长大。一年，蛮王不幸染病，自觉时日无多，便召集了所有的子女，宣布谁能治好他的病，谁就将继承王位，管理这片土地。

蛮王的九个儿子各自出发，寻找能够治愈父亲疾病的灵药。他们带回了九种不同的药物，但遗憾的是，这些药物并未能缓解蛮王的病情。与此同时，蛮王的九十个女儿也踏上了寻找灵药的旅程。她们带回了同一种神奇的药物——茶叶，它不仅治愈了蛮王的疾病，还让他恢复了健康。

蛮王对女儿们带回的茶叶感到好奇，询问她们茶叶的来源。女儿们齐声回答，茶叶是从云雾山上采来的，是一只神秘的绿仙雀所赠。蛮王听后，便命令女儿们取回茶树种，让更多百姓受益。

第二天，女儿们来到云雾山，却发现绿仙雀已经不在，她们也不知道如何种植茶树。于是，她们在一株巨大的茶树下虔诚地祈祷了三天三夜。她们的诚意感动了天神，天神派绿仙雀再次出现，在天上不停地叫“毛尖…… 茶”，它不仅送来了茶种，还教会了她们种植茶树的方法。

女儿们将茶种带回都匀，种植在山间。第二年，漫山遍野长满了茶树，成了一片茂密的茶园。为了纪念绿仙雀的恩赐，她们将这种茶叶命名为“都匀毛尖茶”。从此，都匀蛮王拥有了这片茶园，国家繁荣昌盛，人民安居乐业。

都匀毛尖是这样制作的

都匀毛尖的采摘与制作通常在每年清明前后展开。清晨时分，采茶工人们背着竹篓，小心翼翼地采摘着刚刚暂露头角的新鲜芽叶。为了保证茶叶的质量，他们遵循严格的采摘标准，不使用指甲掐断，而是用拇指和食指轻轻捏住芽尖向上提拉，确保每一片茶叶都符合一芽一叶初展的标准。

采摘下来的嫩绿芽叶被迅速送往附近的加工厂，在那里，经过短暂的摊晾过程，让叶片适度散发水分与青气，并去除杂质和不合格的部分。

随后，这些精选出来的茶芽将进入炒制环节，这是决定茶叶品质的关键步骤之一。炒制过程中，火候的控制尤为重要，需根据不同的工序调整温度——高温杀青、低温揉捻、中温提毫，每个细节都需要精心把控。

在炒制时，经验丰富的师傅们通过反复抛撒、抖动，使茶叶均匀受热，直至它们释放出迷人的香气。接下来的揉捻、搓团、提毫等工序，不仅赋予了茶叶优美的外形，还进一步提升了其风味。最终，经过一系列复杂的工艺流程，这些茶叶转变成了馥郁芬芳的成品茶。

都匀毛尖的冲泡方法

都匀毛尖纤细卷曲，香气清高，滋味鲜浓。要完美展现都匀毛尖的魅力，需遵循以下冲泡方法。

准备工作

准备玻璃杯、茶夹、茶匙、茶则、茶巾、茶荷、开水壶、都匀毛尖茶叶。

赏茶

取5克至10克都匀毛尖，置于茶荷中观赏。

温杯

以开水烫玻璃杯，提升杯温，利于茶香散发。

倒水

将温杯水倒入水盂，确保玻璃杯洁净无污垢。

投茶

用茶匙将茶荷中的都匀毛尖缓缓拨入杯中，投茶量按茶水比1:50调整，如200毫升杯可投4克茶，以保证茶汤浓淡适宜。

注水

沿杯壁缓缓注入80℃热水至七分满，采用“凤凰三点头”手法，使茶叶翻滚均匀受热。注水需轻柔缓慢，避免冲击茶叶。

品饮

等待一二分钟后品饮。先闻茶香，领略其清幽淡雅，再小口啜饮，品味鲜浓滋味与悠长回甘。

绿茶名品

峨眉竹叶青

在云雾氤氲的四川峨眉山，孕育着一款独具魅力的绿茶——峨眉竹叶青。此茶精选鲜嫩芽叶，经独特工艺精制而成。它外形挺直，宛如细巧的竹叶；色泽嫩绿，十分清新，尽显高山绿茶的卓越品质。

叶底	呈现鲜嫩的绿色，并带有明亮的光泽
滋味	鲜爽且醇厚
香气	清香馥郁，浓郁持久
汤色	清澈透明，呈现嫩黄色调
色泽	整体色泽嫩绿，且带有油润的光
茶条	条索扁平而光滑，外形挺拔且秀丽
产地	四川省峨眉山

峨眉山产茶历史溯源

峨眉山自古便是中国重要的风景名胜区，山势雄浑险峻，峰峦叠嶂，林木苍翠繁茂，常年云雾缭绕，自然条件得天独厚。历代文人墨客对峨眉山的赞誉不绝于史册。

峨眉山茶园多分布于海拔 800 米至 1200 米的清音阁、白龙洞、万年寺、黑水寺一带。峨眉山茶叶种植历史源远流长。唐代李善所著《文选注》载："峨山多药草，茶尤好，异于天下。"至宋代，峨眉山茶名声更盛，文人雅士多有吟咏。苏轼、陆游均曾赋诗称赞，陆游在诗中写道："雪芽近自峨眉得，不减红囊顾渚春"，将峨眉雪芽与江南名茶顾渚紫笋并提。明代，万年寺周边广植茶树，所制茶叶被列为贡品，专供皇室享用。

作为现代峨眉山茶的代表，峨眉竹叶青诞生于 20 世纪 60 年代。竹叶青的创制不仅延续了峨眉山千年的制茶技艺，更融合了现代工艺。

峨眉竹叶青是这样制作的

峨眉竹叶青的采摘颇为讲究，时间通常选定在清明节前的 3 天到 5 天。采摘地点多位于海拔 800 米至 1500 米的高山区域。采摘时，遵循严格的标准，即选取一芽一叶或一芽二叶初展的嫩芽，以保证茶叶的鲜嫩度与品质的一致性。精心采摘下的鲜叶，带着峨眉山的灵气与芬芳，即将经历一系列的制作工序，开启它们成为佳茗的旅程。

鲜叶摊晾

采下的鲜叶需摊放于竹筛或纱筛中，置于通风处均匀铺开。摊晾时间根据环境调整，为后续工序做准备。

高温杀青

制茶师傅将摊晾后的鲜叶投入炒锅，锅温控制在 100℃至 120℃，每锅投叶量约 300 克。制茶师傅以翻炒、闷抛结合的手法，使叶片均匀受热，耗时约 5 分钟，至叶片色泽转暗、质地柔软。

理条做形

杀青后出锅摊晾降温。制茶师傅将锅温降至 80℃左右，重新投入茶叶，采用抖、撒、抓、压、带条等手法，将茶芽塑成扁平直挺的竹叶状，直至茶叶八成干。

三次摊晾与烘焙

理条后的茶叶需再次摊晾。制茶师傅进行低温烘焙，锅温保持在 80℃，每锅投叶量增至 300 克至 500 克。制茶师傅以顺时针方向反复做钩、压、磨、挡、吐动作，固定茶形，直至完全干燥。

精制

干燥完成的茶叶需筛分去杂质，保留形态完整的茶叶。

峨眉竹叶青的冲泡方法

准备工作

冲泡竹叶青茶时，建议使用透明玻璃杯或白瓷盖碗。玻璃杯能清晰展现茶叶舒展的动态过程，白瓷杯则能衬托茶汤的清澈色泽。日常饮用以简便为主，但需格外注意水温调控，避免长时间高温闷泡导致茶叶中物质过度析出，影响鲜爽口感。

冲泡步骤

冲泡前，可取少量干茶置于洁净的白纸上，仔细观察其外形特征，同时轻嗅干茶香气，初步判断茶叶的新鲜度与品质等级。

用沸水冲洗杯具内外壁后倒尽余水，既可清洗茶具，又能预热杯体。尤其在冬季，温杯尤为重要。

以容量 150 毫升的茶杯为例，取 3 克竹叶青茶，用茶匙均匀投入杯底，确保茶叶分布均匀，避免冲泡时局部浓度过高。

水温控制是冲泡的关键。将沸水静置冷却至 85℃左右。

注水分三次完成：第一次注水至杯身约三分之一处，注水后轻握杯体顺时针晃动，使茶叶充分浸润；第二次注水至杯身三分之二高度，水壶略抬高，利用水势带动茶叶翻滚，促进内含物质均匀释放；第三次注水至七分满，水流放缓，保持水面平稳，确保茶汤浓度一致。在此过程中，可观察茶叶逐渐吸水舒展，芽叶如碧玉沉浮，茶汤由浅黄转为透亮的黄绿色，清香随热气缓缓升腾。

冲泡完成后应及时饮用，避免茶叶长时间浸泡。如需续泡，第二泡可适当延长 10 秒至 15 秒浸泡时间，但建议以二三次冲泡为限，后续需更换新茶叶。

品饮时，先举杯至鼻前轻嗅茶香，感受清新自然的草木气息，随后小口啜饮，让茶汤在舌尖稍作停留，充分接触味蕾，体会鲜爽甘醇的滋味在口腔中蔓延。

绿茶名品

庐山云雾茶

庐山云雾茶，为中国十大名茶之一。此茶起源于汉代，宋代被列为贡茶。最初，它只是一种生长在高山云雾间的野生茶，东林寺名僧慧远将其从野生茶改良为家生茶后，长期由庐山山寺的僧侣们精心培育。尽管大规模种植始于20世纪，但因为庐山云雾茶与佛教的深厚渊源，使其成为茶禅合一的典范。

冲泡庐山云雾茶后，碗中犹如镶嵌了一块温润的碧玉。品味之际，茶香悠长，口感甘甜且醇厚，让人久久难以忘怀。正如那句充满诗意的赞美所言："幸饮庐山云雾茶，更识庐山真面目。"

产地	江西省九江市庐山
茶条	条索紧结秀丽，芽壮叶肥
色泽	润泽翠绿，白毫显露
汤色	清澈明亮，呈黄绿色
香气	鲜爽浓郁，且持久不散
滋味	醇厚并带有甘甜
叶底	嫩绿且均匀整齐

庐山云雾茶的传说趣谈

庐山云雾茶诞生于庐山的灵山秀水之间，它的传说如同山间的云雾，为其增添了一抹神秘而奇幻的色彩。

悟空巡茶籽

相传孙悟空在花果山当猴王时，常吃仙桃瓜果。某日他突然想尝玉帝和王母喝过的仙茶，便翻筋斗云上天，踏云俯望人间。只见南国大地一片碧绿，细看竟是成片的茶树。正值秋季茶籽成熟，可他不懂如何采种。这时一群鸟儿飞来询问缘由，悟空叹道："花果山唯独缺茶树，想带茶籽回去却无从下手。"众鸟当即应道："我们帮你！"随即飞入茶园衔起茶籽，朝花果山飞去。群鸟穿云越岭时途经庐山，被巍峨山景迷住。领头鸟忍不住放声啼鸣，其余鸟儿齐声应和，茶籽纷纷从喙中掉落，滚入山中岩缝。从此云雾缭绕的庐山便长出茶树，产出的茶叶清香扑鼻，人称"云雾茶"。

憨宗和尚与云雾茶

传说从前庐山五老峰下有座宿云庵，住着种野茶的憨宗和尚。他在山脚开垦出茂密的茶园，不料某年四月突遭霜冻，茶树几乎死尽。此时官府强行征茶，憨宗苦苦哀求无果，只得连夜逃走。当地文人廖雨为他鸣冤，贴出《买茶谣》控诉官府，却无人理睬。

憨宗逃走后，衙役为赶在清明前收茶进贡，日夜击鼓逼百姓上山，将残存茶芽搜刮一空。和尚归来见茶园荒芜，痛哭不止。悲声惊动上天，红嘴蓝雀、黄莺等珍禽忽从云中飞来，将往年散落的茶籽，衔至五老峰播种。不久石缝里竟冒出翠绿的茶苗，憨宗喜出望外。

采茶时节，五老峰与汉阳峰高耸入云，憨宗无法攀援，正发愁时，成群的鸟儿忽然聚集。他喂饱鸟儿，给它们颈上挂布袋，鸟儿便展翅冲入云雾。憨宗抬头望去，仿佛见仙女在云间起舞唱歌，与群鸟共采嫩芽。后来他将这些茶叶炒制成品，因茶树由百鸟播于云雾缭绕的山中，茶叶采自云中仙境，故得名"云雾茶"。

庐山云雾茶是这样制作的

庐山云雾茶的独特品质，既源于庐山优越的自然环境，更依赖于人们代代传承的精细工艺。从鲜叶采摘到成品贮藏，每一环节均需严格把控，方得茶香清雅、滋味醇厚的上佳之品。

鲜叶采摘

庐山云雾茶的采摘自古便以严苛著称。清代《星子县志》记载云雾茶最好，但不易得，其“不易得”正源于高山茶园种植与采摘的艰难。

采茶人需在谷雨后至立夏间，择晴天采摘初展的一芽一叶，长度严格控制在5厘米以内。明代方拱乾的《东古山摘茶》曾写道“摘不敢盈甲，啜不敢盈唇”，生动描绘了采茶时需轻捏芽尖、避免损伤叶片的谨慎之态。

鲜叶摊放

采摘后，制茶师傅需立即将鲜叶均匀铺于阴凉通风的竹席上，摊放四五个小时。此步骤可使叶片自然散失部分水分，降低青草气，同时保留鲜活内质，为后续炒制奠定基础。

杀青

摊放后的鲜叶进入炒制环节。制茶师傅将铁锅加热至160℃至180℃，投入500克至600克鲜叶，双手快速抛炒3分钟至5分钟。待叶片由鲜绿转为暗绿、质地变软且青气消散时，迅速出锅。

抖散

杀青后的茶叶需立即抖散。制茶师傅用竹匾簸扬茶叶，使热气快速逸出，避免叶片因余温堆积而闷黄，从而锁住茶叶的鲜嫩色泽与清香。

揉捻

抖散后的茶叶进入揉捻工序。制茶师傅以手掌反复揉搓茶叶，力道先轻后重，直至80%的叶片卷曲成条。此过程既塑造茶条外形，又促进茶汁渗出，为后续香气与滋味的形成提供条件。

初干

揉捻成条的茶叶被投入80℃的锅中翻炒。制茶师傅通过不断翻动，使茶叶含水量逐步降至30%至35%，叶片初步定型，质地转为柔韧。

搓条与提毫

初干后的茶叶转移至60℃的锅中，制茶师傅双手合拢揉搓茶条，同时轻提茶毫，持续10分钟至15分钟。这一步骤使茶条逐渐紧直，白毫显露，茶叶外形愈发匀整美观。

再干

当锅温降至40℃至45℃时，制茶师傅用手进一步紧条塑形。随后将茶叶置于70℃左右的锅中慢炒，直至含水量降至5%至6%。此时茶叶干燥适度，质地酥脆，茶香充分凝聚。

筛分拣剔

茶叶需经竹筛筛分，制茶师傅手工拣去碎末、老叶及杂质，确保成品干茶条索完整、色泽纯净。

庐山云雾茶的冲泡方法

冲泡庐山云雾茶，宜用腹大的陶壶或紫砂壶，可防茶汤过浓。水以纯净水或山泉水为佳，避免多次沸腾降低水中含氧量，影响滋味。

首先，用约 90℃的热水预热茶杯与紫砂壶，确保茶具均匀受热，避免温度突变影响茶质。然后，用茶匙取 9 克至 12 克的庐山云雾茶轻轻放入紫砂壶中。紧接着进行洗茶，迅速将 85℃的热水倒入壶中，随即倒出，此过程旨在唤醒茶叶，去除杂质，同时保持茶汤的纯净。随后，再次注入 85℃的开水，浸泡四五分钟。期间，可以观察到茶叶在水中缓缓舒展，翩翩起舞。

待茶香四溢，即可开始品茶。此时，茶汤色泽明亮，口感醇厚甘甜，庐山云雾茶的醇香、清香及白兰幽香交织，令人回味无穷。值得注意的是，庐山云雾茶冲泡次数不宜过多，一般不超过三次，每次冲泡物质浸出量会逐渐减少。

· 江西省庐山的云雾风光

绿茶名品

蒙顶甘露

享有“茶中故旧”“名茶先驱”美誉的蒙顶甘露，因茶汤清甜仿佛晨露而得名。其主产地位于四川蒙山（又名蒙顶山）主峰之顶，又名“蒙顶茶”。蒙山坐落于邛崃山脉腹地，自古流传“蒙山之巅多秀岭，恶草不生生淑茗”的谚语。典籍记载此地种植茶树的历史可溯至西汉，距今已两千余载。蒙顶甘露的雏形为蒙顶茶系中的基础品类“凡茶”，后经宋代名品“玉叶长春”“万春银叶”演化而来，成为中国卷曲型绿茶的鼻祖。自唐代被钦定为贡茶后，蒙山茶岁岁进献朝廷，直至清代未曾中断，千年贡茶史堪称茶界奇迹。蒙顶甘露在原料选取上极为严苛，制法恪守明代“三炒三揉”古技，塑造出紧卷如螺的茶形，茶汤鲜醇甘润。这一工艺的严谨传承，令其“甘露沁心、余韵悠长”的特质代代延续。

叶底	匀整、嫩黄、鲜亮
滋味	鲜爽醇厚，回甘悠长
香气	芬芳鲜嫩，香气馥郁
汤色	浅黄色，鲜亮而清澈
色泽	鲜绿润泽
茶条	纤细紧卷，条索匀整，多毫
产地	四川省蒙山山顶

· 四川省蒙顶山茶田风光

蒙顶甘露的传说趣谈

传说在西汉末年，名山县（今四川省雅安市名山区）城外三里桥住着吴家母子。一日，母亲心口疼病发作，吩咐儿子吴理真上蒙山采药。吴理真匆匆上山，来到甘露峰下的蒙泉井边饮水，发现井水异常香甜。他朝井里望去，只见一位仙姑正往水里撒着绿油油的叶子。仙姑告知，此乃“茶”，能治病。她赠予吴理真一包茶叶，并约定三日后教他种茶。

吴理真用这茶叶泡给母亲喝，母亲很快就痊愈了。三日后，他依约上山，仙姑引他至五峰之间种下了七颗茶种子。这些种子后来长成了著名的“皇茶园”。

吴理真与仙姑结为夫妻，在五峰下的白果树旁安家种茶。然而，蒙顶干旱少雨，茶树生长艰难。仙姑施展法力，用白纱巾化作云雾笼罩五峰，从此蒙顶茶茁壮成长。

新茶采摘后，吴理真夫妇下山进城卖茶，蒙顶仙茶的美名迅速传开。然而，这消息被张财主得知，他派人来抢茶和仙姑。吴理真与仙姑奋力抵抗，最终仙姑用白纱巾带着吴理真飞回蒙顶。

张财主挖走了七棵仙茶，但茶树全部枯死。他气急败坏，命人挖出茶树烧毁，却遭遇大雨和雷电，最终他被雷击死。而七棵茶树奇迹般地复活了，并逐渐扩大成一片茶园。然而，好景不长，仙姑告知吴理真，她本是青衣江河神之女，下凡期限已到，必须返回。她留给吴理真一条白纱巾，它可以兴云起雾滋润仙茶，也是镇山祛邪的灵物。

从此以后，每逢谷雨时节，仙姑都会幻化为人形，来到蒙山帮助吴理真和茶农们采茶。吴理真和他的子孙继续辛勤种茶、采茶、制茶，蒙山渐渐成为一座茶山。因为有仙姑的白纱巾，蒙山总是缭绕着滋润茶树的云雾。无论茶树遭遇多么严重的虫害，只要种茶人对着“蒙泉井”祈求仙姑保佑，不久就会大雨倾盆，电闪雷鸣，那些损害茶树的害虫就全都被雷电烧死。

蒙顶甘露是这样制作的

蒙顶甘露于 1958 年重新投产，主要市场在四川省内，少量销至海外。其采制工艺尤为考究：每年春分前后，遵循特定采收规范——一级茶青选用单芽及初展的一芽一叶，二级以初展一芽一叶为主，三级则采用初展一芽一叶至一芽二叶。

摊晾

鲜叶采收后，依等级分区摊晾 4 小时至 8 小时，促进水分均匀散失，随后进入后续加工程序。这一分级处理与精准时效把控，为成茶的鲜爽口感与稳定品质奠定基础。

杀青与揉捻

炒制前，制茶师傅将铁锅打磨洁净，预热至适宜温度，锅面均匀涂抹白蜡，确保光滑无滞。待锅温稳定后投入鲜叶，制茶师傅以双手快速抖炒，短时闷炒至叶色转暗，含水率显著下降，杀青叶呈现均匀暗绿，无焦边爆点，并散发浓郁清香。

随即进入揉捻阶段。制茶师傅先以推揉法使茶叶初步成条，再施以团揉塑形，为后续工序奠定基础。

二炒与二揉

制茶师傅调节锅温至中低温，投入初揉茶坯，双手抓炒。此步骤既促进水分蒸发，亦为二次揉捻创造适制条件。然后，制茶师傅采用推揉与团揉交替手法，令茶条紧结度提升，内含物质加速转化，香气与滋味显著增强。

三炒与三揉

制茶师傅将锅温降至低位，持续抖炒至茶叶含水率达标。低温炒制可维持茶叶形态完整，减少内质损耗。揉捻时，制茶师傅遵循“先轻后重、先团后推”原则，反复施力使茶条细紧卷曲，促使茶汁渗出，滋味层次更为丰富。

做形与干燥

待茶条紧结卷曲、茶叶内细胞破碎适度后，制茶师傅进行解块塑形。控温后，抖炒散块，双手捞茶搓揉后回锅，循环操作至形态定型。制茶师傅随即升温快揉，直至白毫显露，起锅摊晾，此时茶条已基本定型，香气馥郁。

干燥环节中，制茶师傅点燃木炭，待温度升高后放上竹编烘笼，铺上白棉布后匀撒茶坯。定时翻烘，先初烘后匀小堆复烘至含水量达标。最终匀堆定级，密封贮藏。此过程既保障茶叶耐存性，亦使香气进一步凝聚，滋味愈加醇厚。

蒙顶甘露的冲泡方法

冲泡蒙顶甘露以蒙顶山泉水为佳，日常选用纯净水即可，重点在于茶具择选与技法把控。

备好透明玻璃杯或四川白瓷盖碗，辅以茶夹、茶匙、茶荷等器具。取 5 克至 10 克干茶置于茶荷备用。沸水冲淋杯具内外，令其均匀受热后倾尽余水，温热器壁可激发茶香。

水温降至 90℃左右，往杯中投入茶叶，沿杯壁缓注热水至七分满，茶水比例约 1 ∶ 50，执杯轻摇三周，水流轻缓，使芽叶舒展，醇质渐释，忌沸水直冲，以防灼伤嫩芽。静候一二分钟，观茶汤初现朦胧银毫，片刻转为碧黄透亮。

初品甘润清甜，回甘悠长。续泡时延至二三分钟，以两泡为佳，三泡后茶味转淡。冲泡全程需专注水温与时长把控，方得茶汤鲜爽、形色俱佳之妙。

第三章

色泽浓艳——红茶

全发酵茶中的红茶，品类极为繁杂。按制作工艺划分，主要有小种红茶、工夫红茶以及红碎茶这三大类别。小种红茶中的正山小种颇具代表性；工夫红茶包含众多知名品种，如祁门红茶、闽红、滇红等；红碎茶在国际市场上颇受欢迎，因能够快速泡出浓郁茶汤，常被用于制作各类茶饮。中国多个省份都有闻名遐迩的红茶品种。这些茶叶不仅在国内深受茶客喜爱，还在国际市场上享有盛誉。如今，新的优质红茶品种不断涌现，丰富着红茶家族。

红韵天成

红茶的特性

红茶干茶条索紧实，这源于制作过程中精细的揉捻工艺。这种物理形态不仅有利于锁住茶多酚、芳香物质等活性成分，更能促进茶叶中物质的层次化释放——冲泡时茶条渐次舒展，香气由清雅渐入馥郁，滋味从清润转向醇厚，形成独特的品饮体验。

红茶的颜色

红茶之名源自其标志性的红艳茶汤，这是茶叶发酵过程中酶促氧化的视觉呈现。茶黄素与茶红素的黄金配比，造就了茶汤如红玛瑙般透亮的色泽。顶级红茶的汤色在红亮之余，常伴有琥珀光晕。

红茶的香气

优质红茶呈现出复合型香气特征，既有花香的馥郁，又带果香的甜润。

红茶的价值

作为全发酵茶的代表，红茶在加工中生成的茶黄素、茶红素等活性物质，展现出卓越的抗氧化性。传统中医学认为，红茶茶性温和甘润，能温中散寒，尤宜脾胃虚寒者日常调养。因此，无论是想要享受红茶的醇厚口感，还是追求健康养生之道，红茶都是一个值得推荐的饮品。

红茶的起源传说

关于红茶的起源，在民间流传着这样的故事：明代末年，战事频发。有一年正值茶叶采摘的旺季，一支军队路过了武夷山桐木关，并驻扎在当地的茶厂。面对这突如其来的战乱，茶农们惊慌失措，纷纷躲入深山之中。然而，他们刚刚采摘下来的茶青却因此未能及时用炭火完全烘干，还被士兵们当作床垫压在身下。部队开拔后，茶农发现茶包中的茶青全部发酵变红了。虽然心痛，但茶农们还是决定试一试，他们将变红的茶青再次揉捻，用铁锅炒干，并用当地的马尾松干柴进行炭焙。没想到，这一尝试竟然创造出了一种全新的茶叶品种——红茶。

当这批茶叶被运到镇上销售时，它们迅速赢得了广大茶客们的喜爱和追捧。订单如潮水般涌来，整个桐木关都全力以赴地生产这种茶叶，以满足市场的需求。

虽然这个民间故事很生动，但并不能作为正史。在众多文献里，较早对红茶有所记述的，是明代初期刘基所著的《多能鄙事》。尽管该书在某些方面存在争议，如纪晓岚在《四库全书总目提要》中提出的伪托嫌疑，但其中确实描述了与红茶相关的“兰膏红茶”和“酥签红茶”的制作方法。

更为确凿的证据来自关于国际贸易的记载。参考《清代通史》中的相关内容可知，早在明崇祯十三年（1640年）之前，荷兰东印度公司便已着手把源自中国的红茶销往欧洲市场。这一记载不仅证明了红茶在当时已经作为一种商品在国际市场上流通，还揭示了红茶作为中国出口茶叶的重要品种之一，有着一定的历史地位和商业价值。尽管在国内市场上，红茶曾一度沉寂，但在国际市场上的影响力和地位却从未减弱。

千芳竞秀

红茶的分类和挑选

红茶属于全发酵茶，制作工序相当关键，涵盖了萎凋、揉捻、发酵以及烘干这一系列重要流程。这些过程赋予了茶叶独特的红色外观和丰富的口感。

小种红茶

小种红茶起源于18世纪后期的福建省武夷山市，以特有的烟熏风味著称，在加工过程中使用松柴明火加温，使得茶叶带有浓郁的松烟香。依据茶叶的产出地域以及质量等级，小种红茶可细分为正山小种与烟小种。正山小种产自武夷山自然保护区内，具有桂圆干香和松烟香；而烟小种则产于保护区外，同样采用松烟熏制，但工艺上更接近工夫红茶。

正山小种　祁红　宁红

工夫红茶

工夫红茶是我国传统的特色茶品，注重条索的完整紧结和精制工艺的复杂性。工夫红茶紧实纤细，茶叶呈现出乌亮且油润的质感，香气浓郁醇厚，茶汤色泽红亮诱人，入口甜润醇和。主要生产省份有十二个，代表品类包括祁红（祁门红茶）、滇红、宁红、闽红等，各具独特风味和香气。

红碎茶

国际市场上重要的茶品之一，用揉切工艺代替了传统揉捻，破坏茶叶组织让内含成分快速释放。红碎茶分为大叶种和中小叶种：大叶种有明显的金毫，茶汤滋味浓郁鲜美；中小叶种有强烈的香气，味道同样浓烈。

怎样选出好红茶

红茶体系繁多，每类皆有独特的品质。甄选时需把握品类特性与品质基准的双重脉络，方能从万千茶韵中识得真味。

观验干茶

挑选红茶时，先从干茶入手。触摸感受其干燥程度，易捏碎表明干燥度好，不易变形则可能已受潮，易霉变。再嗅闻干茶的气味，品质上乘的红茶，香气浓郁且纯净，要是有异味，那品质欠佳。除此之外，还能从别的方面来判定。

外形

优：工夫红茶中，优质的条索紧细圆直、匀齐；红碎茶里，优质的外形匀齐，碎茶颗粒卷紧，叶茶条索紧直，片茶皱褶而厚实，末茶体质重实；小种红茶中，优质的条索壮实、匀净整齐。

次：工夫红茶和小种红茶中，次品条索粗松、匀齐度差；红碎茶里，松散粗糙的品质差。

色泽

优：优质工夫红茶色泽乌润；优质红碎茶色泽正常；优质小种红茶色泽乌润。

次：次品工夫红茶枯暗；次品红碎茶灰枯或泛黄；次品小种红茶色泽欠佳。

嫩度

优：优质红茶嫩度好，芽头多，毫毛丰富。

次：嫩度差的红茶叶片粗老，毫毛少。

品评茶汤

品尝时，关注茶汤香气的类型、纯净度与持久性，观察汤色是否澄明，感受口感是否醇厚、顺滑，并通过叶底判断茶叶品质。

香气

优：优质工夫红茶香气馥郁；优质红碎茶香气高扬，融合果香、花香与甜香；优质小种红茶有松烟香。

次：次品工夫红茶香气不纯；次品红碎茶香气低沉；次品小种红茶香气夹杂异味。

汤色

优：优质工夫红茶汤色红艳；优质红碎茶汤色浓厚；优质小种红茶汤色红艳明亮。

次：次品工夫红茶汤色暗淡；次品红碎茶汤色浅淡；次品小种红茶汤色浑浊。

滋味

优：优质工夫红茶滋味醇厚；优质红碎茶浓厚、强烈；优质小种红茶滋味醇和。

次：次品工夫红茶和小种红茶滋味粗淡；次品红碎茶寡淡。

叶底

优：优质工夫红茶叶底明亮；优质红碎茶叶底红艳明亮；优质小种红茶叶底古铜色。

次：次品红茶叶底暗淡。

赤壤凝香

中国红茶产区分布

中国红茶不仅是一种饮品，更凭借其风土、工艺与文化绘就了一幅味觉地图。从东南沿海的丘陵到西南高原的山地，中国广袤的红茶产区孕育出风格各异的红茶品类。

江北红茶区

在长江以北的江北茶区，尽管绿茶是传统的主角，但近年来，诸如崂山红、信阳红等红茶新秀的涌现，为这片茶区增添了一抹别样的色彩。它们虽起步较晚，却蕴含着本地独有的韵味。

西南红茶区

西南红茶区凭借优越的地理与气候条件，成为工夫红茶的摇篮。云南的滇红、贵州的遵义红、四川的川红，它们不仅继承了传统红茶的醇厚，更融入了各自地域的独特风味，赢得了国内外茶友的青睐。

江南红茶区

云雾缭绕，雨水丰沛，昼夜温差显著，这里不仅是红茶的发祥地，更是汇集了众多红茶品类的宝库。产自安徽南部的祁红、福建北部的闽红、湖北北部的宜红、湖南的湖红、江西的宁红以及浙江的越红，皆是颇具特色的工夫红茶品类。这些红茶香气馥郁，汤色红艳，滋味醇厚，共同绘就了江南红茶的绚丽画卷。

华南红茶区

该地区气候温暖湿润，不仅是红碎茶的主要产地，更是红茶品种创新的前沿阵地。福建南部的闽红、广东的英德红茶、广西的桂红，以及海南的红碎茶，它们以鲜爽浓烈、香气持久的特点，展现了华南红茶的别样风采。而台湾的红茶，更是融合了东西方制茶技艺，在国际市场上占有一席之地。

代表产地

在中国红茶的众多产地中，福建武夷山的桐木关孕育了小种红茶这一红茶鼻祖，它香气馥郁，汤色红艳，被誉为红茶中的瑰宝。安徽祁门的丘陵为祁门工夫红茶提供了完美的生长环境，独特的“祁门香”，让祁红成为世界三大高香红茶之一。云南凤庆作为滇红的故乡，这里的滇红以其醇厚的口感与香气，赢得了广泛的赞誉。四川宜宾，川红的发源地，这里的红茶与祁红、滇红齐名，共同书写了中国高香红茶的传奇。广州英德，这里的英德红茶以浓厚、强烈、鲜爽的特色，成为中国红茶中的新秀。

·福建省武夷山茶园

匠艺流丹

成就红茶之美

红茶制作工艺分为传统与CTC(压碎、撕裂、卷曲)两大体系。CTC工艺以高效著称，适合工业化生产红碎茶，所制茶汤浓烈鲜爽但层次单一；传统工艺则通过四道核心工序，制造出香气馥郁、滋味醇厚的经典红茶。

第一步：萎凋

萎凋是激活茶叶内质的第一步，通过控制鲜叶水分含量为后续工序奠定基础。在传统的制茶流程里，萎凋环节主要运用自然萎凋以及借助萎凋槽进行萎凋这两种手段。自然萎凋将鲜叶均匀摊放于阴凉通风处，依赖自然温湿度缓慢蒸发水分，虽耗时较长却能最大限度保留茶叶中的活性物质，常用于制作高端茶品。萎凋槽萎凋则借助热风加速脱水，通过调节温度与风速实现标准化生产，效率高且品质稳定。无论采用何种方式，均需精准控制萎凋程度——鲜叶失水率通常控制在40%至50%，既保证细胞膜通透性，又避免过度损伤叶片。

第二步：揉捻

揉捻通过物理压力改变茶叶形态并激发内质变化。在机械或手工揉捻下，叶片逐渐卷曲成紧结条索，便于后续发酵与保存。此过程同时能破坏茶叶中的细胞结构，促使茶多酚与氧化酶充分接触，启动酶促氧化反应。细胞液的渗出附着于叶表，形成后续发酵的基质，茶黄素、茶红素等风味物质由此开始生成。揉捻力度与时间的把控尤为关键，过度揉捻易导致碎末增多，不足则影响发酵效率。

第三步：发酵

发酵堪称塑造红茶独特品质的核心生化步骤，此环节需精准把控。应优先挑选空气清新、氧气充足的北面背阴场地开展发酵作业，将室内温度稳定在25℃左右，同时把相对湿度恒定维持在90%左右。将经过解块筛分的茶坯，根据级别、筛底、筛面及批次，疏松均匀地摊放在湿蔑盘或木盘内，表面需摊平，避免加压以保持茶叶松散透气。最后，在茶叶上覆盖清洁湿布，并标注批次、级别、时间等信息。发酵期间，需定时观察茶叶变化，春季发酵需2.5小时至3.5小时，夏秋气温高则发酵时间缩短。春季气温低，可采取加温并在发酵时适时开窗换气；夏秋季节则通过地面洒水增湿降温。不同品种红茶的发酵时间和工艺也有所不同。

第四步：干燥

通过高温终止发酵并稳定茶叶品质，通常采用“毛火—足火”两段式烘焙。毛火阶段以115℃高温快速脱水，蒸发茶叶表面水分，初步定型；足火阶段将温度降至90℃，缓慢烘焙，同时激发高沸点芳香物质。两次烘焙既固定了茶叶外形，又将发酵形成的风味物质有效锁存，形成红茶特有的甜醇特征。

红茶名品

正山小种

正山小种，最初被称作“桐木关正山小种”，也被叫作“拉普山小种”，它作为有着400多年悠久历史的世界上最古老的红茶品种之一，在茶叶发展史上占据着重要的地位。它源自中国福建省武夷山市的桐木关，原料精选自当地自然保护区内种植的正宗小叶种茶树青叶。正山小种不仅是茶树品种的名称，同时也专指这款茶品。

正山小种在历史上具有重要地位。据传，美国独立战争前夕的波士顿倾茶事件中被倾倒的正是正山小种。此外，正山小种的茶籽与茶苗还被引进印度，促进了印度红茶的兴起，并对锡兰红茶、肯尼亚红茶等国外红茶产生了深远影响，堪称这些红茶的始祖。

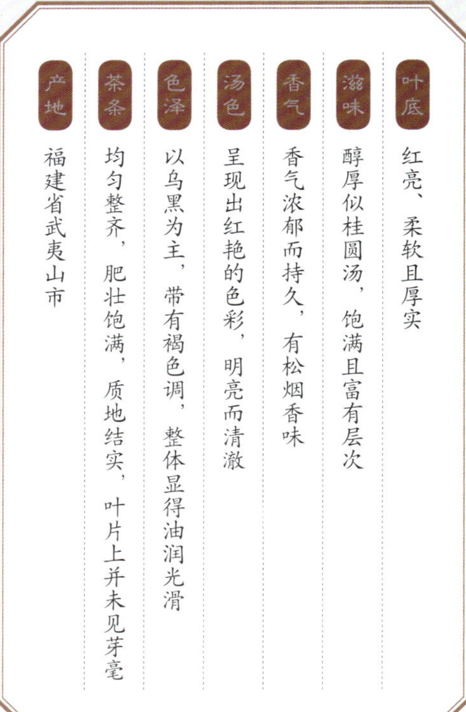

叶底	红亮、柔软且厚实
滋味	醇厚似桂圆汤，饱满且富有层次
香气	香气浓郁而持久，有松烟香味
汤色	呈现出红艳的色彩，明亮而清澈
色泽	以乌黑为主，带有褐色调，整体显得油润光滑
茶条	均匀整齐，肥壮饱满，质地结实，叶片上并未见芽毫
产地	福建省武夷山市

· 福建省武夷山市桐木关地区自然风光

正山小种的诞生和发展

正山小种诞生于风景如画的福建武夷山市桐木关。其中，“正山”二字宛如一枚品质印章，笃定地标识着正宗产地；“小种”则点明茶树为小叶种，且其产量与分布受当地微气候精细调控，十分难得。起初，这种茶叶在茶农眼中不过是“次品”，但很快就有人慧眼识珠，出价求购。此后，收购量逐年攀升。桐木关的茶农们审时度势，全身心投入正山小种的制作，开启了一段“逆袭”之旅。从葡萄牙公主凯瑟琳的嫁妆到英国上流社会的精致生活，正山小种逐渐成为贵族社交圈中的高雅点缀。在英国，安妮女王大力倡导以茶代酒，更是为正山小种在英伦的风靡添了浓墨重彩的一笔。

随着时间的推移，正山小种大步迈向国际市场，畅销于英国、荷兰、法国等诸多国度。在相当漫长的岁月里，它是英国皇家及欧洲王室贵族案头杯中、宴客厅堂专属的奢华享受，是尊贵身份的象征。正山小种在国际贸易的浪潮中稳立潮头，为中国茶叶出口贸易立下了赫赫战功。

正山小种是这样制作的

正山小种独特的风味背后，是一套传承已久且极为考究的制作工艺。

萎凋

鲜叶采摘下来之后，第一个关键的步骤便是萎凋。在晴天，萎凋大约需要三四个小时，雨天则可能需要七八个小时。期间，每隔一段时间需要将茶青重新摊晾，这个过程被称为“翻青”。萎凋时的温度控制很关键，初期温度不宜超过30℃，后期也不应超过40℃。通常在室内进行加温萎凋，对火候的掌握要求极高。当鲜叶减重到大约六成时，就可以进入下一道工序了。

揉捻

揉捻这一步骤，早期是手工操作，讲究“轻拉重推”的技巧。随着技术的发展，人力木质揉捻机（如水车驱动）和机械揉捻机逐渐取代了手工。机械揉捻能使茶叶条索更加紧结均匀。

发酵

发酵需要在室内自然进行，茶叶被放置在盖有湿布的筐内。气温的高低会直接影响发酵时间，气温高时，需要六七个小时；气温低时，则需要八个小时左右。湿布的覆盖有助于保持茶叶表面的水分，防止茶叶在未完全发酵前变干，从而影响品质。

过红锅

在发酵和烘干之间，还有一道独特的工序——过红锅。这一步骤需要在两口高温的铁锅中，用双手快速翻炒茶叶。这一操作对操作者提出了较高的要求，既需要其具备精湛娴熟的技艺，又得拥有充足的耐心和耐力来完成。过红锅的主要目的是停止茶叶的继续发酵，同时提升茶叶的香气，使茶汤的回甘更加明显，这是正山小种区别于其他茶叶的显著特点之一。

烘干

烘干通常在特定的环境中进行，温度控制在60℃左右。一般来说，需要耗费十个小时左右的时间。

精制

经过上述工序得到的毛茶，还需要经过一系列的精制过程才能成为成品。精制包括分级、风选、筛分、挑梗、匀堆、烘焙等多个环节。在茶叶出厂前，还有一道复火的工序。对于传统的正山小种来说，复火通常在特定的环境中进行，茶叶被堆积成厚厚的一层，用柴火烘焙，以增加茶叶香气。而对于采用无烟工艺制作的正山小种，如金骏眉，则是将茶叶放置在竹篾上，用木炭进行焙火。

正山小种的冲泡方法

正山小种香气与滋味悠长且醇厚。

茶具选择

泡制正山小种，瓷质或玻璃茶具是不错的选择。瓷质茶具能够很好地锁住茶香，让人回味无穷；而玻璃茶具则能让人清晰地欣赏到正山小种迷人的茶汤色泽和茶叶在水中优雅舒展的姿态。

水质要求

水质对茶汤的口感有着直接的影响。山泉水因其经过自然过滤，富含矿物质，且水质清澈，是冲泡正山小种的上佳选择。如果无法获取山泉水，纯净水也是不错的选择。

预热

在冲泡前，先用100℃的热水预热茶具，然后将水倒掉。

投茶

在预热好的茶具中轻轻放入适量的正山小种茶叶。投茶量可以根据个人口味和茶具大小来灵活调整。一般来说，每150毫升至200毫升的水，投放3克至5克的茶叶是比较合适的。茶形完整的正山小种，在冲泡时更能展现其风味。

冲泡

正山小种适宜用沸水进行冲泡。100℃的沸水能够迅速激发茶叶的香气，使茶叶中的内含物质充分释出。注水时可以采用高冲的方式，让茶叶在水中翻滚、舒展，充分释放香气。第一泡的时间可以控制在1分钟左右，目的是唤醒茶叶，此时的茶汤色泽橙黄明亮，香气扑鼻，入口便能感受到淡淡的桂圆香。第二、三泡的浸泡时间可以稍微延长至3分钟至5分钟，这两泡能够充分展现正山小种的醇厚滋味，茶汤色泽更加红艳，滋味更加浓郁。在倒出茶汤的时候，要尽可能地将壶里或杯中的茶汤全部倒干净，避免有残留，不然会对下一泡的味道产生影响。后续冲泡时间可根据个人口味适当调整，但不宜过长，以免茶汤变得苦涩。

红茶名品

滇红

滇红是云南红茶的统称。它的产地云南，森林茂盛密集，地表腐殖层积累深厚，孕育出极为肥沃的土壤，让生长于此的茶叶富含大量的多酚类化合物、生物碱等成分。

滇红具体可分为滇红工夫茶与滇红碎茶这两大品类。1939年，滇红工夫茶在云南省临沧市凤庆县首次研制成功，自此之后其生产规模持续扩大。西双版纳傣族自治州勐海县等地也纷纷组织开展滇红工夫茶的生产工作，所产出的茶叶品质不凡，在国际市场上广受欢迎，赢得了众多消费者的青睐。

滇红碎茶多以中、小叶种红碎茶拼配形成，成品茶有叶茶、碎茶、片茶、末茶四类，共十一种。

滇红在口感和香气方面也独具特色。虽然红茶一般经过全发酵后很少有回甘余韵，但滇红却保留了后韵，这充分体现了它优良的茶质。

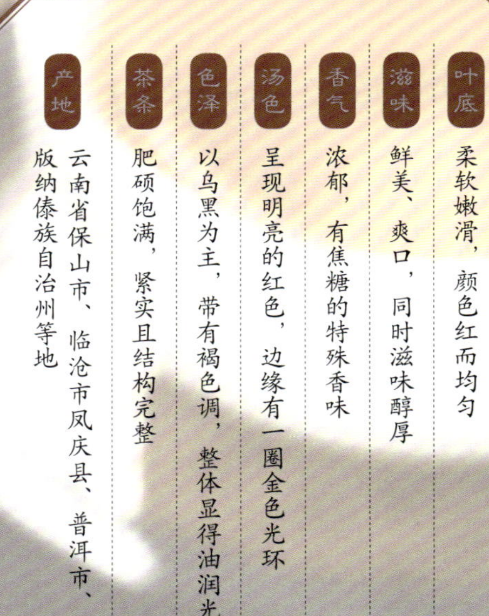

叶底：柔软嫩滑，颜色红而均匀

滋味：鲜美、爽口，同时滋味醇厚

香气：浓郁，有焦糖的特殊香味

汤色：呈现明亮的红色，边缘有一圈金色光环

色泽：以乌黑为主，带有褐色调，整体显得油润光滑

茶条：肥硕饱满，紧实且结构完整

产地：云南省保山市、临沧市凤庆县、普洱市、西双版纳傣族自治州等地

滇红中的经典品类

滇红的品种繁多，以下是几种极具代表性的品类：

滇红松针

滇红松针是通过理条工艺精心打造的，外形酷似松针。采用一芽一叶，它的芽尖呈现出鲜明的金黄色，极具视觉吸引力。冲泡后，滇红松针散发出浓郁且持久的麦芽糖香，汤色黄亮而通透。品饮过后，口中会留下长时间的甜滑余味。

滇红金丝

滇红金丝，也被人们叫作“金丝疙瘩”或者“小金螺”，它充分彰显了云南红茶工艺的高超水准，是其中极具代表性的茶品。极品的滇红金丝原料是古老茶树的一芽叶片，采用纯手工制作而成。它的外观呈现出油润的色泽，茶芽纤细、完整且质地松软，毫无碎末，周身布满金毫。冲泡后，汤色红亮且金圈明显，香气清新爽朗，滋味浓郁且富有层次感。

蜜香金芽

蜜香金芽，又被誉为蜜香皇后。它精选凤庆大叶茶的一芽一叶以及少量初展的一芽二叶为原料，经过室内均匀薄摊自然萎凋，以及揉捻、发酵、干燥等一系列精细工序制作而成。蜜香金芽的芽头秀丽完整，金毫显著，汤色红浓且透亮，滋味醇厚鲜爽，带有迷人的蜜香。

晒红

晒红是在民间默默传承、尚未广泛进入主流市场的云南传统红茶。它在茶类归属上介于普洱茶与红茶之间，由于其制作工艺更偏向于红茶，因此被归类为红茶。晒红是采用日晒方式干燥的红茶，这与最后通过烘干工序制成的滇红有所不同。值得一提的是，晒红突破了红茶通常 24 个月到 36 个月的保质期限制，具备长期储存的特性，并且越陈越香。

· 滇红金针茶

滇红的起源

抗日战争全面爆发，中国沿海地区饱受战火摧残，茶叶行业亦深陷困境。然而，在这个时期，西南地区却悄然展现出新的生机。

1938 年，茶学专家冯绍裘被派遣到云南深入考察茶叶产销现状。冯绍裘一到云南，便被这里的自然环境和丰富的茶叶资源所吸引，认为这里蕴藏着无限发展潜力。同年，冯绍裘精选优质原料，制作出红茶样品，并通过海外渠道送至香港茶市。滇红茶正式宣告诞生。

1939 年初，冯绍裘被正式任命为顺宁实验茶厂的厂长。茶厂成立后，各项工作迅速展开。在选定厂址并开始建设的同时，为提升当地茶叶制作水平，冯绍裘还倡议开办了茶农子弟红茶制造短期训练班。此外，他还亲自设计并制造了三简式手揉茶机，这一创新之举极大地提高了茶叶生产效率。

滇红是这样制作的

滇红诞生于艰难困苦的年代，却凭借着自身的优良品质走向世界，成为中国红茶的骄傲。它不仅是一种茶叶，更是那个特殊时代人们坚韧不拔、开拓创新精神的见证。滇红的制作凝聚着当地茶农的匠心与汗水。

采摘

鲜叶的采摘遵循严格标准，涵盖不同嫩度的芽叶组合，如单芽、一芽一叶等。采摘后，鲜叶需按级别堆放，

萎凋

在这个过程当中，可以选择运用萎凋槽萎凋的方式，或者采用室内自然萎凋，又或者进行室外日光萎凋。萎凋槽萎凋通过精确控制摊叶厚度，使鲜叶初步失水；室内自然萎凋则利用自然条件，为鲜叶提供一个温和的失水环境。

揉捻

揉捻是滇红制作的关键步骤，需充分进行，时间约为60分钟至90分钟。通过揉捻，茶叶的内质得以充分释放，为后续的发酵和品质形成打下基础。

发酵

发酵这一关键步骤需在专门设置的发酵室内开展，通常是在发酵箱中得以完成的。发酵过程中，叶色逐渐转变为黄红色或新铜色，青草气消失，花果香显现，这是滇红形成独特风味的关键步骤。

干燥

干燥分为毛火和足火两个阶段，中间需进行摊晾以均匀水分。毛火阶段采用热风干燥，使茶叶达到七成干；足火阶段则使用电热烘干机提香，使茶叶含水量降至7%左右。干燥完成后，茶叶需立即摊晾、审评、拼堆归仓，以确保最终品质。

滇红的冲泡方法

在冲泡滇红时，应根据茶叶的品质和个人口味来调整冲泡时间和水温，并确保茶具的清洁和适宜性。

备器与择水

准备一套适合冲泡红茶的茶具，如紫砂壶或瓷质茶具。将纯净水烧沸，待水温降至90℃到95℃时备用。

赏茶与投茶

取出适量的滇红茶叶，欣赏干茶的外形和色泽。然后，将茶叶投入茶具中，准备进行冲泡。

温润泡

注入少量热水至茶具中，使茶叶受热均匀，并唤醒茶叶的香气。然后，倒掉茶汤。这一步骤也被称为“洗茶”，有助于去除茶叶表面的杂质和异味。

正式冲泡

再次注入热水至七八分满。此时，可以观察茶汤的颜色和香气，以及茶叶在水中的展开情况。高品质的滇红经过冲泡之后，茶汤和茶具的接触部位常常会显现出一圈金色的圆环，这恰恰是品质出众的直观体现。

品鉴

待茶汤稍凉后，即可品鉴滇红的口感和香气。滇红的滋味浓厚鲜爽，香气鲜郁绵长。还可以在茶汤中加入适量的糖或奶进行调和，以增加口感的丰富度和层次感。同时，注意观察茶汤冷却后是否出现乳凝状的冷后浑现象，这是质优的体现之一。

红茶名品

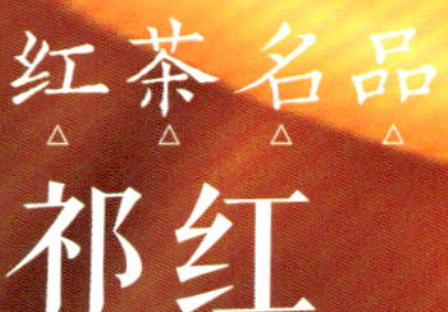

祁红

祁红即祁门红茶，诞生于19世纪末，历经茶农们的智慧结晶与辛勤耕耘，逐渐从红茶制作工艺中脱颖而出，成为工夫红茶的杰出代表。

祁红优良的品质与安徽省黄山市祁门县的槠叶种茶树息息相关。这种茶树与云南大叶种、福建水仙种并称为全国制作红茶的最佳树种。

如今，茶农们通过复垦老茶园、更新茶树品种以及开辟新式茶园等措施，让祁红茶乡焕发出勃勃生机。祁红已经行销至全球多个国家和地区，成为国外消费者喜爱的上等饮品之一。

叶底 颜色红亮，质地柔嫩

滋味 醇厚且鲜爽可口

香气 茶香浓郁，可以是鲜浓馥郁型，也可以是清鲜持久型

汤色 色泽红艳，明亮清澈

色泽 乌润，表面明显带有金色的茶毫

茶条 紧细且均匀整齐，略有弯曲形态

产地 安徽省南部的黄山支脉

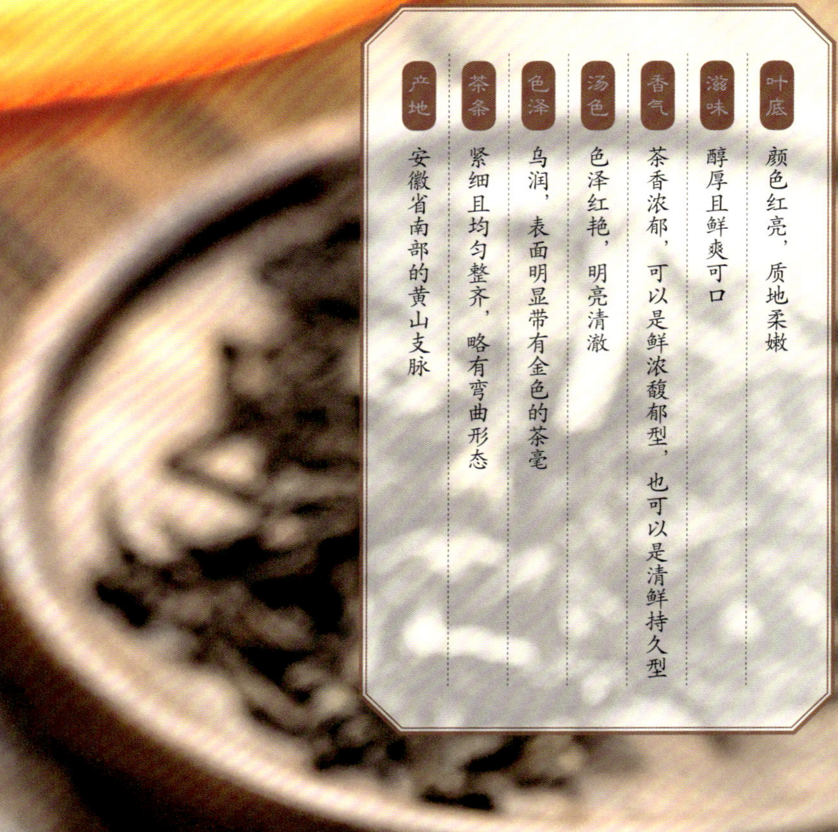

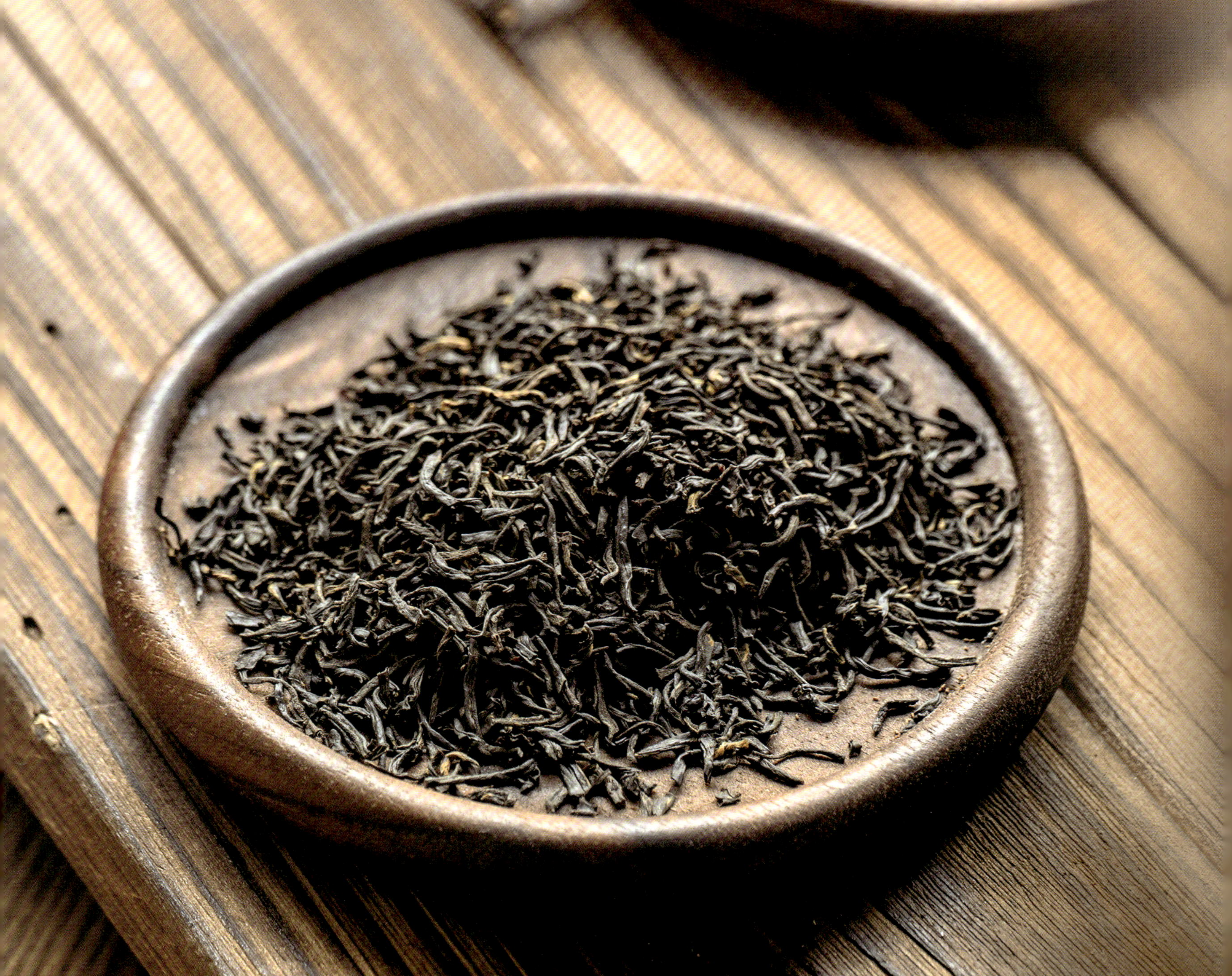

祁红的传说趣谈

清末，祁门县历口镇正值繁忙的茶季。家家户户、男女老少，皆投身于采茶制茶的劳作之中。其中，有一位名叫吴志忠的老汉，自清晨便忙碌于茶丛之间，直至夕阳西下才满载而归。然而，当吴老汉满心欢喜地将一天的收获——沉甸甸的茶青倒出时，却猛然发现，这些嫩绿的茶青因长时间的捂盖而全部变红了。他顿时如坠冰窟，仿佛看到了自己一年的辛劳化为泡影。

面对这突如其来的变故，吴老汉决定尝试用绿茶的制法来处理这批变红的茶青，希望能挽回一些损失。然而，结果却令他大失所望，制出的茶叶不仅失去了绿茶应有的翠嫩色泽，反而变得黑不溜秋，无人问津。

吴老汉不甘心让这批茶叶白白浪费。于是，他抱着侥幸的心理，挑着这些“变质茶”四处寻找买家。然而，几乎所有的茶商都对这些茶叶嗤之以鼻，甚至不愿接受白送。正当吴老汉心灰意冷，准备将茶叶挑回家中自行处理时，一位传教士迎面走来。他对吴老汉的茶叶产生了浓厚的兴趣，不仅仔细嗅闻，还品尝了起来。出乎意料的是，他竟对这批“变质茶”赞不绝口，并愿意高价购买。

吴老汉以为传教士在戏弄他，但当传教士爽快地交钱并承诺包销所有茶叶时，吴老汉确信自己遇到了真正的买家。他欣喜若狂，将这一喜讯与家人分享，全家上下皆大欢喜。

第二天，吴老汉动员全家上山采茶，并特意将茶叶捂红，再按之前的制作方法炮制。这一次，他们成功制出了色泽乌润、香气扑鼻的“乌龙”茶。乡亲们得知此事后，纷纷前来观看并品尝这种新奇的茶叶。当看到茶汤红艳艳、香气四溢时，有人提议将这种茶叶命名为“祁门红茶”，以区别于之前的“乌龙”。

吴老汉欣然接受了这一提议，并带领乡亲们一起投身于红茶的制作之中。从此，祁门红茶便在这片土地上生根发芽。

· 航拍安徽省黄山市祁门县桃源村

祁红是这样制作的

祁门红茶作为中国传统工夫红茶的代表，其采制过程同样蕴含着无尽的匠心。采摘遵循严格的时令与标准，而初制与精制过程，更是历经十多道工序的精心雕琢，每一步都需要投入大量的时间与精力。

采摘

祁红主要选用一芽二、三叶的芽叶为原料，高档茶更是以一芽一叶、一芽二叶初展为首选。在采摘时需采取分批多次且留叶的方式。其中，春茶通常分六至七批进行采摘，夏茶一般采摘六批，至于秋茶，往往会减少采摘次数，甚至不进行采摘。

初制

初制工序包含萎凋、揉捻、发酵、烘干等步骤。萎凋时，芽叶从绿色转为紫铜色，开始散发淡淡茶香；揉捻能破坏茶叶细胞构造，为发酵和内质析出创造条件；发酵是制作红茶的核心环节，祁红发酵时需将室内温度控制在30℃以内，此时茶叶颜色会变红，形成独特的红汤红叶品质；烘干则使茶叶散失多余水分，形成红毛茶。

精制

精制旨在分清长短、粗细、轻重，剔除杂质，提升茶叶品质。祁门红茶精制耗时费力，精制过程复杂，包括十多种工序，因此被称为“工夫茶”。

祁红的冲泡方法

正确的冲泡方法，能够充分展现祁红的品质特点。

茶具选择

白色瓷杯或玻璃杯能够更好地映衬出祁红红艳明亮的汤色，形成“金圈”效果，极具观赏性。

冲泡准备

在冲泡祁红之前，需要对茶具进行温烫处理。

冲泡

冲泡祁门红茶时，首先根据个人口味和茶具大小确定投茶量，通常每杯放入3克到5克茶叶为宜。接着，使用90℃到100℃的水进行冲泡，沸水能更好地激发茶叶的高香，令茶汤浓郁。在进行注水操作的时候，应当沿着茶杯的杯壁慢慢地倒入水，要注意避免让水直接冲击到杯中的茶叶。第一泡一般浸泡3分钟到5分钟，可使茶汤达到理想的香甜度，避免苦涩。

品饮

品饮时先观汤色，再小口啜饮，感受茶汤的醇厚口感和独特香气。

续泡与加奶泡法

祁红一般可以持续冲泡3遍到5遍。后续冲泡时，可以根据个人口味适当调整冲泡时间。

此外，祁红还有一种特别的泡法——加奶泡法，在国外尤为流行。首先要把红茶、开水、牛奶、白糖等材料都准备齐全。接着取4克至5克的祁红，放入茶杯内，再用温度达100℃的沸水注入杯中，随后盖上杯盖，让其闷放5分钟。之后另取一只茶杯，在其中加入适量的牛奶与白糖。之后，用拇指和中指稳稳夹住泡茶杯，食指轻轻压住杯盖，将先前闷泡好的茶水过滤到加了牛奶的茶杯里，最后轻轻搅拌均匀，就可以开始享用了。这种加奶的祁红茶，口感更加丝滑，香气更加浓郁，别有一番风味。

祁红甄选指南

祁门红茶根据外形和内质，被细分为多个等级，包括礼茶、特茗、特级、一级至七级不等。

优质祁门红茶，干茶条索紧细匀整，锋苗秀丽，色泽乌润，宛如“宝光”闪烁，令人赏心悦目。冲泡之后，茶汤色泽红亮，入口滋味醇和鲜爽，更有一股与众不同的兰花香。叶底绝大部分为嫩芽叶，颜色鲜艳，展现出祁门红茶的卓越品质。

然而，市面上也不乏劣质祁门红茶。这些茶叶条索粗松，不匀整，色泽不一，冲泡后的茶汤色泽暗淡，滋味苦涩，香气全无，与优质祁门红茶相比，简直是天壤之别。

因此，在甄选祁门红茶时，应仔细观察茶叶的外形、色泽，品尝其滋味，嗅闻其香气，以辨别其品质优劣。

红茶名品

金骏眉

金骏眉是源自福建省武夷山市的顶级红茶，自2005年问世以来，便在茶界独树一帜，是当之无愧的武夷山正山小种茶中的珍品。

金骏眉之名，蕴含着独特的寓意。因干茶的外形纤细修长，恰似美人之眉，故得名“骏眉”。金骏眉的色泽呈现出黑黄相间的奇妙融合，乌黑之中，丝丝金黄若隐若现，毫香高逸，清新且持久。

金骏眉的原料挑选十分严苛，均来自海拔1200米至1800米的福建武夷山国家级自然保护区内，那些未经污染的原生态茶芽被精心采选，成为制作金骏眉的优质原料。这些茶芽在云雾缭绕、土壤肥沃且生态环境极佳的自然保护区中孕育而生。然而，获取这些茶芽却极为艰难，即便是经验丰富的采茶人，一天也仅能采得大约2000颗茶芽。而制作一斤上等的金骏眉，至少需要5万颗如此珍贵的茶芽，其原料之稀缺，可见一斑。

叶底 芽尖呈现出鲜亮的外观

滋味 鲜活且干爽，同时带有明显的高山韵味

香气 融合了果香、蜜香以及花香等多种香型，形成一种综合的香气

汤色 橙红色，明亮透彻，边缘带有金圈

色泽 金色、黄色和黑色相间，整体看起来色泽饱满且润泽

茶条 形状细紧，同时展现出隽茂的外观，质地重实且稍有弯曲

产地 福建省武夷山市

金骏眉与正山小种的异同

金骏眉

正山小种

金骏眉与传统正山小种在制作工艺方面存在着不少异同之处。

从外观形态上看，金骏眉外形纤细修长，犹如美人的柳眉，并且点缀着金色的毫尖，黑、金、黄三色相互交织，透露出一种精致且高贵的气质；而传统正山小种的外形紧结匀整，略微带有铁青色，触摸起来手感油润，整体呈现出一种宝黑色，蕴含着古朴而醇厚的韵味。

在原料采摘环节，二者虽然都取材于武夷奇种茶树，但在采摘标准和茶树生长环境的要求上却大相径庭。金骏眉对原料的选择极为严苛，首先，茶树必须生长在海拔千米以上的高山竹林边缘处的林下。其次，采茶人仅仅摘取老茶树在春季萌发的单芽。采摘时间也有严格限制，通常在清明过后到五月底这段时间，而且必须要等到太阳升起，茶芽上的露水完全蒸发之后才能进行采摘。相比之下，传统正山小种的采摘标准是一芽二叶或一芽三叶，对茶树生长环境的要求没有那么严格，其春茶的采摘时间一般在 4 月 18 日至 5 月 30 日之间。

制作工艺方面，在萎凋过程中，二者都需要通过萎凋使茶叶失去一定的水分，从而为后续的制作工序做好准备。然而，金骏眉在萎凋时，要么只有小部分进行烟熏处理，要么完全不进行烟熏，如此操作，目的在于有效地留存茶叶自身所具有的花香，进而形成独特的蜜香；而传统正山小种在萎凋时则会采用松柴进行烟熏处理，由此赋予茶叶独特的松烟香。

在揉捻环节，二者都需要通过揉捻使茶汁溢出，不过，由于金骏眉的原料是单芽，所以在揉捻时需要更加精准地把握力度和时间，这样才能形成紧结且纤细的条索；而传统正山小种在揉捻时对力度和时间的把控相对较为宽松。

发酵环节对于二者而言都是形成红茶独特品质的关键步骤。金骏眉的发酵程度相对较轻，目的在于突出茶叶本身的蜜香特色；而传统正山小种则需要发酵到一定的程度，这样才能产生清新的花果香和典型的桂圆汤味。

在烘干环节，二者都是通过烘干来去除茶叶中的水分，进而固定茶叶的形状和品质。金骏眉采用适宜的温度进行烘干，以此来保持其金黄清澈的汤色和甘甜爽滑的滋味；而传统正山小种在烘干之后，可能还会进行熏焙松香的工序，进一步强化其松烟香的特色。

金骏眉的冲泡方法

茶中珍品金骏眉，冲泡过程亦需精心对待，方能品味独特韵味。

茶具选择

泡茶时，宜选用陶瓷盖碗或紫砂壶。在品茶的时候，推荐选用专门用于品饮红茶的杯组，或是高脚透明的玻璃杯。只有这样，当冲泡金骏眉时，才能够尽情观赏金骏眉那芽尖在水中缓缓舒展的美妙姿态。

冲泡准备

准备一个陶瓷茶壶，将热水倒入茶壶进行温杯，而后将热水倒掉。金骏眉为纯手工红茶，一般不用洗茶。若洗茶可能会使茶叶的精华流失，影响口感。水质对于金骏眉的冲泡也至关重要，宜选用优质的山泉水或纯净水，以保证茶汤的纯净与口感的纯正。

冲泡过程

首先，用茶匙小心地将3克金骏眉茶叶从茶荷中轻轻拨进茶壶内。操作过程中动作务必轻柔，毕竟金骏眉的茶叶十分幼嫩，避免因动作过大而造成损伤。在冲泡时，水温应尽量维持在90℃左右。一开始，先用少量的热水对茶叶进行温润，而后再正式注水冲泡。第一泡属于润茶，需快速冲泡后立即倒掉，这一泡的主要作用是唤醒茶叶。到了第二泡，浸泡时间控制在10秒钟左右便可出汤。之后的每一泡，出汤时间可依次略微延长一些。一般来说，金骏眉连续冲泡大约十泡之后，茶汤依然能够保持甘甜。

品茶

茶汤入口后甘甜爽滑，悠悠甜香在口中散开，夹杂着花果味，如同山间的清泉流淌过味蕾，让人仿佛置身于武夷山间的茶园之中。

红茶名品

宜红

宜昌工夫红茶简称宜红，作为中国工夫红茶里的明星品类，在茶界声名远扬。其历史可追溯至19世纪中叶，伴随汉口作为通商口岸的开放与英国对红茶需求的增长，湖北宜昌这一红茶转运枢纽应运而生。

清代中期，工夫红茶制作工艺自福建武夷山传出，经江西、安徽等地，最终在湖北西部、湖南北部交界处的武陵山区与大巴山区落地生根。广东商人与祁门红茶师傅携手，共同创造了宜红这一中国工夫红茶。

宜红自诞生起就以出口为主，与宁红、祁红共同支撑起中国出口红茶的市场。历经20世纪的兴衰起伏，宜红在中华人民共和国成立后迎来复兴，如今在国内外市场上均享有盛誉。

叶底	色泽红亮，质地柔软
滋味	甘甜且清新爽口
香气	茶香中隐约透露出玉兰花的香气
汤色	色泽红艳，明亮夺目
色泽	乌润且金毫显露，有光泽
茶条	紧结秀丽，外形美观
产地	武陵山区与大巴山区的低山与半高山区

清代宜红的生产和贸易

在宜红的产区，民间流传着反映茶农生活的采茶歌："采茶去，去入云山最深处。年年常作采茶人，飞蓬双鬓衣褴褛。采茶归去不自尝，妇姑烘焙终朝忙。须臾盛得青满筐，谁其贩者湖南商。好茶得入朱门里，瀹以清泉味香美。"这首歌谣生动地展现了茶农们艰苦的生活。他们年复一年深入山林采茶，生活的艰辛使他们衣衫褴褛。辛苦采摘的茶叶，自己却无暇品尝，妇女们忙着烘焙，最终茶叶被卖给湖南商人，这些好茶流入富贵人家，成为他们清泉香茗的享受。

清代长乐县令李焕春的《竹枝词》描绘了宜红茶区女子采茶的场景："深山春暖吐萌芽，姊妹雨前试采茶。细叶莫争多与少，筐携日落共还家。"呈现出茶区女子在春日深山中，结伴采茶，不重数量，只在日落时满载而归的恬静画面。

清代光绪年间田卓然所著《田氏一家言》中的《售红茶》，反映了宜红在历史发展过程中所经历的中外文化与贸易碰撞。"红茶红茶难为商，购自山中售外洋。外人嗜茶如性命，大宗出品颇擅场。迩来亦自精种植，毕竟无如中国良。商人挟资居奇货，竞赴山中亲督课。"诗中体现了宜红在国际贸易中的重要地位。当时，外国人对茶叶的喜爱促使中国的宜红大量出口，商人们看到商机纷纷进山监督生产。同时，外国人也尝试自行种植，但品质远不如中国所产。此外，"粒粒匀净贮成箱，运程远近畴复计。特色洋商海上来，楼榭玲珑无点埃。包揽联邦扼我项，惟凭洋奴金口开。"反映了中国茶商在茶叶贸易中受到洋商控制的情况。

宜红是这样制作的

宜红的制作工艺精湛，分为初制与精制两大阶段。

初制

初制涵盖鲜叶采摘、萎凋、揉捻、发酵及干燥等环节。

制作宜红的鲜叶，需细嫩匀净，以黄绿色的一芽二、三叶为标准。优选的茶树品种，叶质柔软肥厚，多酚类化合物含量高，尤其适合夏季采摘。采摘后，鲜叶需薄摊，部分初制厂还采用贮青槽以保持鲜度，降低劳动强度。

现代初制厂则多采用萎凋槽加温萎凋，温度控制在35℃左右，春季需适当加温但不超过30℃，萎凋时间一般为6小时至12小时。萎凋程度需遵循"嫩叶老萎，老叶嫩萎"原则，以含水量、叶象变化、色泽及香气为判断依据。

现代揉捻多采用机械揉捻，遵循快速低温、轻—重—轻的加压原则。揉捻室需保持20℃左右的室温，85%以上的湿度，以确保揉捻效果。当芽叶紧密卷曲成条索状，不见松散与折叠现象，同时有茶汁渗出，并且松开手后茶叶依然保持条索形态而不散落，这便是揉捻达到适度的标志。

发酵多采用可控发酵方式，通过发酵机控温、控时，确保叶温30℃、湿度≥95%，发酵室温度28℃左右，相对湿度95%以上，空气新鲜，以形成红叶红汤的品质特点。

干燥工序极为关键，目的在于将毛茶含水量降至约6%。如此一来，能让茶条紧缩，减小体积，固定茶叶外形，保证茶叶充分干燥，避免发霉变质，利于储存与运输。同时，在干燥时，大部分低沸点的青草味会散发出去，而高沸点的芳香物质则被激发并留存，赋予红茶特有的甜香。

干燥分毛火与足火两步开展。毛火遵循高温快速原则，足火则秉持低温慢烤原则。

精制

精制是宜红红茶品质提升的关键阶段，分为筛分、拣剔和成品处理三个工段，共13道工序。

筛分环节由一系列工序构成，涵盖毛筛、抖筛、分筛、紧门、套筛、撩筛、切断以及风选等。通过筛分，将茶叶按照大小、形状进行分级，去除杂质和不符合要求的茶叶。

拣剔工段包括机械拣剔和手工拣剔两道工序。机械拣剔利用机械设备去除机械杂质和不符合品质要求的茶叶。手工拣剔则是由经验丰富的制茶师去除残留的杂质和不合格的茶叶。

成品工段包括补火、并堆和装箱三道工序。补火是对茶叶进行最后的烘焙处理，以提高茶叶的香气和口感。并堆这一工序，是把完成补火的茶叶集中在一起搅拌混合，让茶叶整体品质趋于均一稳定。

经过初制和精制两大阶段的精心制作，宜红红茶最终呈现出紧结细长、色泽乌润、香气浓烈、滋味醇厚的独特品质。

宜红的冲泡方法

冲泡宜红的过程中，可以感受自然之美，品味到传统工艺的韵味。

精心准备

准备2克至3克宜红茶，配以茶荷、透明玻璃杯、茶匙及茶巾等。

轻柔投茶

用茶匙轻轻将茶荷中的宜红茶叶拨入透明玻璃杯中。投茶时需动作轻柔，以免茶叶破碎，影响冲泡效果。

温润醒茶

先向杯中注入少量沸水，轻轻浸润茶芽。静待10秒后，以高冲法注入70℃的热水，斟至茶杯七分满即可。茶叶在水中翻腾舒展，内质缓缓释放，茶香四溢。

赏茶之美

热水倒入茶杯后，茶叶逐渐吸水下沉，条条挺立轻盈。

细品茶香

以闲适心态，慢慢品尝宜红茶。茶汤醇香带清新，口感独特。茶底暗红整齐，如玉般亮润。高档宜红茶汤冷却后还会呈现浆黄色的浑浊现象。

红茶名品

宁红

宁红是我国最早的工夫红茶之一，在我国茶类中占据重要一席。宁红产于江西省九江市修水县，修水县的红茶生产始于清道光年间。到19世纪中叶，宁州（今属江西）工夫红茶已声名远扬。1914年，宁红在上海赛会上大放异彩，荣获“茶誉中华，价甲天下”的殊荣，这一荣誉足以证明宁红在当时茶界的卓越地位。

江西省九江市修水县山川秀丽，气候温和且雨水充沛，土壤多为红壤和黄壤，为茶树生长提供了优良条件。而且当地植被繁茂，森林覆盖率高，良好的生态环境让茶叶在生长过程中能充分汲取自然养分，为宁红的品质奠定了基础。

叶底	呈鲜艳的红色，色泽明亮且形状均匀
滋味	口感醇厚、浓郁且甘甜
香气	浓郁且持久不散，类似于祁门红茶的香气
汤色	颜色鲜艳，呈现出红色且明亮的色泽
色泽	黑且带有油亮光泽
茶条	锋苗笔直有力，形态挺秀，略微有红色的纤维
产地	江西省九江市修水县

宁红的历史和发展

唐代，修水县已是茶叶的重要产区，茶叶产量颇为可观。宋代，修水县所产的“双井茶”已经名扬海内，誉满朝堂。北宋著名诗人、书法家黄庭坚就是修水双井人，他曾将双井茶赠予苏东坡，并赋诗赞美。

晚清时期，宁红声名鹊起。经过精制后的宁红，外形秀丽、色泽乌润、香高持久、叶底红亮、滋味醇厚，备受赞誉。宁红的产量巨大，甚至一度成为修水的主要经济支柱。其中，“太子茶”更是宁红中的佼佼者，多次在国内外茶叶比赛中荣获大奖。

随着抗日战争的爆发，茶农流离失所，漫山茶园也荒废了。同时，印度、日本等国的茶叶乘机挤进国际市场，宁红的外销受到了严重冲击，全县的茶园面积和茶叶产量都大幅下降。

中华人民共和国成立后，宁红的生产得到了迅速恢复和发展。经过多年的努力，宁红重新崛起，成为全国工夫红茶中的佼佼者。

宁红的传说趣谈

宁红背后蕴含的历史传说充满了神秘色彩。

唐太宗赐名“宁红”

传说，唐太宗曾征战至江西义宁州漫江地区。不巧的是，他突然身染重病，卧床不起，军营内顿时陷入一片混乱。闻讯而来的当地百姓纷纷慷慨相助，采用当地独有的变色茶药为唐太宗精心熬制茶汤。数杯茶汤下肚，唐太宗顿感神清气爽，病痛全消。为报答百姓的救命之恩，唐太宗将此茶命名为“宁红”，“宁”字象征百姓安宁生活，“红”字既寓含吉祥之意，又形象地描绘了茶汤之色。自此，宁红声名鹊起，成为人们心目中的吉祥之饮。

李自成与“漫江红”

传说，明末农民起义领袖李自成在山海关大战失利后，率部逃亡至九宫山。当部队途经漫江茶园时，茶农们因不明来兵身份，纷纷躲入深山。而刚采摘的“谷雨尖”茶芽因来不及转移，被遗留在茶房。待部队撤离后，茶农们发现茶芽已自然发酵。面对辛苦采摘的茶叶即将报废，茶农们心痛不已。为避免浪费，他们决定尝试加工这些发酵的茶叶。不料，这一无奈之举，竟让茶叶变得红润，并散发出独特的香气。此后，家家户户纷纷效仿，将新茶发酵后再制作，使原本的“漫江绿茶”华丽转身，成了“漫江红茶”。

宁红是这样制作的

修水县地处亚热带季风气候带，四季温润，雨量充沛，得天独厚的生态环境为茶树生长提供了优越条件，孕育出宁红茶香浓郁、滋味醇厚、汤色红亮的品质特征，精湛的制茶工艺则进一步放大了其天然优势。

采摘

宁红以本土宁州小种茶树鲜叶为原料，于清明前后精选初展嫩芽采摘。

萎凋

传统萎凋工艺需要依托筛盘、地簟等竹木工具，在宽敞的空间中进行，必须确保鲜叶能均匀失水，才能保留天然花果香。现代茶厂则引入温湿度调控设备，通过精准控制通风与摊晾时长，显著提升萎凋效率与均匀度。

揉捻

揉捻是塑形提香的关键环节。传统手法通过力道与节奏控制，塑造茶叶紧结秀丽的外形，激发内含物质转化；当代机械揉捻则依托可调压力与时长设定，实现标准化生产，稳定条索形态与滋味醇厚度。

发酵

发酵赋予宁红标志性的红艳汤色与甜醇风味。传统发酵依赖自然温湿度调控，现代则通过专业发酵室精准模拟最佳环境，结合实时监测技术，规避外界干扰，确保发酵均匀充分。

干燥

干燥环节从炭火烘焙发展为自动化控温技术烘焙。新型烘干设备可分区调节热风强度，同步完成脱水与定香，既保留茶叶活性成分，又实现连续化高效生产。

宁红的冲泡方法

想要冲泡出一杯完美的宁红，需要遵循一定的步骤和技巧。

准备阶段

第一步，务必要保证每一件茶具都洁净无污。选用一只瓷质细腻、色泽均匀的茶杯，以及适量的宁红，每人二三克为宜。同时，准备一壶刚烧开的沸水、一个茶盘、一把茶匙以及一条茶巾。

投茶

用茶匙轻轻地将宁红从茶叶罐中取出，避免茶叶破损。将茶叶小心地放入茶杯中，观察茶叶的条索紧结程度和色泽乌润度。此时，可以轻轻嗅闻茶香，感受茶叶的自然香气。

冲泡

将刚烧开的沸水缓慢地倒入茶杯中，注意水流要均匀且轻柔。沸水与茶叶接触后，茶叶会迅速吸水膨胀，开始释放香气。此时，可以观察到茶叶在水中翻腾、舒展的景象。

分茶

待茶汤颜色变得橙红明亮时，即可将茶汤倒入另一个干净的杯子中。注意分茶时要适量，以七分满为宜，留出足够的空间让茶香充分散发。

品茶

当茶汤温度适中时，即可开始品茶。宁红的滋味醇厚甘爽，入口后茶香四溢，回味悠长。

第四章

香气四溢——乌龙茶

乌龙茶，作为中国六大茶类之一，不仅承载着人们对茶香的无限追求，更见证了中华茶文化的传承与发展。其制作工艺繁琐而精细，采摘、晾晒、发酵、烘焙，每一步都凝聚着茶农的智慧与匠心。从福建武夷山的云雾缭绕，到福建安溪的青山绿水；从广东潮州的古色古香，再到台湾阿里山的山灵水秀……乌龙茶遍布于中国东南部的各大名山秀水之间。这些产区的独特地理环境、气候条件以及人文底蕴，共同赋予了乌龙茶难以替代的风味与魅力。

馥郁风韵

乌龙茶的特性

乌龙茶韵味独特，是茶文化中的一道亮丽风景线。它介于绿茶与红茶两者之间，属于半发酵茶的一种，也被称为“青茶”。独特的发酵工艺赋予了乌龙茶既清新又醇厚的魅力，让其在茶的世界里独树一帜。

乌龙茶的口感

乌龙茶的发酵度大约在 20% 左右，这一恰到好处的发酵程度，使得乌龙茶既保留了绿茶的清新自然与鲜爽甘冽，又融入了红茶的醇厚甘甜与馥郁芬芳。因此，在口感上，乌龙茶呈现出醇厚与清爽并存的特点。茶汤入口，还会渐渐在口中散发出甘甜的味道，即所谓的“回甘”。

乌龙茶的香气

乌龙茶的香气独特且丰富，主要源自制造香、品种香与风土香三大方面。制造香是通过半发酵与炒制等精湛工艺激发出的茶香；品种香则是茶树品种自身遗传特性所决定的，如水仙茶的兰花香、铁观音茶的兰桂混合香、黄旦茶的蜜桃香等，这些香气在冲泡时充分展现，令人陶醉；而风土香则是由优越的气候、土壤等自然环境所生成的天然香气，使得特定产地的乌龙茶具有难以复制的独特风味。高级乌龙茶通常三香交织，与众不同。

乌龙茶的价值

乌龙茶不仅口感独特，还具有丰富的营养价值和多种保健功效。

预防龋齿

茶叶中富含氟化物，当乌龙茶被冲泡时，茶叶中的氟化物约有 40% 至 80% 能溶解于开水之中，这些氟化物非常容易与牙齿中的钙质相结合，从而在牙齿表面形成一层坚固的氟化钙保护层。

提神益思

乌龙茶中的咖啡碱能够刺激人的中枢神经系统，提高警觉性和注意力，有助于提神醒脑，缓解疲劳。

消食去腻

乌龙茶中的茶多酚等物质具有促进肠道蠕动和分泌胃液的作用，从而有助于消化食物。同时，它还能减少脂肪的吸收，促进脂肪代谢，达到减肥健美的效果。

生津止渴

乌龙茶可以刺激口腔与喉咙部位的黏膜，促进唾液的分泌，达到生津止渴的目的。同时，它还有利尿功能，有助于排出体内多余的水分和毒素。在炎热的夏季，饮用乌龙茶还能起到解热防暑的效果。

杀菌消炎

乌龙茶中的茶多酚等天然化合物具有抗氧化、抗炎的作用。它们能够抑制体内有害细菌的生长，减轻炎症反应，并有助于解毒防病。

有助于预防疾病

乌龙茶能够降低血液中的胆固醇和甘油三酯含量，有助于预防心血管疾病。此外，乌龙茶中的抗氧化物质能够清除体内自由基，减少细胞氧化损伤，从而起到延缓衰老的作用。

乌龙茶的颜色

乌龙茶在制茶过程中，叶片边缘因氧化作用而呈现红褐色，中心部分则依旧保持鲜绿的色泽，犹如绿叶镶嵌着红边，让人一眼难忘。

乌龙茶茶汤的颜色同样丰富多变，因产地与品种的不同而展现出各自的魅力。从清新淡雅的浅黄色到温暖浓郁的橙红色，每一种色调都像是大自然调色板上的杰作。一般来说，干茶的颜色越偏向绿色，说明其发酵程度较轻，冲泡出来的茶汤色泽也相对清淡；反之，当干茶呈现褐绿、褐红乃至乌润的色泽时，则表明其经历了更深的发酵过程。

怎样选出好乌龙茶

选择优质的乌龙茶是一门艺术，既需要对茶叶有一定的了解，也依赖于个人的品味偏好。

观验干茶

外形

- 次：次品则条索松散，轻盈无实。
- 优：优质乌龙茶条索紧实卷曲，肥壮有力。

色泽

- 次：次品则色泽暗沉，如乌褐、褐色乃至赤红、铁色等。
- 优：优质乌龙茶色泽砂绿乌润或青绿油亮。

香气

- 次：次品则可能带有烟味、焦味或青草味等异味。
- 优：优质乌龙茶往往带有自然的花香，香气清新雅致。

品评茶汤

汤色

- 次：次品则可能泛青、红暗，茶汤浑浊，沉淀物多。
- 优：优质乌龙茶茶汤清澈明亮，无论浓淡都能展现出独特的韵味。

滋味

- 次：次品则滋味淡薄，甚至有苦涩味。
- 优：优质乌龙茶茶汤醇厚、鲜爽、灵活，口感丰富多变。

叶底

- 次：次品则可能呈现暗绿或暗红色，缺乏生机与活力。
- 优：优质乌龙茶叶底『绿叶红镶边』，红处色泽明亮。

匠心独运

乌龙茶的工艺

乌龙茶制作工艺的特殊之处在于其通过半发酵的方式，使茶叶产生了独特的香气和滋味。在制茶过程中，制茶师傅们可以根据鲜叶的状态、天气条件以及个人对风味的追求，灵活调节力度、时间、温度等各种参数，创造出千变万化的风味类型。

第一步：萎凋

萎凋主要分为日光萎凋与室内萎凋。日光萎凋，亦称晒青，是将采摘的鲜叶放置在通风顺畅的区域，利用自然光照进行萎凋，下午四点左右柔和的阳光最为适宜；室内萎凋也称凉青，则是在室内让鲜叶自然地发生萎凋变化，这种方法在乌龙茶的制作中十分常见。

第二步：做青

这是乌龙茶制作中最具特色的步骤之一，主要是将萎凋的茶叶进行多次摇动，然后静置发酵，又称为“摇青”。在摇青过程中，茶叶被置于竹篓或机械装置中轻轻摇晃，这一动作不仅促使茶叶边缘相互摩擦，让细胞受损并释放出内含物质，还加速了酶的氧化反应，从而孕育出独特的香气。此过程通常需要重复四五次，每次摇动的力度、持续时间以及随后的静置时间均需依据茶叶的实际状况灵活调整，旨在精准把控，以达到香气与口感的完美平衡。

第三步：杀青

当茶叶的香气逐渐达到理想状态时，便进入了至关重要的杀青环节——旨在通过高温快速处理，有效地破坏茶叶中的酶活性，从而即刻停止其发酵过程，防止茶叶继续变红，确保茶叶保持原有的鲜绿色泽与馥郁香气。

杀青的方法主要分为锅式杀青和滚筒杀青两种。无论采用哪种方式，都需严格遵循高温短时的原则，力求在短时间内将茶叶均匀且彻底地杀青。这要求操作者技艺精湛，既要确保茶叶被“杀透”，即酶活性得到全面抑制，又要避免过度杀青或杀青不均，以免影响茶叶的最终品质。

第四步：揉捻

揉捻是乌龙茶初制的塑形工序，杀青后的茶叶趁热揉捻，使叶片卷曲成条形或其他形状，有助于后续干燥时更好地塑造茶叶形态，同时也促进了细胞壁破裂，有利于香气物质的释放。

第五步：烘焙

最后一道工序是烘焙，目的是去除多余的水分，进一步提升茶叶的香气，同时便于储藏。烘焙的过程就像给茶叶注入灵魂，使其在火候的淬炼下绽放出最迷人的光彩。

茶韵流芳

历史中的乌龙茶

福建，这片云雾缭绕的灵秀之地，是乌龙茶的原产地。乌龙茶的发展与福建茶叶生产史紧密相连，交织成一幅跨越千年的壮美画卷。从唐代文人孙樵笔下赞誉有加的“晚甘侯”武夷茶，到宋元时期北苑茶与武夷茶相继成为皇室贡品，福建茶叶的卓越品质与精湛工艺已然名扬四海。明清时期，福建乌龙茶的制茶工艺更是达到了炉火纯青的地步。它不仅在福建本土繁衍生息，更扩展至潮州、台湾等地，形成了各具特色的乌龙茶品类。

暗中萌芽

福建省西北部的武夷山，自古以来便以其卓越的茶叶品质享誉天下。唐元和年间（806—820 年），文人孙樵在《送茶与焦刑部书》中写道：“晚甘侯十五人，遣侍斋阁。此徒皆乘雷而摘，拜水而和。盖建阳丹山碧水之乡，月涧云龛之品，慎勿贱用之！”孙樵将武夷茶称为“晚甘侯”，寓意着甘香浓馥、美味无穷。虽然此时乌龙茶尚未完全形成，但武夷茶已经因其独特的风味受到文人的青睐。

名声大噪

宋代是中国茶文化的一个高峰时期，寺庙和农家开始重视茶叶种植与制作，并能鉴别和评价茶叶品质。福建的北苑茶此时成了皇室贡茶，其制作工艺和技术达到了极高的水平，一时名声大噪。北苑与武夷山相近，两地的制茶技术和风格相互影响，促进了当地茶叶生产的发展，为乌龙茶的诞生奠定了坚实基础。

远播海外

元代，随着武夷“御茶园”的设立，武夷茶又成为皇室贡品，并逐渐发展出独特的岩茶风格。明末清初，随着海禁政策的松弛，武夷茶通过“万里茶路”远销至欧洲，成为中国茶文化的国际名片。这条长达 5000 多千米的贸易路线，不仅促进了东西方文化的交流，也使得武夷茶的声名远播。此时，世人几乎只知武夷茶而不知北苑茶了。

凤凰涅槃

明末清初，潮州地区出现了用做青法炒制的“黄茶”，这正是潮州乌龙茶的始祖。随着时间的推移，凤凰单丛等特色乌龙茶品种逐渐形成。鸦片战争前，潮州乌龙茶如凤凰单丛已开始走向国际市场，畅销欧洲、美洲、非洲及东南亚各地。潮州乌龙茶的发源地凤凰山，因其独特的自然环境和茶树品种，孕育出了别具一格的茶香风味，形成了中国乌龙茶的重要代表之一。

香飘万里

到了清代，乌龙茶在福建省东南部的安溪县迎来了辉煌时刻。安溪不仅定型了乌龙茶的制作工艺，还培育出了名扬四海的铁观音。19 世纪，安溪茶叶畅销海内外，通过厦门、广州等口岸大量出口至欧美及东南亚地区，成为中国茶叶外销的重要组成部分。据记载，光绪三年（1877 年），英国从厦门口岸运走的乌龙茶高达 4500 吨，其中安溪乌龙茶占 40% 至 60%，可见当时乌龙茶在海外的畅销程度。

后起之秀

17 世纪荷兰殖民统治时期，台湾尚未有茶树栽培记录。郑成功收复台湾后，福建移民带来了乌龙茶树种和制茶技术，开启了台湾植茶的新篇章。清嘉庆年间 (1796—1820 年)，福建商人柯朝氏将闽茶种引入台湾，被大部分人认为是台湾北部植茶之始。进入 20 世纪，台湾乌龙茶凭借其独特的风味和高质量，在国际市场上占据了重要地位。特别是冻顶乌龙茶，因其生长在海拔较高的冻顶山，加上当地温和的气候条件，形成了独特的香气和口

· 宋代《博古图》 刘松年作 台北故宫博物院藏

乌龙茶名的由来

乌龙茶的历史源远流长，在其近千年的发展过程中，留下了诸多美丽而神奇的传说。关于“乌龙”这一名称的由来，流传着几种不同的说法，每一种都蕴含着独特的文化和故事。

茶人说

明成化年间（1465—1487年），福建省安溪县西坪镇南岩村有一位名叫苏良的茶农，他不仅是种茶高手，也是打猎能手。因他皮肤黝黑、体格健壮，村民们亲切地称呼他为“乌良”。有一年的春天，苏良像往常一样上山采茶，中午时分，一头山獐突然出现并逃窜入林中。苏良紧追不舍，最终成功捕获猎物。当他带着猎物回到家时天已黑尽，由于忙于处理野味，苏良完全忘记处理当天采摘的茶叶。

第二天清晨，苏良一家人才想起昨天未及时处理的茶青。令人惊讶的是，那些放置了一整晚的鲜嫩叶子竟然已经边缘泛红，正散发着一阵又一阵的清香。制成的茶叶与以往相比，感受不到任何的苦涩滋味。经过反复试验，他们发现了这种半发酵茶的独特魅力，并逐渐完善了制作工艺，从而创造出了品质优异的茶叶新品类。

茶树说

根据1937年庄灿彰在《安溪茶业调查》中的记载，软枝乌龙茶树最初是由安溪人苏龙从安溪移植到建瓯的。当地茶农发现该品种优良，便开始大量繁殖栽培。为了纪念这位传播者，人们以苏龙名字的谐音“乌龙”来命名茶树品种及其制成的茶品。1942年的《崇安县新志》也记载了武夷乌龙茶树是从建瓯移植而来，进一步印证了这种说法。

地名说

“乌龙”一词最早出现在北宋刘弇的《龙云集》中，其中提到“乌龙”是当时十个著名产茶地之一。在中国历史上，“乌龙”作为地名广泛存在，例如福州的乌龙江、庐山的乌龙潭以及浙江建德的乌龙岭等。古人习惯用地名来称呼当地的特产，因此“乌龙”也可能源于某个特定的茶叶产区或山脉名称。尽管当时的乌龙茶制作技术尚未成熟，但以地名称茶的习惯却早已存在，这可能是“乌龙茶”名称来源的又一解释。

山川蕴香

中国乌龙茶产区分布

中国是全世界唯一生产乌龙茶的国家，根据产地的不同，乌龙茶主要分为福建乌龙茶、广东乌龙茶和台湾乌龙茶三大类。这些地区不仅是中国气温较高的茶区，拥有热带季风气候和亚热带季风气候，而且土壤条件优越，大多为砖红壤和赤红壤，部分为黄壤，非常适合乌龙茶树的生长。

铁观音　黄金桂

福建乌龙茶区

福建是中国乌龙茶的主要产区，占乌龙茶总产量的80%。福建乌龙茶的优势种植区域集中于武夷山脉、戴云山脉和博平岭，这里不仅是乌龙茶的主产区，也是种质资源的宝库。同时，福建乌龙茶区还可以进一步细分为闽北和闽南两大茶区，其中闽北的武夷山、建瓯等地，闽南的安溪、永春等地，均为乌龙茶的重要产地。

安溪

安溪，坐落于中国东南丘陵地区，紧依戴云山脉的东南麓，其地势西北高峻，以太华尖为最高峰，海拔高达1600米，而东南部则以低矮的红土山丘为主，全县平均海拔约300米。依据地形地貌及地理位置，安溪传统上被划分为内安溪与外安溪两片区域。内安溪年平均气温16℃至18℃，年降雨量达1800毫米，相对湿度超过80%；而外安溪年平均气温略高，为19℃至21℃，年降雨量稍减至1600毫米。这样的土壤与地理条件，为茶树的生长提供了得天独厚的自然条件。

安溪茶树的栽培尤为注重生长年代的更新与修剪管理，修剪高度相对较低。整个栽培过程遵循着一套严格的程序：从择地整园开始，到精选苗木进行种植，再到分阶段的精心管理。优质茶叶大多产自海拔600米至1000米的山地茶园。山顶覆盖着茂密的树林，山脚下流淌着清澈的溪流，而山坡上则布满了层层叠叠的阶梯式茶园。一眼看去，树木葱郁，绿意盎然，景色清新宜人。每年茶叶可采摘四次，采摘季节从三月的清明开始，一直持续到十月的白露。

安溪茶王赛

每年春秋两季茶叶丰收的时节，安溪最引人注目的茶俗——茶王赛便如约而至。这场盛大的赛事不仅吸引了茶农们的积极参与，还汇聚了众多观众的目光。茶农们携带自家精心制作的上乘茶叶，共同参与这场由茶师主持的品鉴盛会。茶王赛的形式多样，规模各异，既有民间自发组织的赛事，也有官方推动的盛会。无论是村落间的小范围比拼，还是跨区域的较量，县级、省级乃至全国性的赛茶活动，都聚焦于同一茶类或同一茶种的较量。在品鉴过程中，专家从茶叶的“形态、色泽、香气、韵味”等多个维度进行细致入微的品鉴，优劣立判。

尤为值得一提的是，荣获“茶王”殊荣的茶农，会身着礼服，头戴礼帽，胸前佩戴着鲜艳的红绸带，手捧荣誉证书，满面春风地坐上独具民间特色的茶王轿。此时，由数百乃至上千人组成的彩旗队、管乐队、锣队、舞狮队簇拥着茶王轿，一路上吹吹打打，热闹非凡，队伍穿街过巷，绕村而行，处处洋溢着欢庆的氛围，将这份荣耀与喜悦传递给每一个人。

武夷山

武夷山拥有三十六峰、九十九岩的壮丽景观，茶树巧妙地生长在岩壁之间，宛如盆景般点缀着山间，形成了独特的盆景式茶园。茶区的茶园土壤富含砂砾，通透性极佳，钾锰元素丰富，酸度恰到好处。这里年均气温稳定在17.9℃，昼夜温差显著，早晚凉爽，正午温暖。年均降雨量介于1800毫米至2200毫米之间，空气湿度大，岩泉终年不息，滋润着茶园，使土壤保持湿润。

武夷山的茶依产区之别，分为正岩茶、半岩茶和洲茶。正岩茶出自海拔较高的慧苑坑、牛栏坑、大坑口以及流香涧、悟源涧等地，这些地方被誉为“三坑两涧”，所产茶叶香气高扬，滋味醇厚。半岩茶，又称小岩茶，产于海拔较低的青狮岩、碧石岩、马头岩、狮子口及九曲溪一带，品质虽不及正岩茶，却也独具风味。洲茶则产自崇溪、黄柏溪两岸的砂土茶园。正岩茶以它独有的“岩骨花香”而闻名，茶汤浓郁且顺滑，香气清新幽远，回甘不仅快速而且持久，其滋味悠长，具有显著的“岩韵”特征。而半岩茶和洲茶则“岩韵”较弱或缺失。

武夷山茶区地形复杂多变，岩茶区充分利用幽谷、深坑、岩隙、山坳及缓坡山地进行种植。茶园、水沟、道路布局自然和谐，流水顺地势汇聚，道路曲折有致，林木葱郁，茶树与岩石相映成趣，构成一幅幅天然的山水画卷。

武夷山斗茶赛

每年夏秋两季，武夷山都会迎来一场盛大的茶事庆典——武夷山斗茶赛。这一赛事由多个重量级单位联合举办，旨在弘扬茶文化，推动茶叶品质的提升。

斗茶赛的历史悠久，其源头可追溯至古代的斗茶活动，福建人称之为“茗战”，亦称“点茶”或“点试”。这一传统活动最早在唐代兴起，至宋代在贡茶之乡的建州北苑龙焙和武夷山茶区达到鼎盛。因此，当今的武夷山斗茶赛与宋代的斗茶活动有着千丝万缕的联系，是对古代茶文化的一种传承与发扬。

在斗茶赛中，主办单位会邀请相关领域的专家担任评审，对参赛的茶叶进行严格的品鉴。参赛的茶叶种类繁多，包括大红袍、肉桂、水仙、白鸡冠等，每一款茶叶都代表着茶农们的辛勤付出与精湛技艺。经过激烈的角逐，最终会评选出状元、金奖、银奖、优质奖等多个奖项。获奖产品不仅品质卓越，而且各具特色，令人赞叹不已。

白鸡冠
水仙茶
肉桂茶
大红袍

· 武夷山大红袍茶园

·广东省潮州市凤凰山茶田

广东乌龙茶区

凤凰单丛

凤凰水仙

广东乌龙茶区的核心地带坐落于粤东茶区，尤其是潮州的凤凰山，那里是广东乌龙茶的主要产地。凤凰山地区气候温和宜人，加之土壤富含各类矿物质，为茶树营造了一个理想的生长乐园。

凤凰山茶区的海拔为400米至1497.8米，全年温暖湿润。这里年平均气温稳定在20℃至22℃，年均降雨量高达2161.1毫米，空气相对湿度保持在80%左右。凤凰山的形成历史悠久，岩石经过长时间的风化作用，表层物理风化持续进行，形成了独特的地理环境。土壤主要为红壤和黄壤，众多茶园的表土层源自片麻岩、砂岩、花岗岩的风化产物，土层深厚且富含有机质，为茶树提供了充足的养分，确保了茶叶的卓越品质。

台湾乌龙茶区

台湾乌龙茶产区位于北部茶区，以新竹、台北、桃园、苗栗、南投等地为主，还包括嘉义梅山、花莲舞鹤、台东鹿野等地。在这片土地上，高山茶与平地茶各领风骚，而高山茶凭借其得天独厚的海拔优势，赢得了广泛的赞誉。

台湾的高山茶区主要坐落于阿里山山脉、玉山山脉、雪山山脉、中央山脉及台东山脉之中，海拔介于1000米至1400米之间，年平均气温稳定在22℃左右。这里气候宜人，雨量充沛，植被繁茂，云雾缭绕，四季不绝，为茶树提供了独一无二的生长环境。在这样的自然条件下孕育出的高山茶，口感醇厚饱满，香气馥郁持久，堪称台湾乌龙茶中的翘楚。根据业界定义，台湾高山茶特指那些采用海拔1000米以上茶园中精心栽植的茶叶为原料，经过特殊工艺制作而成的半球形乌龙茶。尽管高山茶的发酵程度因制作工艺的不同而有所区别，但它们都保留了乌龙茶特有的风味与香气，让人回味无穷。

冻顶乌龙

高山乌龙

· 南投县竹山镇八卦茶园

乌龙茶名品

铁观音

铁观音，又称红心观音、红样观音，其独特的“观音韵”经久不散，留下了无尽的清香雅韵。福建省安溪县出产的铁观音广为人知，它不仅被视为乌龙茶中的瑰宝，还被列入中国的十大名茶之一。安溪铁观音的创制可追溯至清乾隆年间，它集甘醇与清香为一体，创造出一种难以言喻的感官盛宴——七次冲泡之后仍有余香缭绕，饮后口中满溢芳香，生津止渴，回味悠长。

叶底	肥厚软亮
滋味	醇厚无比，稍带蜜味，回甘鲜爽
香气	浓郁持久，带兰花香
汤色	金黄明亮，如同琥珀
色泽	油润，鲜活，呈砂绿色
茶条	肥壮圆紧，结实沉重，形似「蜻蜓头」
产地	福建省泉州市安溪县

铁观音的传说趣谈

铁观音不仅韵味独特，还有着传奇的身世。

观音托梦

据传，雍正末年，安溪尧阳松岩村住着一位名叫魏荫的老茶农。魏荫不仅是一位勤劳的种茶人，还是一位虔诚信徒，对观音菩萨怀着深深的敬意。每天早晚，他都会在家中的观音像前供奉一杯清茶，这份虔诚持续了几十年，从未间断。一天夜晚，魏荫在梦里看见自己拿着锄头走到了一条溪流边。在月光的照耀下，他发现石缝中生长着一株奇异的茶树，枝叶繁茂，香气如兰，芬芳四溢，与他平日所见截然不同。

次日清晨，魏荫依梦中记忆寻觅而去，竟真的在石隙间发现了那株茶树。魏荫将这株茶树小心翼翼地挖出，带回家中，种在了一口小铁鼎里，悉心照料。因为这茶是观音菩萨托梦所赐，他便满怀感激地将这株茶树命名为“铁观音”。

乾隆赐名

据说，雍正年间，安溪的仕人王士让在南山脚下建造了一座书房，取名“南轩”。到了乾隆元年（1736年）的春天，王士让在一片荒园的层石间偶然发现了一株与众不同的茶树——枝叶繁茂，叶片圆润而红心，散发着独特的韵味。王士让将这株茶树移植到南轩的茶圃中，精心培育。几年后，这株茶树愈发茂盛，枝叶如盖，香气四溢。采制而成的茶叶乌润肥壮，冲泡后香气扑鼻，滋味醇厚，令人陶醉。

乾隆六年（1741年），王士让奉旨入京，谒见礼部侍郎方望溪。他将这种独特的茶叶送给方望溪品尝，方望溪觉得滋味非凡，遂将其进献给乾隆皇帝。乾隆皇帝饮后大加赞赏，询问此茶的来历。因为这种茶叶色泽乌润、质地坚实，沉甸甸的如同铁块，并且香气与形态很美，极似观音，所以乾隆皇帝特地赐名“铁观音”。

“春水秋香”

铁观音讲究“春水秋香”，即春茶的茶汤最为清新香甜，醇厚鲜爽；秋茶的香气最为高锐张扬，馥郁持久。相比之下，夏暑茶的品质较差。

春茶

春茶一般在四、五月份采摘。茶树经过冬季的休养生息，吸收了大地的养分，在春日里迅速萌发新芽。这些新芽富含营养，使得制成的茶叶口感鲜爽，滋味甘醇，如同春日里的清泉般纯净透彻。

秋茶

秋茶在九、十月份采摘。秋高气爽，铁观音茶树进入了另一个重要的生长期。相较于春茶，秋茶虽然营养物质相对较少，但香气尤为突出，特别是天然的花果香气。其香气馥郁持久，带有一种独特的成熟韵味。

怎样选出好铁观音

在甄选铁观音时，可以参考以下方法来鉴别出较为优质的好茶。

观色

上乘的铁观音茶的茶条紧结而略显卷曲，色泽砂绿，油亮鲜活，形态宛如“蜻蜓头”，叶表自然覆盖着一层细腻的白霜。

听声

因铁观音质地较沉，取少量茶叶投入茶壶时，若能听到清晰悦耳的“当当”声，是为上品；反之，如果声音沉闷喑哑，则可能意味着茶叶质量欠佳或是保存不当。

闻韵

“观音韵”是铁观音最吸引人的品质特征之一，它代表了铁观音独特而迷人的香气与滋味。与其他乌龙茶相比，铁观音含有更高比例的低沸点香气物质，这些成分赋予了它那独一无二、馥郁持久的“观音韵”。

铁观音是这样制作的

安溪铁观音的采制十分严格、精细，其制作技艺在 2008 年被文化部列入了国家级非物质文化遗产名录中，主要分为九个主要步骤。

采摘鲜叶

采摘时需选择叶片已全部展开、形成驻芽的叶片，俗称“开面采”。

晾青

采摘下来的鲜叶需要及时摊放在阴凉通风处进行晾青，让鲜叶中的部分水分自然蒸发。

晒青

晾青后的茶叶会被摊放在阳光下进行晒青，进一步蒸发水分。

摇青

摇青是铁观音制作中最关键的步骤之一，通过手工或机械使茶叶滚动，叶缘细胞受损，促进多酚类物质的氧化。摇青后的茶叶需在适宜的温度和湿度下静置一段时间，让其发酵。

炒青

摇青完成后，对茶叶进行高温炒制，迅速停止茶叶的发酵过程，固定茶叶的色、香、味。

初揉

通过揉捻使茶叶形成条索状，同时进一步破坏叶细胞，促进茶汁的渗出，增强茶叶的香气和滋味。

初烘

用低温烘干茶叶，使茶叶中的水分进一步减少，同时定型。

复揉

初烘后的茶叶会进行复揉，进一步紧实茶叶的条索，提升茶叶的外形和口感。

烘干

最后一步是烘干，将茶叶放入烘干机中，用适当的温度进行最后的干燥处理。

铁观音的冲泡方法

掌握正确的冲泡技巧，能够充分展现铁观音的独特韵味和香气。

水质

水质对铁观音的口感和香气有着重要影响。冲泡铁观音时，最好选择不含杂质的山泉水、矿泉水或纯净水。

水温

铁观音属于半发酵茶，冲泡时适宜使用95℃至100℃的热水。这个温度能够充分激发铁观音的香气物质，使茶汤香气四溢，口感醇厚。

茶具

传统的陶瓷盖碗便于操作，能很好地保持茶香。如果追求更浓郁的口感，紫砂壶也是个不错的选择。紫砂壶拥有优良的透气性能和保温效果，能够有效提升茶叶的香气。

茶量

投茶量建议为茶壶容量的三分之一到二分之一。如果是杯饮，放置5克至10克茶叶到杯中。

时间

第一泡的时间以15秒至30秒为佳，之后时间依次延长，可浸泡六七次。注意不要让茶叶浸泡过久，以免茶汤变得过于苦涩。

品茗

在品尝铁观音的时候，可以观赏它的颜色，嗅闻它的香气，细细品味它的味道。每一泡都有不同的风味变化，细细品味这些细微差别，感受铁观音独特的“观音韵”。

乌龙茶名品

大红袍

大红袍被誉为“茶中之王”“茶中状元”，是武夷岩茶中的翘楚，享誉全球。大红袍的历史可追溯至清代早期，最初为天心岩永乐禅寺所制。作为正岩茶的典范，大红袍的生长环境得天独厚，它植根于武夷山九龙窠的岩石峭壁之上，这里独特的自然条件——短日照、丰富的反射光、显著的昼夜温差以及终年不息的细泉滋养，孕育了大红袍茶独特的“岩韵”，使其成为茶中佳品。当春天来临，茶芽萌发时，整棵茶树会呈现出艳红的色泽，宛如披上了红色的袍子，因而得名“大红袍”。

叶底 软亮匀齐，边缘朱红或起红点。

滋味 茶汤润滑，醇厚爽口，没有明显的苦涩味道，回甘明显且充足

香气 浓郁持久，九泡仍有余香

汤色 橙黄，清澈亮丽

色泽 绿褐鲜润，表面带有宝色，也就是所谓的『砂绿润』

茶条 整体外观肥壮，紧结匀整，是扭曲的条球形

产地 福建省武夷山

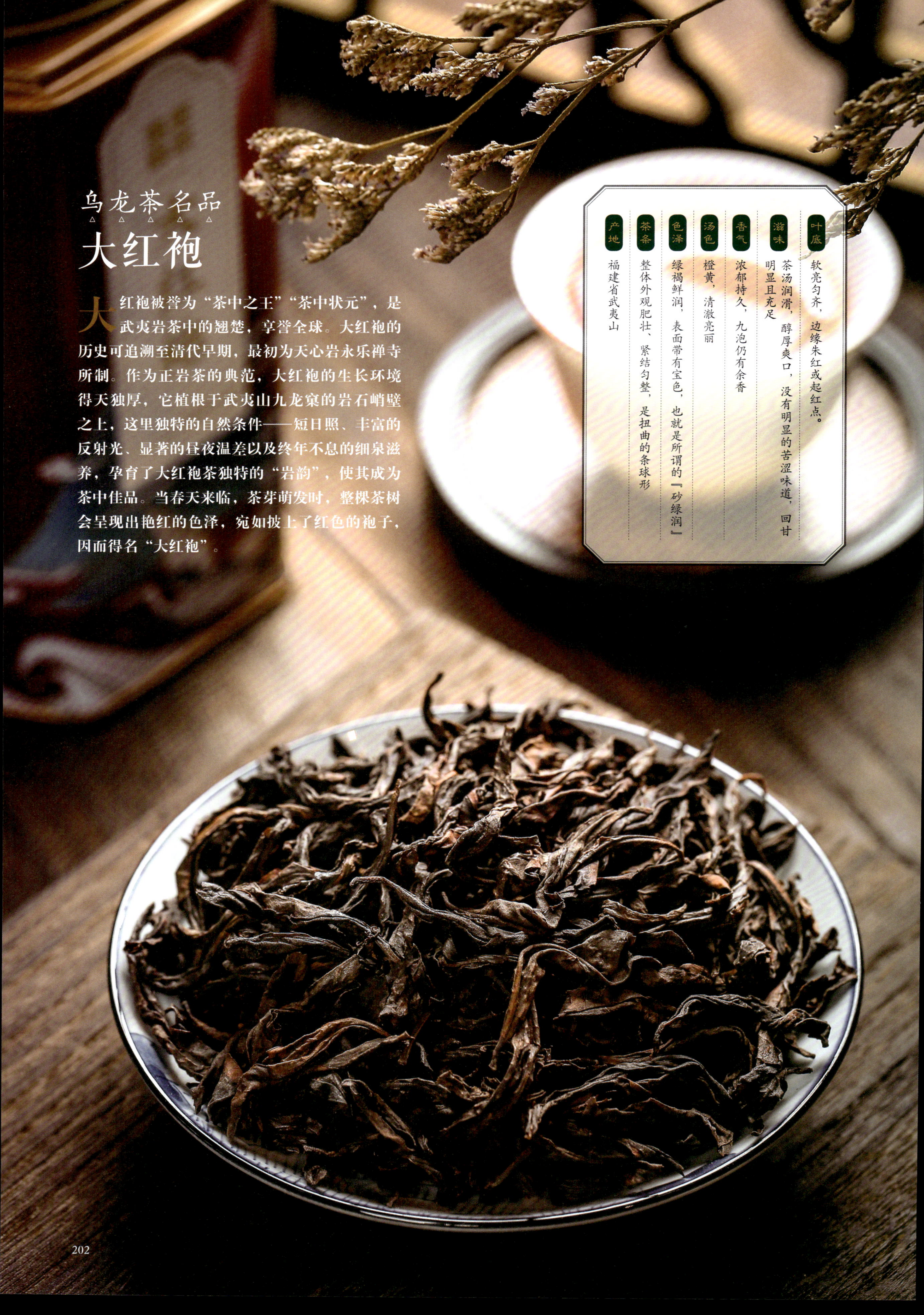

大红袍的传说趣谈

大红袍不仅品质卓越，背后还流传着许多美丽动人的故事。这些传说为其增添了一抹神秘的色彩。

书生报恩披红袍

古代，一位书生赴京赶考，途经武夷山时突患急病，幸得天心寺僧赠予的一杯茶，饮后病愈。书生感激涕零，继续赶路并在科举考试中名列前茅。回乡途中，他再次来到武夷山，为了报答寺僧的恩情，便将自己身上的红袍披在了那棵救命的茶树上。从此，这棵茶树所产的茶叶便被称为“大红袍”。

而在另一版本中，书生金榜题名后被招为了驸马，但他的心中始终挂念着武夷山的恩情。一日，他向皇上禀明此事，并请求前往武夷山谢恩。皇上便命他作为钦差大臣前往武夷山。驸马到达武夷山后，为了报答寺僧的救命之恩，差人将天心寺庙修葺一新，还特意带了一盒茶叶回京。当他回京时，恰逢皇后终日肚疼腹胀而延医无效，病情危急。驸马心中一动，想起了自己从武夷山带回的茶叶，便立刻向皇上禀告：“臣带回九龙窠神茶一盒，能治百病，愿敬献皇后服用。”皇上听后大喜，立刻命人将茶叶煮好给皇后服用。说来也奇，皇后饮了这茶后，不久痛止胀消，身体逐渐康复。皇上对此深感欣慰，对驸马赞不绝口。驸马乘兴请皇上前往武夷山尝茶，但皇上因国事繁忙不能亲自前往。于是，他将一件大红袍交给驸马，由他代表自己前往武夷山。驸马到达武夷山后，将大红袍披盖在那棵救命的茶树上，并虔诚地敬拜。神奇的是，当红袍被掀起时，茶树的叶子竟然变成了粉红色。从此以后，这棵茶树便被称为“大红袍”，而大红袍茶也成为贡茶。

灵猴采茶系红袍

据说，武夷山的九龙窠长着一棵难以攀登采摘的茶树。附近的僧人们便训练猴子穿上红衣去攀爬采摘，制成的茶叶品质特别优异。由于猴子采摘时穿着红袍，这棵茶树所产的茶叶便被称为“大红袍”。

县官病愈敬红袍

清代，有一位县官久病不愈，天心寺的僧人以九龙窠半壁上的茶树所制的茶叶敬献给他。县官饮用后，病情迅速好转。为了感谢这棵茶树，县官亲自前往茶崖，将身上的红袍披在茶树上，并敬香礼拜。从此，这株茶树被称为“大红袍”。

大红袍的分类

大红袍是武夷岩茶中极为特殊的存在，有多种定义和分类，包括母树大红袍、纯种大红袍、商品大红袍等。如今我们在市面上能买到的大红袍主要为后两者，因为前者弥足珍贵。

母树大红袍

指生长在武夷山九龙窠悬崖峭壁上的原生大红袍茶树，这些树的树龄超过400年，是种子自然落地生根发芽生长而成的有性茶树。母树大红袍原有四棵，1980年建九龙窠名丛圃的时候，补植两棵，所以现在共有六棵。由于其历史价值和稀有性，2006年，母树大红袍作为古树名木被列入世界自然与文化遗产，并禁止采摘。

商品大红袍

也被称为拼配大红袍。它是通过将不同品种的武夷岩茶进行科学合理的拼配而制成的。茶科所研究团队将齐丹或北斗品种与水仙、肉桂等三种以上其他品种的茶拼配在一起，制作出了这种具有独特风味的大红袍茶。商品大红袍根据国家标准分为特级、一级、二级，价格因品质和制作工艺的不同而有所差异。

纯种大红袍

大多是20世纪90年代从母树上通过扦插繁育下来的后代，即无性繁殖的齐丹和北斗品种。这些后代保留了母树的优良特性，经过扦插繁育培植成功后，已经在武夷山地区大面积种植推广，并于2012年被评为福建省优良选育品种。纯种大红袍确保了茶叶品质的一致性和稳定性，同时也为保护和传承这一珍贵茶种做出了贡献。

大红袍的价值

大红袍不仅以独特的口感和香气赢得了众多茶友的青睐，还因其丰富的营养成分和健康功效而备受推崇。

护胃

大红袍中的儿茶素对胃黏膜具有收敛作用，能够帮助调节胃液分泌，从而在一定程度上保护胃部健康。适量饮用大红袍，可以缓解胃部不适。

减脂

大红袍中所含的肌醇、叶酸、泛酸和芳香类物质等，能够加速脂肪分解和代谢，减少脂肪在体内的堆积。同时，大红袍还能促进蛋白质的分解，有助于控制体重和减肥。

养目

大红袍中含有丰富的胡萝卜素，这种物质在人体内可以转化为维生素A。维生素A对于维护上皮组织的健康至关重要，能够有效防治角膜增厚，保护眼睛健康。因此，适量饮用大红袍茶，有助于养目明目，缓解眼部疲劳。

大红袍的冲泡方法

冲泡大红袍需要掌握正确的冲泡方法，同时也要注意品鉴大红袍的品质特征。

准备

准备紫砂壶、茶匙、开水壶等基本茶具，以及适量的武夷大红袍茶叶。紫砂壶因透气性好、能吸附茶汁、提升茶香，是冲泡大红袍的理想选择。

温壶

使用沸水先将紫砂壶内外冲洗一遍，以提高壶温。

投茶

根据个人口味和茶具大小，用茶匙取适量的大红袍放入预热后的紫砂壶中，可以按照茶水比1：20的比例投茶。

冲泡

用100℃的沸水冲入壶中，使茶叶随水流翻滚，起到洗茶的作用。首泡时间约为1分钟，随后每增加一泡，浸泡时间延长1分钟左右，可连泡八九次。

分茶

将泡好的茶汤均匀地倒入各个品茗杯中，一边欣赏，一边品尝。

赏茶

仔细观察茶叶展开后的形态，观赏那独特的“绿叶红镶边”。

品饮

先嗅其香，再试其味，细细感觉茶汤的醇厚度及各种特征。大红袍茶讲究“头泡汤，二泡茶，三泡、四泡是精华”，宜细品慢饮。

乌龙茶名品

高山乌龙

高山乌龙茶通常在海拔1000米以上的高山地区种植，属于轻度发酵茶。这种茶在清明节前后采摘，此时茶叶嫩芽初展，通常是一芽一叶或一芽二叶，具有“香、浓、醇、韵、美”五大特点。随着存放时间的增长，高山乌龙茶还能发展出更为复杂的香气与味道，越陈越香。高山乌龙茶是中国台湾地区茶叶产业中的一颗璀璨明珠，不仅深受本地人喜爱，在国际市场上也备受推崇。不同种类的高山乌龙茶，如杉林溪、文山、金萱等，各有独特之处，为饮茶爱好者提供了多样化的选择。

产地	南投县、嘉义县等地
茶条	干茶条索壮美，紧结有致，通常呈半球状或球状
色泽	表面翠绿或深绿，光泽度好
汤色	清澈金黄，略带青色
香气	清新雅致，花香浓郁，持久不散
滋味	浓醇而不腻，滑润爽口，带有青甜味或青果味，回甘明显
叶底	柔软肥厚，色泽黄中带绿，叶片边缘整齐

得天独厚的阿里山

阿里山是高山乌龙茶的代表茶区之一，常年云雾环绕，海拔超过 2600 米，为茶树提供了得天独厚的生长环境。这里也是被传唱为“姑娘美如水，少年壮如山”的绝美之地，因秀丽的山水与淳朴的人情吸引着八方游客。

森林

阿里山地区横跨台湾森林垂直分布的热、暖、温三带，蕴藏着丰富的森林资源。这里的森林覆盖率极高，树木繁茂，为游客提供了一个清新宜人的自然环境。漫步林间，随处可见红桧、台湾扁柏、台湾杉、铁杉及小姬松等珍贵树种，见证阿里山悠久的自然历史。

铁路

阿里山森林铁路是全球瞩目的铁路奇观之一。尽管阿里山地区的空间距离仅有 15 千米，但铁路线却巧妙地蜿蜒伸展，总长度达到了惊人的 72 千米。若再加上通往各个林区的支线，整个铁路网络的总长度更是超过了 1000 千米。这条有百年历史的铁路线最初用于运输木材，如今已成为游客体验阿里山自然美景的重要交通工具，同时也是台湾地区重要的文化遗产之一。

云海

登高远眺，阿里山的云海如同一幅空灵壮美的画卷，让人叹为观止。祝山观景台、对高岳、小笠原山等地都是观赏云海的绝佳地点。在晴朗的日子里，云海如同汪洋般壮阔，又似铺絮般层层叠叠，仿佛是大自然精心布置的仙境。

观光茶园

近些年，阿里山通过创新的旅游规划，将茶文化融入空间、文化与产业之中，打造了一系列以“茶”为主题的旅游行程。位于阿里山区中低海拔处的石棹是这片土地上的公路中心点，也是盛产优质“珠露茶”的宝地。竹林与茶园相依相偎，构成了一幅幅如诗如画的景致。其中，顶石步道更是为游客提供了亲近自然、感受茶香的绝佳路径。为了让茶产业焕发新的活力，观光茶园不仅保留了传统的采茶体验，还引入了制茶 DIY、茶点制作以及品尝创意茶餐等多元活动。

台湾阿里山茶田风光

高山乌龙的储藏方法

高山乌龙茶的正确储存，对于保持其独特的口感和香气来说至关重要。

密封保存

确保茶叶包装完全密封，防止空气进入导致茶叶氧化。推荐使用铝箔袋、专用茶叶罐等密封性良好的容器。

干燥环境

高山乌龙茶需要存放在干燥的地方，避免潮湿，否则会加速茶叶变质。

避光存放

光线会促使茶叶中的化学成分发生变化，从而影响茶叶的颜色和风味。因此，应将茶叶放置于不透明的容器中，并且存放在避光的位置。

防除异味

茶叶容易吸附周围环境中的气味，这会影响其原有的香气。所以，存放时要避免与有异味的东西放在一起。

温度控制

对于高山乌龙茶来说，储存温度尤为重要。理想情况下，贮存的室温不应超过10℃。在较热的季节里，如果室内温度难以维持在这个范围内，建议将茶叶放入冰箱冷藏。

高山乌龙和冻顶乌龙的区别

高山乌龙和冻顶乌龙都是台湾著名的乌龙茶品种，两者既有相似之处，也存在一些明显的差异。

海拔

高山乌龙茶主要产自高海拔地区，平均海拔1000米以上，因此得名"高山"；而冻顶乌龙茶产地的海拔相对较低，主要在台湾中部海拔500米至800米的山区。

品质特征

高山乌龙茶的生长环境云雾缭绕，日照时间短，茶叶中的茶多酚和儿茶素含量较高，香气高扬，滋味醇厚，整体质量优于冻顶乌龙茶。

制茶方法

两种茶虽然都经过萎凋、摇青、杀青等工序，但冻顶乌龙茶在最后阶段会进行额外的炭焙处理，多了一丝焙火香味。相比之下，高山乌龙茶则更倾向于保持清新自然的风味，发酵程度较轻。

饮用体验

高山乌龙茶适合喜欢清淡、花香型茶叶的人群；而冻顶乌龙茶则更适合那些偏好带有焙火香和浓厚口感的人。

· 台湾阿里山茶田风光

乌龙茶名品

白鸡冠

白鸡冠与大红袍、铁罗汉、水金龟并称为武夷四大名茶。明清时期作为御茶，专供皇帝饮用。其得名源于茶树顶端那弯垂微黄、毛茸茸如白锦鸡冠般的芽叶。白鸡冠因产地局限、产量稀少而倍显珍贵。它多次冲泡仍有余香，还拥有独特的天然岩韵，被视作武夷岩茶中的精品，深受茶人喜爱与推崇。

叶底	嫩匀软亮，边缘呈红色
滋味	醇厚甘爽，回味无穷
香气	香气清锐，带兰花清香
汤色	清澈透亮，呈现出橙黄色泽
色泽	浅黄褐色，一部分呈黄绿色，一部分呈砂绿色
茶条	细长卷曲，芽叶薄而软
产地	福建省武夷山

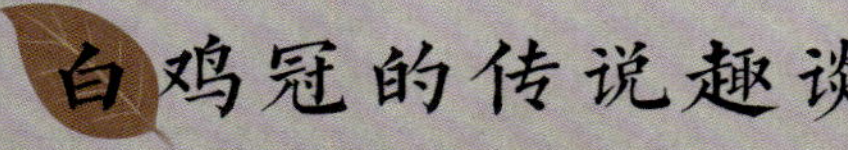

白鸡冠的传说趣谈

白鸡冠作为武夷山四大名茶之一，背后流传着多个动人的故事。

道祖育茶

相传宋代时，道教“南宗五祖”之一白玉蟾主持武夷山道观期间，在大王峰下的白蛇洞中寻得此茶，并亲自栽培。他在品尝了白鸡冠后，写下了“两腋清风起，我欲上蓬莱”的佳句，表达对此茶的喜爱与赞美。

御茶传奇

据传，有一位知府携家眷前往武夷山时，他的儿子突然染上了恶疾，腹胀如牛，医药无效。幸好一位寺僧及时献上一杯佳茗，知府的儿子饮下后恶疾竟然痊愈了。知府忙询问茶名，寺僧回答“白鸡冠”。后来，知府将此事和茶叶一起呈报给皇帝，皇帝品尝后大为赞赏，敕令寺僧守护茶树，并每年赐银百两、粟四十石作为封赏。从此，白鸡冠成为御茶。

鸡血奇谈

从前，武夷山有一位勤劳的茶农，一次，他前往岳父家祝寿，特意带上了一只大公鸡作为礼物。途中，他在一片茶树下休息，并将公鸡安置在一旁的阴凉处。突然，一声惨叫传来，茶农回头一看，发现公鸡被一只大蜈蚣咬伤了鸡冠，鲜血洒在了一旁的茶树梢上。茶农感到十分痛心和愤怒，便决定不去祝寿了。但令人惊讶的是，这棵被鸡血浸染的茶树从此长势异常旺盛，新生的茶叶也变成了米黄色。这些茶叶经过炒制后，米黄中又呈现出乳白色，香气扑鼻。于是，人们便把这棵神奇的茶树命名为“白鸡冠”。

锦鸡救民

相传，古代的武夷山中有一只勇敢的白锦鸡，它为了保护村民免受恶人的侵害，英勇地献出了自己的生命。次年，在白锦鸡牺牲的地方奇迹般地长出了一株独特的茶树。这株茶树的叶子颜色偏白，散发着如花般的香气，形状酷似白锦鸡的鸡冠。村民们为了纪念这只为民除害的白锦鸡，便将这株茶树及其后代称为“白鸡冠”。由这种茶树制作的茶叶也因此得名“白鸡冠”。

白鸡冠的价值

白鸡冠不仅口感独特，还有多种保健功效。

抑制病菌

白鸡冠含有丰富的茶多酚，这种成分具有较强的收敛作用，对病原菌、病毒有明显的抑制和杀灭作用。

行气通脉

白鸡冠能够发汗解表，帮助改善血液循环。此外，茶中所含的咖啡碱能刺激肾脏，加快尿液的排出，提高肾脏的滤出效率，减少体内有害物质的滞留时间，从而达到行气通脉的效果。

消除疲劳

白鸡冠中的咖啡因具有刺激中枢神经的作用，能够提神醒脑，有助于缓解疲劳，提升工作或学习效率。同时，咖啡因还能排除人体中过量的乳酸，进一步促进身体恢复活力。

武夷岩茶中唯一的“道茶”

武夷山，这座云雾缭绕的仙山，自古以来便是道家修行的圣地。在道家眼中，武夷山是三十六洞天的第十六洞天，而白鸡冠正是这片圣地上的瑰宝，是武夷岩茶中唯一被认可为“道茶”的品种。这不仅是因为“道祖育茶”的传说，还因为白鸡冠自身卓越的品质与功效。在道教文化中，茶被视为一种能够提神醒脑、帮助修炼的辅助饮品。而白鸡冠独特的调气养生、行气通脉的功效，深受道教人士青睐。它不仅是道教修行者的理想饮品，更是他们修身养性、追求身心和谐的重要伙伴。

白鸡冠的冲泡方法

正确的冲泡方法能够最大程度展现白鸡冠的魅力。

选茶

挑选白鸡冠时，可先将干茶捧在手中，贴近鼻子轻嗅香气。若茶香持久浓郁，便是优质茶叶；反之，若带有青草气或其他杂味，则为次品。

备具

准备3克至5克白鸡冠，以及紫砂壶、茶匙、茶荷、品茗杯各一个。

温壶

首先，将开水倒入紫砂壶中，进行预热和清洗，然后倒掉废水。这一步有助于提升壶的温度，更好地激发茶香。

冲泡

使用茶匙将茶叶从茶荷中轻轻拨入紫砂壶内。随后，冲入约100℃的沸水，加盖后静置二三分钟，让茶叶与热水充分接触，释放出最佳的香气和滋味。

分茶

泡制完成后，轻轻提起壶盖，观察茶汤颜色，然后缓缓将茶汤倒入品茗杯中。首次冲泡时间不宜过长，以免茶汤过于浓烈。

品茗

一泡：香气虽微，却如微风拂面，鼻端隐隐有淡淡兰花香。入口甘淡、滑软，略有生津，韵味悠长。

二泡：此时香气内敛，层次丰富，口喉间弥漫着丰润的气息，仿佛有一股平和之气在胸腹间流转，带来全身的温暖感。

三泡：茶香依然不减，汤色淡黄清亮，水中仍有余香缭绕。此刻，茶香引人遐思，使人仿佛置身于武夷山的云雾之间。

白鸡冠的茶疗茶食

白鸡冠不仅口感独特，还具有一定的药食价值，可以与其他食材或药材搭配，制成茶疗或茶食，达到养生的效果。

消食养生茶

原料 白鸡冠 3 克，鲜酸橙 6 片。

制法 将白鸡冠和鲜酸橙一起放入紫砂壶中，先用 90℃的热水冲洗并闷泡 2 分钟，然后再加入沸水进行冲泡，等待 60 秒后即可品饮。

功效 此茶具有通阳散结、祛痰下气、理气消食、温中止呕的功能。胃肠症痛、消化功能不佳者可长期饮用，有助于改善消化问题。

枸杞调脂茶

原料 白鸡冠、枸杞子各 3 克。

制法 先用小火煎煮枸杞子，再取汁液，冲泡白鸡冠茶。

功效 枸杞具有滋补肝肾、益精明目的功效，与白鸡冠茶搭配，有助于调节血脂，对身体健康有益。

茶香芋丝饼

原料 白鸡冠 3 克、芋头 300 克、调好的肉馅 150 克，以及适量的精盐、白糖、胡椒粉、五香粉、麻油、植物油等。

制法 1. 将精选的白鸡冠茶叶用沸水细心冲泡，待茶香四溢后，轻轻捞出茶叶备用。

2. 挑选新鲜的芋头，洗净并削去外皮。随后，将芋头切成细丝，加入适量的精盐、白糖、胡椒粉、五香粉和麻油，以及之前备用的白鸡冠茶叶，轻轻拌匀。

3. 将拌好的芋丝均匀地分成两部分，将调好的肉馅夹在中间，轻轻压实后，放入蒸锅中，用中火蒸制约二三十分钟。

4. 待茶香芋丝饼冷却至适宜的温度后，放入锅中，用中小火煎至两面金黄。当金黄色的饼皮与诱人的香气交织在一起时，茶香芋丝饼便大功告成了。

功效 此茶食具有调节血脂和血糖的功效。芋头富含膳食纤维和多种微量元素，与白鸡冠搭配，既美味又健康。

乌龙茶名品

冻顶乌龙

冻顶乌龙茶是台湾著名的半发酵包种茶之一，被誉为“茶中圣品”。此茶品质优异，在当地享有“凤凰山中水，冻顶乌龙茶”之美誉。此茶源自台湾的冻顶山茶区，这座位于凤凰山支脉上的茶山，因气候凉爽温和、雨量充沛且终年云雾缭绕，成为孕育优质茶树的理想之地。冻顶山的名字虽听起来好似与严寒相关，但此地的年平均气温为20℃左右，远称不上寒冷。这个名字来源于当地居民上山采茶时，由于山路陡峭湿滑，必须蹑紧趾尖才能行走，台湾俗语称“冻脚尖”，因此得名“冻顶”。此山上种植的茶树皆属乌龙品种，故得名“冻顶乌龙”。由于冻顶山山势陡峭，采摘不易，因此冻顶乌龙的产量有限，尤其珍贵。

叶底	叶底软亮，整体呈现出『绿叶红镶边』的视觉效果
滋味	甘醇浓厚，回甘十足，带明显焙火韵味
香气	香气淡雅，有桂花香和轻微的焦糖香
汤色	黄绿明亮，偏琥珀色，澄清明丽，水底光洁
色泽	墨绿有光泽，带有青蛙皮般的灰白点，边缘隐隐有金黄色
茶条	条索紧结卷曲，通常呈半球形或虾球状，颗粒大小均匀且紧实圆润
产地	南投县鹿谷乡

冻顶乌龙的储藏方法

虽然冻顶乌龙和高山乌龙都属于乌龙茶类，有着相似的储存要求，但两者之间还是存在一些差异。

温度

冻顶乌龙茶对低温储藏的要求更高，通常需要在0℃至5℃的环境下保存，以保持其鲜爽度和香气。尤其是对于已经开封的茶叶来说，冰箱冷藏是推荐的方法。相比之下，高山乌龙茶虽然也适宜低温存放，但对温度的要求可能稍微宽松一点，尤其是在未开封的情况下，可以在室温下的阴凉处保存较长时间。

湿度

冻顶乌龙茶因为经过了较高的焙火处理，所以在储存时更需要注意防潮，避免湿气影响到茶叶的质量。高山乌龙由于发酵程度较低，通常不需要极端严格的湿度控制，但仍需保持干燥环境。

南冻顶，北文山

“南冻顶”与“北文山”是台湾乌龙茶中两大著名品种的代表，分别指南部的冻顶乌龙和北部的文山包种，二者同属于包种茶系列。“包种茶”这个名字来源于福建安溪的传统售茶方式，即用两张方形毛边纸将茶叶包装成四方形的包，并在外层加盖茶行的唛头标识。这种传统包装方法是其得名的原因。随着时间的发展，“包种茶”的含义已经从最初的包装形式演变为特指一种类型的乌龙茶。包种茶按照不同的外形可以分为两类：

半球形包种茶

以冻顶乌龙茶为代表，茶叶经过揉捻后形成紧实的半球形状。

条形包种茶

以文山包种茶为代表，茶叶保持较为自然的条索状，相对松散一些。

冻顶乌龙的传说趣谈

相传一百多年前，在中国台湾南投县鹿谷乡住着一位学识广博的青年，名叫林凤池。有一年，他听说福建要举行科举考试，便想去参加。然而，由于家境贫寒，缺少路费，他的梦想一度难以实现。得知林凤池的困境后，乡亲们纷纷慷慨解囊，为他凑足了路费。

林凤池带着乡亲们的期望与祝福踏上了前往福建的旅程。不久之后，他果然考上了举人，并在福建某县衙内就职。几年后，林凤池打算回台湾探亲，在那之前，他和同僚一起到武夷山游玩。在武夷山上，他被眼前的美景所震撼，岩间长着许多茶树，据说这些树上的嫩叶做成的乌龙茶香气浓郁、味道醇厚，长期饮用还有明目、提神、健胃、强身等作用。林凤池心想，如果能将这些茶苗带回台湾该多好啊。于是，他向当地茶农购买了一些乌龙茶苗，带回了台湾。

回到台湾后，乡亲们见林凤池衣锦还乡，喜出望外。又见他带来了福建的乌龙茶苗，更是激动不已。为了培育这些茶苗，几位有经验的老农便将它们种植在附近最高的冻顶山上，并派人精心照料。台湾气候温和，水源充足，茶苗棵棵成活，郁郁葱葱。后来，人们又按照林凤池介绍的方法，采摘芽叶，将其加工成乌龙茶。制成后的茶清香可口，醇和甘爽，成为乌龙茶中风味独特的佼佼者。这正是“冻顶乌龙”的由来。

冻顶乌龙是这样制作的

四季更迭，在时间的流转中绘出一幅幅生动的画卷。在这无尽的轮回中，有一种独特的韵味，静静地隐藏在台湾的茶园里，那就是冻顶乌龙。茶农们细心地采摘那一个个嫩绿的茶芽与嫩梢，开始了从初制到精制的乌龙茶之旅。

采茶期

春茶 从3月下旬至5月下旬是春茶的采摘时间。这一时期的茶叶被认为是最优质的，因为春天的气候温和湿润，有利于茶树生长，使得春茶香高味浓、颜色鲜绿。

夏茶 夏茶的采摘从5月下旬一直持续到8月下旬。由于夏季气温较高，虽然茶树生长迅速，但夏茶的品质通常不如春茶，口感相对清淡，香气也不如春茶那么浓郁。

秋茶 秋茶的采摘在8月下旬至9月下旬进行。秋季的天气逐渐转凉，昼夜温差加大，这有助于茶叶内含物质的积累，因此秋茶的质量介于春茶和夏茶之间，虽然不及春茶优质，但也别有一番风味。

冬茶 冬茶的采摘则在10月中旬至11月下旬。冬季寒冷，茶树生长缓慢，所以冬茶产量较少，其特色在于滋味较为醇厚，但香气可能不如春茶那样丰富。

采摘标准

冻顶乌龙茶的采摘标准为未开展的一芽二、三叶嫩梢，这样的嫩叶含有较高的氨基酸和芳香物质，能保证制成的茶叶具有良好的香气和滋味。

制作工序

冻顶乌龙茶的制作包括初制和精制两大工序。初制阶段包括萎凋、摇青、杀青、揉捻等步骤，以初步形成茶叶的形状和基础品质；精制则是对初制后的毛茶进一步加工，通过烘焙等手段提升或调整茶叶的香气与口感，最终制成可供销售的商品茶。

品质鉴别

选购冻顶乌龙时除了要注意外形和内质，还应该了解不同季节所产茶叶之间的品质差异。春茶通常被认为是最佳选择，秋茶次之，夏茶的品质相对较弱。不过，这也取决于个人口味偏好，有些人可能会更喜欢某一特定季节的冻顶乌龙独特的风味。

冻顶乌龙的冲泡方法

冻顶乌龙茶采用热泡法，旨在最大限度地提升茶叶的香气与口感，确保每一次冲泡都能达到最佳效果。此方法能有效激活茶叶内的芳香成分，使其在热水的作用下迅速展开，释放出饱满而丰富的味道。同时，热泡法还有助于清除茶叶表面的杂质，使茶汤更加清澈纯净。

烫壶，温盅

首先，用开水浇淋紫砂壶，既起到清洁作用，又预热了茶具，为接下来的冲泡奠定了良好的基础。

取茶，赏样

用茶匙轻轻地取出茶叶，先仔细观察干茶的外形，通过其色泽、形态等特征，初步了解茶性，从而决定置茶的分量。

置茶，摇壶

将精心挑选的茶叶放入茶壶中，盖上壶盖，轻轻摇晃几下，以促进茶叶香气的散发。

揭盖，闻香

揭开壶盖，深吸一口气，仔细闻干茶所散发出的香气。通过香气的浓郁程度、种类等信息，可以判断茶叶的烘焙程度、新旧状况等，进而调整泡茶的水温、浸泡时间等。

注水，润泡

向茶壶中注入少量热水，进行短暂的润泡。这一过程有助于茶叶初步吸收水分，为接下来的正式冲泡做好准备。润泡后，需迅速倒掉茶汤，以免影响后续茶汤的口感。

热杯、淋壶

用开水预热茶杯，再淋湿茶壶外部，以保持整个冲泡环境的温度稳定。这有助于茶汤香气的充分散发，提升品茶体验。

冲泡，浇壶

正式冲泡时，向茶壶中注入热水，直至满溢。盖上壶盖后，沿着壶身外壁浇淋一些热水，以增强保温效果，确保茶叶在高温下充分释放香气和滋味。

干壶，投汤

在提壶斟茶前，先将壶底的多余水分擦干。然后，按照一定的方式将茶汤均匀分配到各个茶杯中。台湾茶人习惯称之为“投汤”，有两种常见方式：一是先将茶汤倒入茶海，再用茶海向各个茶杯均匀斟茶；二是直接用泡壶向杯中斟茶。

肉桂茶

肉桂茶一般指武夷肉桂茶，又称玉桂，历史可追溯至100多年前。因为此茶的香气滋味与桂皮相似，所以被人们称为“肉桂”。武夷肉桂茶以高扬的香气和丰富的“岩韵”而著称，是岩茶中的佼佼者，具有“香久益清，味久益醇”的特点，即香气持久清新，味道越品越醇厚。清代诗人蒋衡在《茶歌》中给予了肉桂茶高度评价——“奇种天然真味存，木瓜微酽桂徽辛”，他形容肉桂香气辛辣而尖锐，具有强烈的刺激感，进一步印证了武夷肉桂茶在历史上的重要地位和独特魅力。

叶底　肥厚柔软，绿叶红边

滋味　醇厚甘鲜，清润爽口，同时又不失鲜滑感，让人回味无穷

香气　带有奶油、花果以及典型的桂皮香，浓郁而持久

汤色　橙红清澈，颜色明亮诱人

色泽　乌褐鲜润，油亮有光泽

茶条　条索匀整，紧结壮实，卷曲有度

产地　福建省武夷山

肉桂茶的传说趣谈

清末，武夷山有一位名叫蒋蘅的才子，他不仅才华横溢，更是一位品茗高手，对茶叶有着独到的眼光和深刻的鉴赏力。某年初夏，武夷山蟠龙岩的岩主新研制出一种香气独特的茶叶，特地邀请了蒋蘅及多位岩主前去品赏。蒋蘅轻尝一口茶汤，只觉香气扑鼻而来，滋味醇厚独特，不禁赞不绝口。蟠龙岩岩主听后，满心欢喜，随即请蒋蘅为这款新茶赐名。蒋蘅思索片刻，细细品味着口中的茶香，认为此茶的品质和香气十分突出，可以称作“肉桂”。岩主和在座的众人听后，都纷纷点头表示赞同。从此，这款茶叶便以“肉桂”之名，名扬四海。

肉桂茶成名史

肉桂茶的历史可以分为几个关键阶段。

初识肉桂

据清代的《崇安县新志》记载：“蟠龙岩之玉桂……皆极名贵。”这里的“玉桂”便是现在的肉桂茶，而当时的崇安县便是今天的武夷山市。

初次受挫

20 世纪 40 年代初，一些茶叶工作者想要进一步鉴定肉桂茶的品质，然而，由于栽培管理技术有限，试验中的肉桂茶树不幸染病，长势不佳。因此，肉桂茶树被贴上了“抗逆能力不强”的标签，未能得到应有的重视和繁育。

逐渐认可

20 世纪 60 年代，人们重新认识到了肉桂茶的优异品质，逐步开始繁育并扩大种植面积。至 20 世纪 70 年代初，肉桂品种的高产优质特性得到了广泛认可，这为后来的扬名奠定了基础。

扬名天下

1982 年 3 月，在全国花茶、乌龙茶优质产品评比会上，武夷肉桂茶一经亮相，便引来到会的 19 个省市代表的赞赏。这次大会成为肉桂茶扬名天下的重要契机，使其在全国范围内迅速走红。此后，肉桂茶屡获国家级名茶殊荣，成了武夷岩茶中的当家品种。

大红大紫

20 世纪 90 年代后，凭借独特的奇香异质，肉桂茶愈发受欢迎。近十余年来，肉桂茶的种植面积在武夷山迅速扩大，占据了总体种植面积的 80% 以上。如今，在武夷山游客常到访的地方，超过 90% 的茶树都是肉桂茶，充分显示了其在现代茶叶市场上的非凡地位。

“开面采”

开面采是一个茶业术语，简单来说，它指的是在茶树新梢停止生长并形成驻芽之后进行的采摘。在开面采时，茶叶的形态会有所不同，主要包括未开面、小开面、中开面和大开面四种。

未开面

新梢的顶芽尚未展开，此时茶叶还处于较为嫩的阶段。

小开面

驻芽已经形成，顶叶开始展开，但边缘仍带有些许内卷。

中开面

顶叶已完全展开，其面积约为第二片叶子的一半。

大开面

顶叶面积进一步增大，约为第二叶的三分之二甚至更大，与第二叶大小接近。

开面采的目的是获得品质上乘的茶叶原料。同时，开面采也有助于控制茶叶的产量和质量，使得茶叶更加珍贵。采摘肉桂茶时，通常采下二三叶，且以中开面采为宜。这样采摘的茶叶老嫩适宜，内含物质丰富，制成的茶叶香气高扬、滋味浓郁。

同时，茶农们也要注意选择恰当的时间和天气采摘肉桂茶叶。

时间

主要集中在每年五月上旬，这是春季茶叶生长最为旺盛的时期，茶叶品质较为优异。

时段

上午十点到下午三点是最佳的采摘时段，此时段内温度适中、光照充足，有利于保证茶叶的品质。

天气

选择晴天进行采摘至关重要，因为晴天采摘的茶叶含水量较低，有利于后续的晒青和加工，同时也有助于保持茶叶的清新香气。

怎样选出好肉桂茶

在选购肉桂茶时，可以参考以下方法来鉴别出较为优质的好茶。

察外形

优质的肉桂干茶色泽乌褐或带有蛙皮青，有时表面还会带有一层极细的白霜，这是茶叶内含物质丰富的表现。茶叶的匀整度也是判断品质的一个重要指标，匀整的茶叶在冲泡时能更好地展现香气和滋味，断碎过多的茶叶则会影响品饮体验。

闻香气

上等肉桂茶的香气纯净而馥郁，有肉桂、乳香、花果香等类型，这种香气不仅存在于干茶中，冲泡后更能从茶汤中散发，有的甚至三四泡后才出现，需静心慢品。若茶叶带有青草气或其他异味，则可能是假茶或受污染的茶叶。

品滋味

正宗的武夷肉桂茶入口醇厚浓郁，回甘迅速，叶底舒展柔软而鲜活，这是所谓的"活茶"。相比之下，一些普通茶为了掩盖缺陷，以次充好，可能会通过高火烘焙让叶子变得死黑紧缩，不易泡开，这样的茶被称为"死茶"，并非真正的滋味浓厚。

肉桂茶的冲泡方法

冲泡肉桂茶不仅是一种享受，也是一种艺术。正确的冲泡方法能够最大限度地释放茶叶的香气和味道。

备具

冲泡肉桂茶的最佳器具是紫砂壶，因为它能更好地保留并散发出茶叶的香气。紫砂壶经过长时间使用后，还会吸附茶香。

温杯

在冲泡前，用热水将茶壶和茶杯温热。

取茶

根据个人口味和容器大小取茶，一般选择 8 克左右的茶叶量。茶叶量少了味道会淡，量多了则可能过浓。

注水

肉桂茶以浓烈桂皮味出名，高温能更好地激发其香味。选择 100℃的沸水，以高冲注水的方式，从一侧缓缓地由低到高注水，让茶叶翻滚起来，这样有助于茶叶的均匀受热和香气的释放。同时，高冲注水还能将茶末挤到一边，避免影响茶汤的口感。

首次冲泡

首次冲泡的时间可以在 10 秒至 1 分钟之间调整。如果喜欢浓茶，可以适当延长闷泡时间，但不宜过长。

后续冲泡

第二次冲泡的时间可以在 20 秒至 1.5 分钟之间，第三次冲泡时间可延长至 30 秒至 3 分钟。之后每次冲泡的时间逐渐延长，优质的肉桂茶可以冲泡六次以上。

品茗

先揭开壶盖，轻轻嗅闻茶香，感受肉桂茶的独特香气，观察茶汤的颜色是否金黄透亮。随后将茶汤倒入茶杯中，分三口轻啜慢饮。在品饮过程中，可以细细品味肉桂茶的香气、滋味和口感。

乌龙茶名品

水仙茶

水仙茶是中国传统名茶之一，属于乌龙茶中的武夷岩茶。武夷山独特的地理环境和气候条件为水仙茶提供了优越的生长条件，使得该茶品质尤为突出。水仙茶树的特点是树冠较为高大，叶片宽厚，制成的茶叶内含物质丰富，口感独特，香气持久。作为武夷岩茶的传统珍品，水仙茶已经有数百年的栽培历史，它也是目前武夷岩茶里产量最大、传播最广的品种之一。

产地	福建省武夷山区
茶条	条索匀整，紧结粗壮，呈“蜻蜓头”“青蛙腿”状
色泽	乌褐油润，赏心悦目
汤色	橙黄清澈，如同琥珀般晶莹剔透
香气	浓郁鲜锐，带有兰花清香
滋味	鲜滑醇浓，回甘迅速，带“岩韵”
叶底	厚软黄亮，边缘微微泛红，呈“朱砂边”

水仙茶的传说趣谈

相传，有一年武夷山遭遇了前所未有的酷暑，一个以砍柴为生的建瓯汉子上山劳作，热得头昏脑涨、唇焦口燥。为了避暑，他来到附近的祝仙洞，找了个阴凉的地方小憩。才刚坐下，汉子便感觉有一阵清风携带香气扑面而来，循香望去，只见有一株小树，绿叶浓密宽厚，花朵洁白如雪，点缀其间。他忍不住摘了几片绿叶，放进嘴里咀嚼，顿时感觉满口清爽，头昏胸闷的感觉烟消云散，精神也为之一振。于是，他从树上折下一根小枝，挑起柴火，便下山回家了。

然而，这天夜晚风雨交加，他家里的一堵墙不幸倒塌了。次日清晨，汉子惊讶地发现，那根折下的树枝虽被压在了土墙之下，可依然挺立，且迅速萌发了新芽，吐出了绿叶。没过多久，这根树枝竟奇迹般地长成了小树。他用新发的芽叶泡水喝，发现这水同样清香四溢，入口甘甜，不仅解渴提神，还有强身健体的功效。这一奇事迅速在村里传开，人们纷纷前来采摘这棵树的芽叶，泡水品尝。

当人们询问这棵树的来历时，这名汉子讲述了自己的奇遇。但由于建瓯方言中祝仙洞的“祝”字与崇安方言中的“水”字发音相近，崇安人误以为这棵树名为“水仙”，这种茶叶也就被称作“水仙”了。此后，人们纷纷效仿建瓯人压条繁殖的方法，水仙茶树迅速繁殖，遍布山野，远播四方。

水仙茶的历史和发展

水仙茶的传播不仅见证了历史的变迁，还体现了茶农们不断探索和创新的精神。从最初的发现到如今遍布多地的种植与生产，水仙茶的发展历程充满了传奇色彩。

起源

水仙茶的历史大概可以追溯到清道光年间（1821—1850年），当时它已是闽北地区较为著名的优质茶叶之一。根据历史记载，水仙茶种的发源地为建州瓯宁县（今福建省建瓯市）小湖乡大湖村的严义山祝仙洞。据1939年张天福编写的《水仙母树志》记载："清道光年间，有泉州人苏姓者，业农寄居大湖……一日往对岸义山……经桃子岗祝仙洞下，见树一，花白，类茶而弥大……试以制乌龙茶法制之，竟香洌甘美……命名曰'祝仙'……当地'祝''水'同音，渐讹为今名'水仙'矣。"

发展

由于水仙茶树开花不结果，使得它的推广困难。后来，人们发现了压条繁殖的方法，从而能够大量种植水仙茶树。这种方法极大地促进了水仙茶的传播和发展。大约在光绪年间（1875—1908年），水仙茶被引入武夷山地区，利用当地优越的自然环境条件，生产出了品质更为优异的武夷水仙。随后，在1918年，水仙茶又传入了永春县虎巷等地，形成了所谓的永春水仙或闽南水仙。这两个地区的水仙茶都因其独特的地理优势而获得了极高的评价。

水仙茶的分类

根据焙火程度的不同，水仙茶可以分为轻火水仙、中火水仙和足火水仙；根据采茶季节的不同，水仙茶还可以分为春茶水仙和冬片水仙。每种类型的水仙茶都有着独特的风味特征和品饮体验。

轻火水仙

这种茶叶在焙火过程中受到的火力较小，保留了较多的新鲜感和原始香气。茶汤颜色较浅，呈金黄或橙黄色，味道清新淡雅，适合喜欢清淡口感的茶友。

中火水仙

这种茶叶经过了适中的焙火处理，既保持了一定的新鲜度，又增添了一些烘焙带来的甜香。茶汤色泽较为明亮，滋味醇厚且层次丰富，是许多茶友的理想选择。

足火水仙

这种茶叶采用了较高的焙火温度，使得茶叶内部的水分进一步减少，香气更加浓郁持久。茶汤颜色呈橙红色，口感饱满，带有明显的烘焙香气，适合喜欢浓烈口味的茶友。

春茶水仙

春季采摘的水仙茶品质最佳，整体表现很出色。冲泡后的茶汤颜色从金黄到橙黄不等，滋味醇鲜，香气醇厚，入口甘爽且回甘迅速。

冬片水仙

冬季采摘的水仙茶产量较低，通常被制成清香型。相较于春茶水仙，这种茶的汤色稍浅，味道略薄但香气清新。

老枞水仙

老枞水仙是一种特别的水仙茶，指的是树龄较长的茶树所产的茶叶。这类茶树因为生长年限久远，枝干上往往会覆盖有明显的青苔，赋予了茶叶一种特殊的"枞味"，即腐木味、棕叶味和青苔味。老枞水仙不仅具有传统水仙茶的优良品质，还额外增添了自然的木质香气，带来了更为复杂而迷人的感官享受。

水仙茶的做青标准

制作水仙茶的过程包括晒青、晾青、做青、杀青、揉捻、干燥等工序，而其中做青是形成水仙茶独特风格的关键工序。为了确保茶叶的品质，做青的过程需严格遵循一定的标准。

叶脉透明

这一变化表明叶片内部的水分已经适当流失，即“失水”过程已经完成。叶脉变得透明是做青适度的重要标志之一。

叶面青绿色，叶缘朱红色

俗称“青蒂、绿腹、银朱缘”。这种颜色对比不仅美观，还反映了氧化程度，有助于形成水仙茶特有的香气和口感。

青气消失，散发出浓烈花香

随着做青的进行，原始的青草气会逐渐减弱直至消失，取而代之的是浓郁且持久的花香，特别是类似兰花的香气。这是评价做青质量好坏的重要指标。

叶缘收缩，形成汤匙状

由于边缘区域失水较多，导致叶片边缘向内卷曲，整个叶片呈现出类似汤匙的形状。

减重率和含水量控制好

在做青过程中，鲜叶的重量也会有所减少，理想的减重范围应在 25% 到 28% 之间。同时，最终的含水量应控制在 65% 至 68% 左右，这样的含水量既保证了茶叶的活性，又防止了因过度失水而影响品质。

水仙茶的储藏方法

水仙茶作为一种香气独特、口感醇厚的茶叶，恰当的储藏条件对于保持其品质至关重要。

密封

密封是保持水仙茶新鲜度的关键。可以使用干燥箱或陶罐存放茶叶。在罐口放置两层棉布并压上盖子，确保密封性良好。

干燥

干燥的环境可以防止茶叶受潮。有双层盖子的罐子，纸罐、锡罐、马口铁罐等都可以使用。在罐内先摆一层棉纸或牛皮纸，这些材料都能起到很好的防潮作用，然后再盖紧盖子。

低温

低温储藏可以进一步延长水仙茶的保质期。如果条件允许，最好预备一台专门贮存茶叶的小型冰箱，将温度设定在 -5℃以下。确保茶叶包装的封口紧闭，然后将其放入冰箱内。

乌龙茶名品

凤凰单丛

凤凰单丛又被称为“广东水仙”，是从凤凰水仙种中精心挑选出来的优异单株，因采用单株采收、单株制作的方式而得名。凤凰单丛“形美、色翠、香郁、味甘”，其中最出色的便是其在冲泡时散发出的浓郁天然花香，这种香气不仅清高而且多样，使凤凰单丛成为茶中翘楚。

叶底	滋味	香气	汤色	色泽	茶条	产地
肥厚柔软，绿叶红镶边，色泽鲜活	浓厚甘鲜，入口回甘明显	浓郁持久，种类繁多，有桂花香、兰花香、栀子花香等多种类型	橙黄明亮，清澈透明	乌褐油润，略带红边	紧结匀整，粗壮挺直	广东省潮州市潮安县凤凰镇凤凰山

凤凰单丛的传说趣谈

据传，在七百多年前，宋末的幼主赵昺在逃避元兵追击的过程中，从福建一路逃至广东的凤凰山。一天，他们疲惫不堪地爬上了乌家顶天池，累得汗流浃背，口渴难耐。年幼的赵昺坐在草地上不停地喊着要喝茶。随行的大臣无奈地告诉他，这里云雾缭绕，四周没有人烟，根本找不到茶喝。赵昺听后伤心地哭了起来，依旧不停地要求喝茶。就在这时，奇迹发生了！只见浓雾突然散开，天空中出现了一朵五彩祥云，云端上飞着一只美丽的凤凰鸟。凤凰鸟嘴里叼着一根带有绿叶的树枝飞了过来，将这根树枝投向了赵昺面前，然后驾着祥云缓缓离去。这一幕让在场的所有人都感到十分惊奇。

赵昺捡起那根树枝，发现叶子翠绿欲滴，非常惹人喜爱。出于好奇，他摘下一片叶子放入口中咀嚼，惊讶地发现这是一种从未见过的好茶。于是，他兴奋地将叶子分享给周围的人，大家尝过后也都赞不绝口。树枝上的叶子很快就被摘完了，但枝头上还留有两个茶果。赵昺好奇地剥开果壳，取出了里面的八颗茶籽，并将它们种在了地上。神奇的是，这些茶籽一落地便迅速生根发芽，长成了八株茶树。赵昺见状更加兴奋，又摘下了更多的茶果，取出其中的茶籽撒遍了山坡，并高呼："乌嘴茶啊，快快长大吧！"

果然，这些茶籽所到之处，都迅速长出了茂密的茶树，最终将整座山覆盖得郁郁葱葱。后来，这种茶在整个凤凰山区广泛种植，凤凰人将其称为"宋种"或"乌嘴茶"，以纪念这段传奇。

品鉴凤凰单丛

品鉴凤凰单丛茶不仅是一种饮茶行为，还是一场探索茶之精髓的旅行。我们可以使用七字诀对其进行细致的评估，即“醇、甜、甘、香、韵、滑、润”。

醇

指茶汤的醇厚度和质感。优质凤凰单丛应具有明显的醇厚感，茶汤入口时如同丝绸般顺滑，能够顺畅地滑过喉咙，无丝毫滞涩感，且喉部留有余香。

甜

指茶汤的蜜味和蜜香。品尝时，茶客能感受到茶汤中弥漫的浓郁蜜香与甜润滋味，这种甜并非单纯的糖分甜味，而是源自茶叶本身的自然甜润。

甘

指茶汤的回甘及力度。好的凤凰单丛不仅汤中有香，喝完喉底也有甘香和甘润的感觉，俗称“有喉底”。品饮时，回甘迅速而强烈，尤其是在喉部感受到的甘甜更加明显，回味悠长。

香

香气高锐浓郁，持久不散。初闻时，香气扑鼻，令人精神为之一振；细品时，冷香清幽，如幽兰般隽永。香中有味，即香气与茶汤的味道完美融合，形成独特的香气韵味。

韵

指“山韵”。凤凰单丛的“山韵”源自高山环境，茶叶内含氨基酸比例较高，带有一种近似苔藓的清新味道。

滑

浓醇爽口，浓而不涩，甘滑回香。滑是最高品质的象征，只有在整个制作过程非常完善的情况下才能体现。茶汤入口顺滑，即使浓度较高也不会感到涩口，反而有一种甘滑回香的感觉。

润

陈年的凤凰单丛甜润饱满，口感细腻柔滑，饮后口中仍有余香，不会感到滞重或涩口。

怎样选出好凤凰单丛

在选购凤凰单丛时，可以参考以下方法来鉴别出较为优质的好茶。

看外形

优质的茶叶细长紧结，色泽乌润，黄片（老叶）少，没有过多的断碎或霉变迹象。同时，好的干茶通常保留着小的白色芽头，这表明其制作工艺精良。

闻香气

优质的茶叶香气舒缓，带有清新自然的花香。香气细锐但不易察觉，且让人感到非常舒适，这类茶更是被视为极品。还可以分为干茶香和杯盖香。

干茶香

将盖碗烫热后放入干茶，轻轻摇晃，逼出香味。低档单丛可能因添加香精或工艺不佳，导致香气高飘刺激且很快消失，又或者因火候过大而导致香气浑浊；中档单丛香气清高持久，馥郁宜人，但茶汤中的香味较弱；高档单丛茶汤中的香气细锐绵长，回甘悠长，每泡都有不同的体验。

杯盖香

冲泡后，轻嗅杯盖内部的香气。低档茶的杯盖香微弱或没有；中档茶的杯盖香不持久；高档茶的雅致香紧紧依附杯盖，猛晃也不散。

品滋味

低档茶

浓香型可能带有火味，而清香型味道较为淡薄，容易出现苦涩感。

中档茶

浓香型茶汤厚实醇滑，层次丰富；清香型口感清爽，回甘良好。

高档茶

茶汤中蕴含丰富的香气，口感厚重绵滑，回甘强劲而不刺激，即使久泡也不会苦涩，舌底生津，整体体验自然舒适。上品凤凰单丛具有独特的山韵蜜味，二泡、三泡时香气最为浓郁，五泡、六泡时口感达到最佳状态。

“假力洗茶渣”

“假力洗茶渣”这个谚语源自凤凰山区的一个有趣故事。过去，茶农经常使用一种名为“孟臣”的紫砂罐来泡茶。这种茶罐经过长时间的使用后，罐壁上会积累一层赤红色的“茶沿”，这是茶叶中的天然物质在高温下沉积形成的，对泡茶有着意想不到的好处。它能够极大地提升茶汤的香气和浓度，甚至在只加入少量茶叶或不加茶叶的情况下，也能泡出具有鲜明色泽和香味的茶汤。

然而，有一位年轻的后生认为罐内不干净，便花了很大力气将茶罐彻底清洗干净。当他把干净的茶罐展示给长辈看时，非但没有得到表扬，反而被长辈严厉批评：“假力洗茶渣，力不得法，输过惰。”他的这一行为，虽然出发点是好的，但却违背了茶农们长期积累下来的泡茶智慧。后来，这个谚语也广泛地传播开来，用来形容那些热心但方法不当，最终吃力不讨好的行为。

乌龙茶名品

黄金桂

黄金桂，又称黄旦，是乌龙茶中的一款名茶，因茶汤金黄，香气如桂花，故名“黄金桂”。黄金桂的显著特点可以概括为“一早二奇”。“一早”指的是它的萌芽时间早，相较于其他乌龙茶品种，黄金桂更早进入采摘期，能更早上市。“二奇”指的是黄金桂的外形主要以“细、匀、黄”为特征，内质则表现为“香、奇、鲜”。所谓“一闻香气而知黄旦”，黄金桂的香气突出，令人难忘，在产区也被称为“清明茶”“透天香”，有着“未尝天真味，先闻透天香”的美誉。早在1982年，它就被商业部评为优质产品。1985年，黄金桂更是进一步获得了农牧渔业部和中国茶叶学会的认可，被评为“中国名茶”。

产地	福建省泉州市安溪县
茶条	紧结卷曲，细秀匀整
色泽	以黄绿色为主，油润有光
汤色	呈金黄色，清澈明亮
香气	高雅持久，带桂花香
滋味	清爽鲜美，回甘持久，令人回味无穷
叶底	柔软且均匀，呈黄绿色

黄金桂的传说趣谈

黄金桂作为一种历史名茶，其背后有着丰富的传说和故事。

奇树"透天香"

相传在清代咸丰年间，安溪县罗岩乡有一位叫魏珍的茶农。某天，他偶然路过北溪天边岭，发现了一株正在开花的奇异茶树，不禁心生欢喜，便将它的枝条折下，带回家中，插进了盆中，通过压条的方法繁殖出了不少茶苗。这些茶苗在魏珍的精心照料下茁壮成长，采摘后制成的茶叶香气扑鼻，令人陶醉。当魏珍邀请邻居品尝这些茶叶时，大家都为奇香倾倒，认为此茶香气浓郁，甚至还没揭开杯盖就已经扑鼻而来，因此赞誉为"透天香"。

姻缘育黄旦

据传，1860年春，安溪县罗岩乡灶坑村有一个名叫林梓琴的青年，他迎娶了西坪乡珠洋村的王暗淡为妻。按照当地的习俗，新婚后的青年夫妇要进行"对月换花"的仪式，新娘要从娘家"带青"过来，也就是带一种植物苗作为礼物，寓意着新娘将在婆家扎根繁衍。王暗淡带来的正是一株萌芽特早的野生茶苗。她将这株茶苗种植在了祖厝边的园地内，并与丈夫一起细心培育。随着时间的推移，这株茶树逐渐枝繁叶茂，采摘培制后的茶叶色泽黄绿，香气如同桂花，滋味鲜爽，赢得了众人的赞誉。夫妇二人发现此茶奇特，便对其进行了大量的繁衍和栽培，邻居也争相移植。由于这株茶树是王暗淡带来的，且"王"与"黄"在方言中同音，"淡"与"旦"语音相近，因此人们谐称其为"黄旦"。

茶乡婚俗

安溪作为中国著名的茶乡，有着丰富多彩的婚姻茶俗，除了"对月换花"之外，还有许多其他独特的婚俗习惯。这些习俗不仅体现了地方文化特色，还展示了茶在安溪人民生活中的重要地位。

对歌成婚

古代安溪的男女青年有一种特殊的婚前习俗——对歌成婚。这种习俗通常发生在茶园或特定场合，男女通过唱安溪茶歌来表达彼此的爱意和情感。这种方式不仅是寻找伴侣的一种浪漫方式，也是展示个人才华和魅力的机会。通过歌声交流，双方可以更好地了解对方的性格和兴趣。

婚宴敬茶

在婚宴过程中，新郎新娘有一项重要的任务，那就是向宾客敬茶。这通常是在上几道菜之后进行，新郎新娘会按照席位依次向每位宾客敬献香茗。宾客在接受茶水时，通常会说一些吉利的话语逗趣助兴，如果遇到故意开玩笑不愿接受茶水的宾客，新人必须保持耐心，反复敬茶直到宾客接受为止。

办盘习俗

在古代安溪婚俗中，"办盘"是一个重要的婚前礼仪环节。当男女双方确定了婚期后，男方家庭需要在婚礼前几天准备好聘金和其他礼品送到女方家中。这些礼品除了传统的鸡、酒、猪腿、线面、糖品外，茶叶也是必不可少的一部分。特别是对于茶乡的家庭来说，送上本地产的上好茶叶象征着对这段婚姻的美好祝愿和尊重。

黄金桂的茶疗茶食

黄金桂不仅是一种香气独特、味道鲜美的茶叶，还可以与其他食材结合，创造出美味的茶食和具有保健功效的茶疗。

玫瑰乌龙茶

原料 黄金桂茶3克，玫瑰花2克。

制法 将黄金桂的茶叶和玫瑰花一同放入茶壶中，用沸水冲泡约2分钟，待茶香与花香充分融合后即可饮用。

功效 玫瑰花具有活血化瘀的作用，能够促进血液循环，帮助肌肤保持光泽。

黄金桂本身有清热解毒、健脾和胃的功效，搭配玫瑰花更能起到调理肠胃、舒缓情绪的作用。

西湖牛肉羹

原料 瘦牛肉200克，豆腐250克，鸡蛋2个，香菜末、黄金桂茶末适量，盐、味精适量。

制法 1. 将瘦牛肉洗净后剁碎，放入沸水中焯熟，捞出备用。

2. 将豆腐切成小丁，香菜洗净切末，鸡蛋取蛋清备用。

3. 锅中倒入清水，加入牛肉、豆腐和黄金桂茶末，煮至沸腾。

4. 加入适量的盐和味精调味，然后缓缓倒入打散的鸡蛋清，并撒上香菜末，搅拌均匀即可。

功效 这道西湖牛肉羹香醇润滑，带有淡淡的茶香，非常适合秋冬季节食用，既能暖身又能滋养身体。黄金桂茶末的加入不仅能增添菜肴的独特风味，还具有和胃养肝的效果，帮助消化吸收，改善食欲。

黄金桂的冲泡方法

正确的冲泡方式可以帮助茶客们享受到一杯香气扑鼻、滋味醇美的黄金桂。

准备

准备一个紫砂壶或盖碗作为泡茶的主要工具，备齐茶匙、茶荷、品茗杯以及开水壶各一件，黄金桂7克。

温杯

先用热水冲洗紫砂壶或盖碗，提高茶具的温度，有利于激发茶叶的香气。

投茶

用茶匙将准备好的黄金桂干茶轻轻拨入紫砂壶或盖碗中。注意动作轻柔，避免茶叶破损。

冲泡

将100℃左右的沸水沿壶或碗边缓缓注入，使茶叶充分浸润。如果使用紫砂壶，可以稍待片刻，让茶叶在壶中翻滚，更好地释放香气。

浸泡

浸泡二三分钟，具体时间可根据个人口味调整，喜欢浓一点的可以适当延长浸泡时间。

倒茶

将泡好的黄金桂茶汤倒入品茗杯中，以七分满为宜。这样既能保证茶汤的鲜美，又能避免烫伤。

赏茶

随着茶汤的倒入，可以观察到汤色逐渐变得金黄透明，如琥珀般诱人。

闻香

轻轻晃动品茗杯，茶香扑鼻，如空谷幽兰，令人心旷神怡。

洗茶

第一泡茶通常作为洗茶，不喝，用于唤醒茶叶和预热茶具。

细品

从第二泡开始品尝，此时茶汤香气最佳。待茶汤冷热适中时，小口慢慢品茗，感受其纯香甘鲜的滋味。

第五章

清新纯正——白茶

白茶，因成茶的芽头满披白毫，如银似雪，故而得名。白茶制作不经杀青或揉捻，工序简单，可分为白毫银针、白牡丹、贡眉、寿眉等品类。今人常将新茶贮存，待它自然发酵成老白茶。白茶性清凉，具有清热解暑、降火解毒等功效。品饮时，新茶清新爽口，老茶醇厚甘甜。冲泡方式简单，深受国内外茶友喜爱。

素雅天成

白茶的特性

为了更全面地领略白茶之美，我们将从白茶的外观特征、汤色、口感等方面深入解读。

白茶的外观

白茶干茶呈现灰绿色，周身遍布细密的白毫，被爱茶之人誉为“绿妆素裹”的美人。这种独特的白色茸毛源自天然，并且因为在茶叶后续的加工过程中不揉不炒，直接晒干或烘干，它才能保留下来，让白茶能呈现出一种自然、纯净的美感。

白茶的汤色

新白茶的汤色，清澈而明亮，泛着淡黄或杏黄的色泽。随着岁月的沉淀，老白茶的汤色浓郁，橙黄色、琥珀色等色彩开始显现，这是色素物质在氧化作用下的自然变化。

白茶的口感

新白茶的茶汤，醇和爽滑，不苦不涩，回甘悠长，淡雅而持久。老白茶尝起来更加厚重饱满。尽管老白茶滋味浓郁，但它依然保持着柔和、细腻与顺滑的口感。

白茶的价值

在健康饮品的领域中，白茶赢得了许多人的青睐。除了口感外，白茶有许多对人体有益的营养成分。

增强免疫力

国外多项研究证实，白茶能显著提升人体免疫细胞的干扰素分泌水平，为人体免疫系统构筑起坚实的防线，有效抵御外部疾病的侵袭。

抗菌抗炎

白茶提取物被证实具有显著的抗菌能力，特别是针对葡萄球菌、链球菌等常见致病菌。

抗氧化与延缓衰老

白茶富含的天然抗氧化成分能够有效抵抗自由基的侵害，从而延缓人体的衰老过程。

调节血脂，助力健康减重

白茶在降脂、减肥方面展现出独特优势，能帮助调节人体内脂肪平衡。

保护肝脏

白茶能减轻肝脏负担，促进肝脏细胞的修复与再生，维护肝脏健康。

守护心血管健康

中国疾病预防控制中心的研究证实了白茶在心血管保护方面的显著作用，它能有效降低血脂水平，减缓血栓形成，为心血管健康提供坚实保障。

千年雪韵 白茶史话

白茶作为中国传统名茶，在历史文献中多有记载，从中我们可以窥见白茶在历史长河中的演变轨迹，感受其独特的魅力。

史料中的白茶

茶圣陆羽在《茶经》中引用了《永嘉图经》的记载："永嘉县东三百里有白茶山。"这一描述，被视为目前已知的关于白茶的最早文字记录。然而，唐代尚未形成白茶的生产工艺。因此，从文献的角度进行推测，陆羽所提及的"白茶"，可能是指那些天生具有白化变异的白叶茶树种，或是那些芽叶上覆盖有白色茸毫，被当时的人们称为白茶的树种。

宋代，宋徽宗在《大观茶论》中写道："白茶自为一种，与常茶不同。其条敷阐，其叶莹薄。崖林之间偶然生出，盖非人力所可致……芽英不多，尤难蒸焙……须制造精微，运度得宜，则表里昭澈，如玉之在璞，他无与伦也……"这里提到的"蒸焙"工艺，并不是通常概念中的白茶制作工艺，联想到当时的贡茶流行龙凤团茶，可以推测宋徽宗记录的"白茶"应该也是蒸青绿茶的一种，只是原料有可能和唐代一样，来自特殊的"白茶"树种。

明代，田艺蘅所著的《煮泉小品》里提到："芽茶以火作者为次，生晒者为上，亦更近自然。"符合白茶以萎凋为主的加工方法。现代人普遍认为，田艺蘅在《煮泉小品》中所提到的"白茶"才是关于真正的六大茶类之一白茶。

从唐代到明代的史料中可以看出，早期文献中的"白茶"多因树种得名，但制作工艺却不尽相同。随着时间的推移，白茶的加工工艺逐渐明确，形成了如今独特的白茶品类。

景谷大白

白茶的树种介绍

白茶的品质与风味和茶树品种紧密相关，以下列举的是常见的白茶树种。

菜茶

菜茶是一种通过种子繁殖的灌木型茶树，栽培历史长达千年。由于它常被种植在民居周围，与菜园作物相似，因此得名。菜茶曾是白茶的重要原料，多用于制作贡眉、寿眉，偶尔也用于制作白牡丹，但由于茶芽较细，制成的白茶毫毛不够明显，香气偏淡，所以不太适合制作白毫银针。如今，随着更高效益的大白茶品种的出现，菜茶的种植面积逐渐减少。

福鼎大白茶

福鼎大白茶是一种小乔木型中叶早熟品种，被誉为“华茶1号”。它产自福建省福鼎市太姥山，1857年成功移植，后在白茶产区广泛种植。1984年被认定为国家良种。福鼎大白茶芽头肥壮，白毫密布，内含物质丰富，是制作高品质白茶的理想选择，特别是白毫银针和白牡丹，具有茸毛洁白、汤色鲜亮的特点。

福鼎大毫茶

简称大毫。小乔木型，但叶片较福鼎大白茶更大，早熟。1880年由福鼎市点头镇的茶农选育而成，1984年被认定为国家良种。茶叶茸毛洁白如雪，非常适合制作白茶，尤其是白毫银针和白牡丹，同时也适用于其他茶类的制作。

福安大白茶

小乔木型大叶早生品种，原产于福建省福安市，后广泛分布于福建省东部及北部，乃至全国多地。尽管福安大白茶的色泽略显深沉，但芽头饱满，滋味清甜，香气清雅，汤质醇厚，也是制作红茶和绿茶的优选。

政和大白茶

植株高大，大叶特征，晚熟品种。原产于福建省南平市政和县，所产白茶色泽深邃，茶芽壮硕饱满，特别是制成的白毫银针，外观色泽银灰，香气清鲜，又有甘甜回味。

水仙茶

小乔木型大叶品种，原产于福建省南平市建阳区，栽培历史超过百年。芽叶肥壮，香气浓郁，滋味醇厚，最适合制作乌龙茶，特别是漳平水仙乌龙茶。同时，也可用于白牡丹、贡眉的制作，尽管色泽偏深，但品质优良的水仙茶香气馥郁，甜爽耐泡。

福云6号

小乔木型大叶特早生品种，是福建省农科院茶叶研究所的创新成果。出产的茶条细长匀整，色泽亮丽，白毫显露，甜爽可口，尽管用来制作白茶香气稍逊，但在绿茶和红茶的制作上有很好的表现。

景谷大白

景谷大白的种植历史较久，制作的白茶名叫“月光白”，味道浓厚，长期存放后能转化出梅子风味，非常有特色。

寿眉

白毫银针

白茶的工艺和分类

白茶的独特风味和品质，离不开精细的制作工艺，其中萎凋与干燥是最为关键的两大步骤。

萎凋

根据气候条件的不同，白茶的萎凋技术灵活多变，主要分为室内自然萎凋、加温萎凋和复式萎凋三种。这些方法虽然操作细节有所差异，但共同的目标都是让茶叶在适宜的环境下逐渐失去水分，进而形成白茶特有的色泽、香气和口感。

室内自然萎凋

在室内自然萎凋的过程中，鲜叶被摊放在通风良好、无阳光直射、温湿度适宜的萎凋室内。经过一系列的开青、并筛、堆放与后续萎凋、拣剔等操作，茶叶逐渐呈现出灰绿的色泽，散发出香气。

加温萎凋

当阴雨连绵时，加温萎凋便成为首选。通过加温设备精确控制温湿度，加速茶叶的萎凋过程，确保茶叶在不利天气条件下也能保持优良品质。

复式萎凋

复式萎凋则是将日光萎凋与室内自然萎凋相结合，充分利用自然光照，进一步提升茶汤的醇度和香气，一般用来制作“大白”和“水仙白”的春茶。当夏季阳光过于强烈时，则不宜使用复式萎凋。

· 白茶室外萎凋

· 白茶晒场

干燥

白茶的干燥技术主要分为焙笼烘焙和烘干机烘焙两种。两种方法各有千秋，共同的目标都是确保茶叶干燥均匀，巩固前期萎凋所形成的品质。

焙笼烘焙

焙笼烘焙作为传统的白茶干燥方法，能够最大程度地保留茶叶的传统风味和色泽。烘焙过程主要分两步，初次烘焙使用明火，二次烘焙使用暗火，师傅们凭借丰富的经验和精湛的手艺，精心控制火候和时间，让茶叶在焙笼中逐渐干燥。这种烘焙方式主要用在自然萎凋和复式萎凋的后续制作中。

烘干机烘焙

烘干机烘焙更加高效便捷，适用于大规模生产。通过精确控制烘干机的进风口温度和摊叶厚度，进行两次烘焙，可以确保茶叶在短时间内达到理想的干燥程度。这种干燥方法不仅提高了生产效率，还保持了白茶的绿色，减少了青味。

注意，无论采用哪种方法，干燥结束后都需要立即进行包装和储存，确保茶叶不受潮变质。

· 茶叶挑拣工艺

岁月沉香

品赏老白茶

俗话说："姜还是老的辣。"在白茶的世界里，贮存多年的茶也独有一番风味，它就是受到众多茶客偏爱的老白茶。

老白茶的定义

老白茶通常指存放时间在三年以上的陈年白茶。新白茶带有清新的"豪香蜜韵"，呈杏花香，随着时间的推移，3 年至 8 年逐渐转变为荷叶香，8 年至 15 年间则散发出枣香，而 15 年以上的老白茶会呈现出更为深沉的木质香气。

香气的演变会伴随着汤色的转变，从最初的浅黄色逐渐过渡到深黄色，乃至红棕色，滋味也由清新转为醇厚，口感更为润滑，茶性也由凉性转为温和。老白茶具有清热解毒、降脂减肥、抗氧化等多重功效，民间有"一年茶，三年药，七年宝"的说法，可见老白茶的珍贵价值。

怎样选出好老白茶

对于钟爱老白茶的茶友而言，掌握一套精准的甄别技巧是关键。

审视干茶

外形

优：上乘老白茶散茶状态下叶片与芽头自然舒展，少有碎叶与杂质，整体匀整度高；饼茶压制松紧适中，饼面平整，边缘规整。

次：如果外形杂乱、断碎严重，就不是好茶。

色泽

优：老白茶的色泽会随年份的增长而显著变化，十年以上者色泽深褐近乎黑；五年陈者以褐色为主，隐约可见绿意；三年散茶绿色渐淡，呈现柔和灰绿，饼茶因工艺原因色泽会更深。

次：白毫脱落严重，外观干枯灰暗，则可能转化不佳，品质受损。

嫩度

优：优质老白茶手感柔软而有韧性，叶片与芽头不易破碎。

次：若干茶僵硬、脆裂，或含较多老叶、粗梗，则嫩度不足，品质相对较低。

观验茶汤

香气

优：优质老白茶的茶汤香气层次丰富，冲泡时药香与蜜甜香交织相融。

次：若香气淡薄、转瞬即逝，或伴有霉味、酸味等异味，则品质存疑。

色泽

优：十年以上老白茶有着酒红的汤色，五年老白茶有着橙红的汤色，三年内的老白茶汤色更淡，是清新的橙黄色。

次：汤色的透亮度与品质密切相关，如果茶汤浑浊，就不是好茶。

口感

优：滋味醇厚细腻，入喉顺滑，余韵悠长，回甘明显。年份越老，口感越饱满圆润。

次：滋味淡薄、苦涩重或有异味，则品质差。

在品鉴茶汤后，还可以通过观察叶底的色泽、柔韧度及匀齐度来综合评判茶叶的整体品质。健康的叶底应呈现自然色泽，如老树叶般柔韧有弹性，若叶底颜色异常、软烂无弹性，则品质可能受到影响。

云山蕴雪

白茶产地

福建省的福鼎市与南平市政和县，虽同为白茶的重要产区，却各自有着独特的风土人情与制茶底蕴。两地在白茶的发展历程中共同书写着白茶的传奇。

福鼎地区

福鼎市地处福建省的东北部，属于亚热带季风性湿润气候，年均温 19.5℃，年降水量超 1300 毫米，四季温润多雨。境内地形以山地丘陵为主，太姥山等自然屏障有效阻挡了冷空气，让这里常年云雾缭绕，湿度大，光照条件好，温暖湿润，为茶树提供了理想的生长环境。福鼎市的茶园星罗棋布，沿山峦而上，有利于茶树充分吸收阳光和雨水，保障了茶叶的产量与品质。

福鼎白茶史

据福鼎市太姥山地区的民间传说，太姥女神蓝姑曾以白茶救治患麻疹的孩童，被后世尊为白茶始祖。清代《太姥山全志》明确记载白茶“性寒凉，功同犀角”。闽东北民间长期沿用白茶配伍冰糖治疗风火牙痛、小儿麻疹等症，至今福鼎乡间仍保留以陈年白茶缓解小儿高热惊厥的传统疗法。

明清时期，福鼎茶业进入规模化发展阶段。吴氏家族在翠郊村营建占地 18 亩的江南典型合院式民居，建设这座古建筑群的资金就源自白茶贸易。现存的翠郊古民居建筑群完整保留了清代茶商家族的生活场景，宅院中的茶仓、账房等空间布局清晰展现了白茶贸易鼎盛时期的运营模式。

太姥山鸿雪洞丹井旁存活的古茶树“绿雪芽”，经植物学家考证树龄逾六百年，这株茶树作为现存最古老的白茶树种，成为印证福鼎茶史千年传承的活标本。

· 翠郊古民居建筑群

· 福鼎市太姥山风光

政和县

政和县地处福建省北部，属亚热带季风性湿润气候，年均气温为 14.1℃至 18.6℃，年降水量约 1600 毫米，四季分明且雨热同期。境内以山地丘陵为主，地势北高南低，海拔多在 400 米至 1000 米之间，土壤以红壤、黄壤为主，土层深厚肥沃，适宜栽培茶树。县域位于武夷山脉与福鼎之间的过渡地带，地貌多褶皱起伏，核心茶区集中于石屯镇、东平镇、熊山镇等温暖湿润的河谷地带。茶山层叠如浪，晴日远眺如工笔勾勒的绿意长卷，与福鼎的云雾写意形成鲜明对照。高海拔区域昼夜温差显著，配合丰沛降水与林间漫射光，为茶树积累内含物质提供了先天优势。

· 福建省政和县白茶产区风光

政和茶史

政和茶史悠久，在宋代已是北苑贡茶的产区，到了明清时期，政和白茶生产已有了很大的规模。据《茶叶通史》载，咸丰年间县域内制茶厂逾百家，雇工达千余人；至同治时期，私营茶坊仍存数十家，年产茶超万箱。中国茶学家陈椽教授在《福建政和之茶叶》中详述政和茶区茶业繁盛：外销以工夫红茶、白毫银针为最，前者远销俄美，后者输往德国；白牡丹、白毛猴等主供东南亚及华南市场，堪称县域经济支柱。民间谚语“嫁女不慕官宦家，只询茶叶与银针”，映射出茶业对民生之重要性，足见政和茶业渗透至市井的文化根基。

政和生态与茶树品种

政和县的地貌以低山丘陵为主，雨水充沛，年降水量丰富，土壤类型多样，为茶树生长提供了得天独厚的环境。政和大白茶、福安大白茶等大白树种尤为突出，其中政和大白茶作为晚生品种，品质上乘，是制作白毫银针的不二之选。菜茶树种则是贡眉的主要原料。它们共同构成了政和白茶的丰富品种。

白毫银针　白牡丹　贡眉

政和白茶的特色工艺

政和白茶制作工艺遵循古法，核心在于萎凋与焙火。日光萎凋需选择阳光柔和时段，避免晒伤茶叶，确保茶叶均匀失水，促进内含物质转化。焙火工艺则采用轻火炭焙方式，既能去除多余水分，又能提升茶叶品质。

如今，白茶产业已成为政和县经济的重要支柱。全县茶园面积达11万亩，茶叶年产量约1万吨，政和工夫红茶与白茶并驾齐驱，共同推动当地经济发展。在全县众多家茶企中，不乏专注于传统白茶制作工艺的企业，它们在传承与创新中不断提升政和白茶的品质和品牌影响力，为这座小城增添了更多的光彩。

白茶名品

白毫银针

在福建省的山水间，有一种历史悠久的名茶，被誉为茶中的“美女”与“茶王”，它就是白毫银针，通常简称“银针”，又有茶友叫它“白毫”。它的美，不仅在于外形的优雅，更在于色泽、香气和滋味的和谐统一。

白毫银针采摘于福建省闽东的翠绿山峦，那里气候温和，雨量充沛，非常适合银针茶树的生长。白毫银针的鲜叶原料全部是茶芽，通过精细的采摘与加工，制成的茶叶形状如同细针，表面覆盖着密集的白色茸毛，色泽洁白如银，因此得名。这种茶在加工时，不需要经过炒制和揉捻，而是直接采用萎凋或干燥的方式制作，从而保留了茶叶最原始、最自然的味道，这也使得它成为最健康的茶叶之一。

白毫银针还具有较高的药用价值。在传统医学中，白毫银针被认为能清热解毒，传说其功效可与犀角相媲美。

产地　福建省闽东、闽北各县

茶条　肥壮而挺直，披满银白色的茸毛，状似银针

色泽　银白，光泽莹润

汤色　浅杏黄色，清澈而明亮

香气　清新而持久，毫香显著

滋味　鲜爽而甘醇，滋味醇厚，回甘悠长

叶底　叶底肥硕，色泽鲜活

白毫银针的两大产地

白毫银针有两大核心产地——福建省的福鼎市与政和县。它们如同茶界的南北双璧，各自以其独特的地理气候和制茶工艺，孕育出了风格迥异却同样令人赞叹的白毫银针。

北路银针

北路银针，源自福建省福鼎市，以原叶采自当地特有的茶树品种福鼎大白茶而著称。北路银针外观美丽，芽头饱满，毫毛浓密且有光泽，茶汤清澈，呈现杏黄色，香气淡雅，口感温和。

福鼎大白茶亦称福鼎白毫，原产于福鼎地区的太姥山，种植历史悠久，可追溯至清代，甚至更早。太姥山的地理环境和气候条件对北路银针独特风味的形成起到了至关重要的作用。海拔高度带来的温差和云雾缭绕的环境，使得茶叶生长周期长，有利于茶叶内质的积累，形成了北路银针清鲜爽口、回味甘凉的独特风味。

南路银针

南路银针，源自福建省政和县，茶树品种为政和大白茶。相较于北路银针，南路银针的茶叶外形更加粗壮，芽体更长，毫毛稍微稀薄一些，光泽度也略显不足，然而香气却十分清鲜，口感浓郁。政和大白茶最初源自政和县铁山的高仑山头，大约在 19 世纪初期被选育出来。南路银针的特点是茶内质丰富，耐泡性强，汤味醇厚，香气清芬。

白毫银针的传说趣谈

很久以前，在福建省政和县的土地上，一场大旱伴随着瘟疫给人们带来了深重的灾难。传说，在洞宫山的龙井旁，生长着几株神奇的仙草，它们的汁液拥有治愈百病的功效。许多勇敢的青年踏上了寻找仙草的旅程，但无人归来。

在这片苦难的土地上，志刚、志诚和志玉三兄妹决定轮流去寻找传说中的仙草。大哥志刚首先出发，他在山脚下遇到了一位神秘的白发老者，老者告诉他仙草的位置，并警告他上山的路上只能勇往直前，绝不能回头。志刚攀登至半山腰，被一声突如其来的大喊所惊，他回头一看，立刻化作了山中的一块新石。

大哥未归，二哥志诚紧随其后，他的命运与大哥如出一辙，也在半山腰化为了巨石。最终，寻找仙草的重任落在了小妹志玉的肩上。

志玉出发后，同样遇到了那位白发老者，老者不仅重申了不能回头的警告，还赠予她一块烤糍粑助她前行。志玉感谢老者后，继续踏上旅途。当她到达乱石岗时，四周响起了诡异的声音，她灵机一动，用烤糍粑塞住耳朵，坚定地前行，最终成功攀至山顶，找到了龙井旁的仙草。

志玉小心翼翼地采下了仙草的种子，迅速下山，回村后她将这些种子播撒在山坡上，不久之后，山坡便长满了茶树，所产的茶叶就是后来闻名遐迩的白毫银针。

白毫银针的采摘原则

白毫银针卓越的品质主要归功于采摘与原料挑选上的高标准、严要求。这种对品质近乎完美的极致追求，体现在白毫银针的“十不采”原则中。

雨后不采

雨水会冲淡茶叶的香气，因此雨后的芽头不纳入采摘之列。

露水未干不采

带着露水的芽头含水量高，不宜制作，故待露干后再采。

细瘦芽不采

只选择肥壮的芽头，细瘦的芽头不合要求。

紫色芽头不采

紫色芽头通常意味着茶叶品质不佳，因此被排除在外。

风伤芽不采

受风伤损害的芽头品质受损，不适用于制作白毫银针。

人为损伤芽不采

任何因人为损伤的芽头都不被采用。

虫伤芽不采

遭受虫害的芽头同样不符合制作标准。

开心芽不采

开心芽即芽头已展开，失去了银针所需的紧实形态，不采。

空心芽不采

空心芽内质不足，不适合用来制作高品质的白毫银针。

病态芽不采

任何病态或不健康的芽头都不被选用。

白毫银针是这样制作的

从茶树梢头的嫩芽，到杯中沉浮的香茶，这中间不仅涉及采摘的最佳时机，还包括了一系列复杂的制茶步骤。

采摘

福鼎市的茶叶在清明节前采摘，因为这时候的茶芽最嫩，滋味清鲜；政和县的茶叶在清明节后采摘，这时候的茶叶滋味更浓厚。

晴天采摘茶叶，因为阳光有助于茶叶中水分的自然蒸发，使茶叶更容易干燥，同时能保留茶叶的香气和滋味。

自然萎凋

将茶芽摊平在阳光下晒，让茶叶自然失去部分水分，有助于茶叶香气的形成。

筛选芽叶

在萎凋过程中，一些芽叶可能会展开或者变色，这些都需要剔除，以确保茶叶的品质。

低温烘焙

将晒好的茶芽用低温慢慢烘焙，直到完全干燥。低温烘焙可以防止茶叶烧焦，保持茶叶的自然色泽和香气。

自然晾干与烘干

如果天气不佳，茶叶会先自然晾干，等到天气好转再继续晒干或用文火烘干，确保茶叶完全干燥，便于保存。

白毫银针的冲泡方法

轻轻将适量的白毫银针置于玻璃杯中，建议的茶水比例为 1 ∶ 50，可根据个人口味进行微调。茶叶的清香随之逸出。接着，向杯中注入约三分之一的热水，水温在 98℃左右。注水时，水流要均匀，避免忽大忽小。再次注水，直至杯中水达到七分满。注水后，轻轻旋转杯身，让茶叶在水中充分苏醒，释放出潜藏的香气与精华。

随后，让茶叶在水中静置五分钟，欣赏它们在水中的浮沉变化。初时，茶叶如尖尖细芽，芽朝天、蒂端垂地，轻盈悬浮于水面，继而缓缓沉落，宛若春笋破土，生机勃勃。待茶汤逐渐呈现出淡雅的杏黄色，便可开始品鉴。第二泡时，可适当延长浸泡时间至八分钟；第三泡则可延长至十分钟。

白毫银针的价值

在华北地区，白毫银针被视为治疗麻疹的灵丹妙药。白毫银针在国际市场上同样赢得了赞誉——欧美的茶商钟爱它那满披白毫的芽头，将其巧妙地混入高级红茶之中，几枚白毫银针的加入，便能让茶汤的色泽和风味更上一层楼。

白茶名品

白牡丹

白牡丹，荣列中国十大名茶，是福建省的历史名茶。这款茶因叶片间夹着银白色的茶毫，冲泡后犹如含苞待放的牡丹花蕾而得名。白牡丹的原料精选自大白茶树或水仙种的短小芽叶新梢，采摘时一般只取一芽二叶（也有一芽一叶），冲泡后颜色鲜亮，茶毫清晰可见。喝上一口，鲜爽的味道伴随着长久的回甘，让人回味无穷。

叶底 叶张肥硕细嫩，叶脉微微泛红，形态完整，生动鲜活

滋味 清纯甘醇，带有微妙的毫味，滋味醇厚而不腻，回甘悠长

香气 香气清鲜，毫香明显，馥郁持久

汤色 澄黄明亮，清澈如镜

色泽 深灰绿或暗青苔色为基调，绿叶间夹杂着银白毫心

茶条 两叶拥一芽（也有一芽一叶）构成。芽叶相连，自然伸展

产地 福建省福鼎市和政和县

白牡丹的分级

白牡丹按照外形和内质可分为特级、一级、二级、三级，共四个等级。

特级白牡丹

茶叶毫心密布，叶张细嫩，色泽灰绿或翠绿，与银白的毫心相得益彰，展现出一种高雅和谐的美感。茶叶形状匀整，芽叶相连，破张极少。冲泡后，茶汤清澈橙黄，香气鲜嫩纯爽，毫香扑鼻，滋味清甜醇厚，浓厚且毫味浓郁，令人回味无穷。叶底毫心肥壮，叶张软嫩，颜色黄绿微红，叶脉明亮。

一级白牡丹

茶叶毫心显著，叶张细嫩，色泽灰绿带暗绿，部分嫩叶背有白茸毛，毫心银白，并夹杂着嫩绿叶片和铁板片。茶叶形状尚匀整，虽有破张但整体美观。冲泡后，茶汤清澈淡黄色，香气鲜嫩纯爽，带有独特的韵味。滋味尚清甜，醇爽且带有毫香，令人陶醉。叶底毫心稍多，叶张软嫩。

二级白牡丹

茶叶有毫心但稍瘦，叶张细嫩，色泽灰绿欠匀，带有黄绿及暗红片。芽叶相连，破张稍多但仍显匀整。冲泡后，茶汤深黄尚清澈，香气鲜美纯正，略带毫香，令人心旷神怡。滋味浓醇，叶底稍有毫心，叶张尚软但叶色稍红，有破张但整体品质仍属上乘。

三级白牡丹

白牡丹中的基础级别。茶叶仅有少数瘦毫心，有部分芽尖，叶张稍粗。色泽黄绿夹红或枯绿暗杂，芽尖连一叶，破张多且叶张平展或稍折皱。冲泡后，茶汤深红或微红，香气纯正，或微粗，或带青气。滋味浓，稍粗或稍粗淡。

白牡丹的传说趣谈

西汉一位名叫毛义的太守，他厌倦了官场的尔虞我诈，决定携母归隐山林，追寻一份难得的宁静与自由。一日，他们骑白马游弋于青山绿水间，忽然被一股淡雅而奇异的香气所吸引。

随着香气的指引，他们来到了一处仙境，遇见了一位仙风道骨的老者。老者微微一笑，手指向莲花池畔的十八株白牡丹花，那香气正是来源于此。母子俩被这片土地的宁静与美丽深深打动，决定定居于此，与白牡丹为伴。

然而，母亲因劳累过度而病倒，毛义心急如焚，四处求医问药。在梦中，他再次遇见了那位老者，老者告诉他："唯有鲤鱼搭配新茶，方能治你母亲之病。"醒来后，他惊讶地发现母亲也做了同样的梦，两人相视一笑，认为这是上天给予的指引。

可是寒冬腊月，新茶难寻。无助之际，奇迹发生了。那十八株白牡丹花仿佛感应到了他们的诚意，竟化作了茶树，枝头挂满了嫩绿的新芽。毛义采摘后晒干，发现它们宛如白牡丹花，香气四溢。他用这些新茶煮鲤鱼给母亲吃，母亲奇迹般地痊愈了。最后，母亲化作一道青烟，飘然成仙，成为这片青山的守护者。

人们为了纪念毛义和他的母亲，将这里出产的名茶命名为"白牡丹"。

白牡丹的采摘原则

白牡丹的采摘过程需严格遵循一系列的标准，从原料选择到采摘时机，每一步都需精心把控，以确保最终制成的白牡丹品质上乘。

春茶为尊，捕捉鲜爽之源

春天，茶树经过一冬的休眠，生长旺盛，内含物质丰富，是制作高品质茶叶的最佳时期。因此，制作白牡丹只选取春季的第一轮嫩梢进行采摘，以确保茶叶的鲜爽度与品质。

精准采摘，一芽二叶

白牡丹遵循“一芽二叶”的原则。这意味着每片茶叶需包含一个肥壮鲜嫩的茶芽和两片与茶芽长度相近的嫩叶。

三白特征，彰显品质之美

优质的茶芽需具备“三白”特征，即茶芽及两片嫩叶均需满披白色茸毛。白色茸毛不仅为茶叶增添了独特的美感，更富含多种对人体有益的氨基酸和微量元素。

白牡丹是这样制作的

白牡丹的制作仅包含萎凋与焙干两道工序，虽看似简约，但其中的工艺技术却是制茶人智慧与经验的结晶。

萎凋艺术，自然天成

萎凋要求制茶人根据气候的微妙变化，灵活掌握萎凋时间与方式。春秋晴天或夏季不闷热的晴天是进行自然萎凋的最佳时机。将采摘下的鲜叶均匀摊放在室内，在自然环境中缓缓失水，茶叶逐渐软化，香气初现。条件允许时会采用复式萎凋，进一步促进茶叶内部变化，使茶香更加浓郁。

焙干定型，锁住精华

完成萎凋之后，进入焙干阶段。这一步是为了去除茶叶中多余的水分，确保茶叶形态和香气的稳定。

精制加工，追求完美

毛茶制成后需经过精制工序，才能成为最终的成品茶。精制过程中，制茶人先手工拣除梗、片、蜡叶及杂质，之后，再进行一次烘焙。焙干时要采用文火慢烤的方式，目的是让烘焙带来的微妙香气仅仅作为茶香的背景，凸显茶叶本身的香毫。如果火候太大，茶叶的香味可能会失去鲜爽；火候不够，茶叶的香味又会显得不够饱满。

装箱封存，静待品鉴

当茶叶中的水分被精确调控到4%至5%时，就可以趁着余热将其封装保存。当人们轻轻揭开茶叶盒，一股清新雅致的茶香扑鼻而来，那一刻，便是白牡丹茶制作工艺的完美呈现。

白牡丹的冲泡方法

要完美释放这朵“茶中牡丹”的迷人魅力，冲泡技巧至关重要。

将5克白牡丹放入预热后的容量200毫升的杯中，倒入少量90℃的热水，轻轻摇晃几下后迅速倒出，这一步有助于唤醒茶叶，去除表面的杂质。

接着，再注入90℃的热水至满杯，静待1分钟，一杯色泽清澈、香气四溢的白牡丹茶便冲泡完成。

用茶壶冲泡，过程则更为讲究。取7克至10克白牡丹茶投入预热后的茶壶中，同样先倒少量90℃的热水进行温润，然后迅速倒出。接下来，用100℃的开水注满茶壶，盖上壶盖，闷泡45秒至60秒即可。高温闷泡，茶汤更加醇厚，香气更加浓郁。

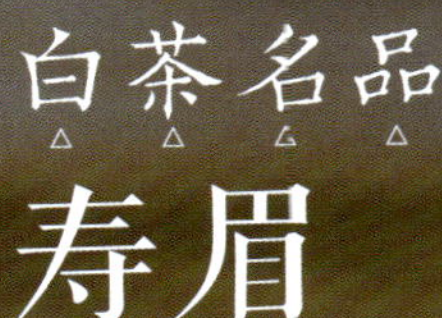

白茶名品

寿眉

寿眉是白茶中产量最高的品种，因茶叶形状与老寿星的眉毛相似而得名。寿眉的制作原料主要选用一芽三叶、一芽四叶，甚至不带茶芽的粗老叶。这种差异化的原料选择，赋予了寿眉不同于白毫银针和白牡丹等白茶的口感特征。

制成当年的寿眉，口感可能略显粗淡，这是因为原料中含有丰富的纤维和半纤维物质。然而，这并不影响寿眉的独特魅力。经过长期存放的老寿眉口感会发生显著变化，更加醇厚回甘，散发出迷人的枣香。这种转变使得老寿眉成为泡煮咸宜的佳品。

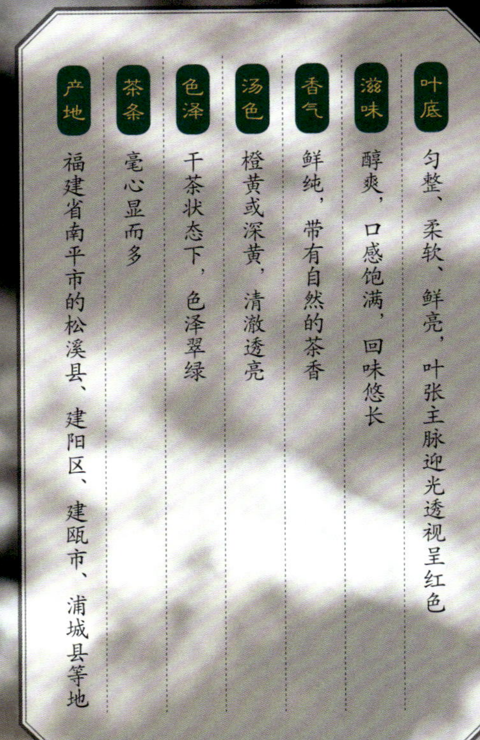

叶底　匀整、柔软、鲜亮，叶张主脉迎光透视呈红色

滋味　醇爽，口感饱满，回味悠长

香气　鲜纯，带有自然的茶香

汤色　橙黄或深黄，清澈透亮

色泽　干茶状态下，色泽翠绿

茶条　毫心显而多

产地　福建省南平市的松溪县、建阳区、建瓯市、浦城县等地

寿眉与贡眉的异同

寿眉和贡眉都是白茶的一种，它们有着深厚的渊源。据说，清代有对萧氏兄弟，二人制作的寿眉品质出色，被选为宫廷贡品，又称“贡品寿眉白茶”，简称“贡眉”。不过，那时候的贡眉与现在我们在市场上看到的贡眉在原料和制作工艺上有很大的不同。

寿眉和贡眉都使用福鼎大白茶、福鼎大毫茶、政和大白茶等优质茶树的鲜叶作为原料。但在原料的选择上，贡眉更倾向于使用鲜嫩且肥壮的芽叶，通常是一芽二三叶的嫩梢，这样制成的茶叶有明显的毫心，叶片稍微肥嫩，芽叶相连，叶片微微卷曲，颜色为灰绿或墨绿。贡眉的内质丰富，入口甜爽，汤色浅黄明亮，而且非常耐泡。存放时间越长，贡眉的香气越丰富，口感越顺滑甜醇，既可以冲泡也可以煎煮，常散发出枣香、桂花香等迷人的香气。而寿眉原料采摘于4月下旬，相对于贡眉原料来说，叶片更加粗老。因此，寿眉干茶在香气和口感的鲜爽度上通常不及贡眉。

寿眉

贡眉

寿眉是这样制作的

寿眉春茶的采摘主要集中在谷雨至立夏之间，此时的寿眉叶片虽粗老，但内含物质丰富。从立秋到寒露是寿眉秋茶的采摘时间，此时的寿眉，因茶梗较多使得茶汤滋味更为厚重。

寿眉的制作工艺与贡眉相似，包括萎凋、烘干、拣剔、烘焙和装箱等步骤。

萎凋不仅能减少茶叶的水分，更重要的是通过失水条件引发茶叶自身的生物化学变化，即“生化”，使得茶叶的内含物质得到了充分的转化和释放。

通过烘干，茶叶中的水分被进一步去除，确保了茶叶的干燥度和稳定性。同时为寿眉增添了更多的层次的韵味。

拣剔是寿眉制作中不可或缺的一步。制茶人会仔细挑选出不符合标准的茶叶，使茶叶更加整齐、匀净。

烘焙是寿眉制作过程中的关键一环。通过烘焙，茶叶的香气和口感得到了进一步的提升。同时，烘焙还能够去除茶叶中可能存在的异味和杂质。

最后，经过精心包装的寿眉会被装箱保存。确保寿眉茶叶在运输和储存过程中的品质与口感。

· 福鼎老寿眉茶饼

寿眉的冲泡方法

选用透明玻璃杯或玻璃盖碗，能更好地欣赏寿眉在水中的姿态和叶白脉翠的叶底。冲泡寿眉需从温杯开始，倒少许开水于茶具中，既清洁又升温，随后将水倒掉。接着，用茶匙取约 3 克寿眉，轻轻置于温热的茶杯中。将水温控制在 80℃至 85℃，避免高温破坏茶叶风味。此时，茶叶翠绿肥壮，静待水的唤醒。

沿杯壁缓缓注入少量热水，浸润茶叶，使其初步舒展，水量约为杯子的四分之一。浸润后，左手托杯底，右手扶杯，顺时针轻轻转动茶杯，让茶叶进一步吸水，香气四溢，约半分钟，茶香满室。

随后，采用回旋注水法，将热水从杯缘缓缓注入，茶叶在水中旋转起舞，加水至杯子的三分之二处，静候 2 分钟，让茶叶尽情释放精华。

冲泡完毕，先闻茶香，清新雅致；再观汤色，清澈明亮；最后小口品饮，味道鲜爽，回味甘甜，口齿留香。品茶之余，别忘了观察叶底，寿眉白茶叶张透明，茎脉翠绿，非常可人。

寿眉——广州茶楼与香港人的情感纽带

寿眉（白茶）淡雅的口感与茶楼悠闲的氛围不谋而合，在广州茶楼里，寿眉稳坐当家茶品的宝座。

从清代中期广州成为珠三角政治经济中心开始，饮茶文化逐渐兴起并传播至香港，在当地形成了独特的早茶和下午茶文化。香港人习惯喝白茶，许多老人还会珍藏白茶，以备不时之需，因为白茶久存后具有一定的药用价值。白茶不发酵或轻微发酵的特性，不仅清热解暑、解毒，还能清肺火、止咳化痰、提神醒脑，对胃寒之人尤其友好。

寿眉作为广州茶楼与香港文化的共同语言，不仅滋养了身体，更是连接两地人民情感的纽带。

· 广东人吃茶雕塑

第六章

醇爽黄汤——黄茶

黄茶属于轻发酵茶，制作过程与绿茶相似，包括杀青、揉捻、闷黄和干燥等步骤。其中，“闷黄”是关键，它利用湿热作用，促使茶叶中的茶多酚发生氧化，转化为茶黄素，使茶叶呈现出温暖的黄色，同时降低了茶的刺激性，赋予了黄茶“黄汤黄叶，甘醇爽口”的特性。历史上，黄茶曾备受文人墨客、富商巨贾乃至皇室贵族的喜爱。然而，随着时代的变迁，绿茶的流行使得黄茶逐渐失去了市场。近年来，随着消费者饮茶需求的多样化和个性化，黄茶焕发出新的生机。

黄茶的特性

黄茶作为中国传统六大茶类之一，凭借独特的制作工艺和丰富的天然成分，形成了独树一帜的色、味、效。从金黄透亮的茶汤到醇厚回甘的滋味，再到多元的养生价值，黄茶诠释了东方茶饮的深厚底蕴。

黄茶的颜色

黄茶的“金镶玉”之美源于独特的闷黄工艺。鲜叶经过杀青、揉捻后，在湿热环境中自然转化，叶片中的天然色素逐渐沉淀，使得干茶呈现金叶裹银毫的色泽，冲泡后茶汤如琥珀般透亮，叶底如初春嫩芽般柔黄。这种从干茶到茶汤、叶底的三重金色，仿佛将阳光封存在茶叶中，形成视觉与味觉的双重享受。

黄茶的口感

黄茶在制作时，因茶叶在湿热环境中缓慢转化，原本青涩的成分会转化为甘甜物质，所以形成了“鲜爽如春泉，回甘似蜜糖”的独特风味。品饮茶汤时，入口甘润，饮后喉间留有淡淡花香。这种温润不刺激的茶性，使黄茶适合秋冬季节品饮。

黄茶的价值

黄茶在制作过程中产生了活性酶。这种活性酶有着促进消化、改善食欲的作用。同时，黄茶富含茶多酚，它能有效延缓细胞老化，维持身体的年轻状态。黄茶还有辅助调节胆固醇水平、维护血管弹性的功效，有利于心血管健康。此外，黄茶中含有的多种抗菌成分，能够抑制常见致病菌，在一定程度上起到预防疾病的作用。

怎样选出好黄茶

黄茶品类多样，工艺差异造就了外形、香气和滋味的不同。挑选时需从干茶到茶汤层层考察，结合视觉、触觉与味觉综合判断，方能寻得品质上乘的好茶。

观验干茶

品质上乘的黄茶，干燥酥脆，轻轻一捏，芽叶就会破碎。细闻干茶，清新甜香。而品质不佳的黄茶，茶体绵软，难以捏断，这很可能是受潮或者储存不当导致的。如果干茶散发着陈味、酸味或烟熏味，这类黄茶就需谨慎选择。

外形

优：君山银针以芽头挺直如针、白毫密布为优；蒙顶黄芽讲究条索扁直紧实；黄大茶需叶片肥厚、梗叶相连完整；黄小茶条索紧结卷曲。

次：品质欠佳的君山银针芽身瘦扁或茸毛稀疏；蒙顶黄芽条索松散弯曲；黄大茶破碎断梗多；黄小茶松散无型。

色泽

优：干茶呈现鲜活的金黄色，芽叶间金毫与嫩绿交织。

次：若色泽暗沉发灰，或夹杂褐色斑块，可能是发酵过度或存放不当所致。

嫩度

优：芽叶比例直接影响品质。优质黄茶芽头饱满，叶片柔嫩，茶梗细短。

次：茶梗粗硬、芽少叶多，原料粗老，成茶滋味单薄。

品评茶汤

冲泡后的表现才是黄茶品质的终极考验。茶汤的香气、色泽、滋味共同构成评判标准，缺一不可。

香气

优：热水激荡下，好茶会释放清雅的甜花香或熟果香，香气纯净持久。

次：次茶则可能泛出青草味、焦糊味、闷酸味，这类异味往往挥之不去。

汤色

优：优质黄茶汤色如蜜蜡般透亮，迎着光线可见杯沿浮现金圈。

次：汤色浑浊发暗，或漂浮絮状物，这类茶多因工艺缺陷或储存问题导致。

滋味

优：好茶入口鲜爽甘醇，似山泉般清润，饮后舌底生津，喉韵绵长。

次：劣质茶或带明显苦涩，或滋味寡淡，甚至泛起酸涩，饮后口腔发干。

古法流芳

黄茶史话

从唐代贡品，到明清工艺成熟，直至现代标准革新，黄茶历经千年淬炼，呈现出从自然馈赠到匠心工艺的演进轨迹。

贡茶初现与工艺萌芽

黄茶的诞生始于唐代对茶叶自然黄化的发现。唐大历十四年（779年），淮西节度使李希烈进献“黄茶二百斤”，证明中唐时期已生产黄茶。

早期黄茶多因绿茶工艺偏差形成——杀青不足或堆积过久引发氧化泛黄，意外造就了茶叶“黄叶黄汤”的特质。唐代文献记载的“霍山黄芽”与“蕲门团黄”正是自然黄化茶的早期形态，标志着唐代对黄茶工艺的初步探索。

制茶技艺的系统化演进

明代许次纾在《茶疏》中记载了黄茶的演变：“乘热便贮，虽有绿枝紫笋，辄就萎黄”，揭示当时的黄茶工艺仍处于萌芽阶段。

到了清代，黄茶工艺始成体系。光绪年间，赵懿所著的《蒙顶茶说》对四川蒙顶山僧人制作蒙顶黄芽贡茶的流程记载得极为详尽。当时采用的是先用透气性良好的竹纸将茶叶包裹起来，以加热的方式促使茶叶闷黄，之后再开展揉捻和复烘的工序。

现代标准化生产体系

随着时代的演进，黄茶加工技术也在不断革新。如君山银针在清代形成了严格的分级制度，采摘茶叶后，必须进行“拣尖”操作，即把芽头和叶片分开。其中，芽头形状如同利箭，且周身布满白色绒茸的，被命名为尖茶，作为贡品进献，因此也被叫作“贡尖”；而经过拣尖后剩下的叶片，便是苑茶，又称为“贡苑”，这种茶颜色偏黑，茸毛稀少，不被当作贡品。这种茶叶分类和处理方式一直延续到1952年。1953取消传统拣尖工序，改为按标准直接采摘芽头；闷黄工艺改进为两次发酵，时长由两昼夜延长至更精准控制。技术改良使干茶色泽更鲜黄明亮，香气浓郁度与口感醇厚度显著提升，标志着黄茶生产从传统经验向现代标准化的重要转变。

黄茶的分类

根据鲜叶嫩度和芽叶大小，黄茶主要分为黄芽茶、黄小茶和黄大茶三大类。

黄芽茶是黄茶中的顶级品类，仅在清明前后采摘单芽或一芽一叶初展嫩梢，芽头匀整且茸毛多，像君山银针、蒙顶黄芽等都是代表茶品。干茶金黄油润，冲泡后茶芽竖立，汤色澄黄，香气清幽，口感鲜爽回甘，君山银针还有“三起三落”的独特现象 。

黄小茶的原料相对成熟些，多采一芽一叶或一芽二叶，以精细工艺取胜，如湖南沩山毛尖、浙江平阳黄汤等。外形或似雀舌，或如兰瓣，干茶黄绿相间，汤色杏黄，香气丰富，滋味醇和，既有绿茶的清鲜又有黄茶的温润 。

黄大茶选用谷雨前后较粗老的一芽三叶或一芽四叶，尽显山野韵味。皖西黄大茶与广东大叶青是代表，前者梗壮叶肥，有“锅巴香”，后者条索粗犷，滋味浓强，都适合大壶闷泡，醇厚解腻。

黄芽茶

黄小茶

黄大茶

闷黄秘技

成就黄茶之美

黄茶的制作工艺复杂而精细，一般包含摊晾、杀青、揉捻、闷黄等环节。

第二步：杀青

通过杀青以钝化酶的活性，促进茶青内含物质的转化。黄茶的杀青温度较绿茶稍低，采用多闷少抛的技法，营造高温湿热的环境，使叶绿素降解，同时多酚类化合物发生非酶性自动氧化和异构化，生成少量的茶黄素，为黄茶形成黄汤、黄叶提供物质基础。

第一步：摊晾

通过摊开晾晒使鲜叶损失部分水分，增强茶中酶的活性，同时让叶片变柔韧，便于后续造型。

第四步：闷黄

闷黄工艺是影响黄茶品质的关键工序。从具体操作来看，闷黄工艺做法多样。有的是将半成品茶叶堆积起来，有时还会拍紧后盖上棉套，有的则用纸把茶叶包紧。闷黄的次数也有差异，有的只闷一次，有的要闷两次。在闷黄过程中，湿热环境发挥着关键作用，能让黄茶的滋味更加甜醇，减少苦涩口感。

不同类别的黄茶在闷黄工艺上有所不同，主要体现在茶叶含水量、叶温以及闷黄时间的控制等方面。这些不同组合，造就了各类黄茶独特的风味与品质。

第三步：揉捻

揉捻可以促进黄茶的黄变，但揉捻过重会造成茶汁损失过多，使茶汤寡淡。因此，对于茶质较嫩的黄芽茶，如蒙顶黄芽、君山银针等，可以省掉揉捻环节；而对于茶青粗老的黄叶茶，适度揉捻则非常必要。

金叶遍野

中国黄茶产区分布

黄茶作为中国六大茶类之一，产区分布广泛。产区主要集中在湖南、湖北、四川、安徽、浙江等省份，其中湖南岳阳享有"中国黄茶之乡"的美誉。因地理环境差异，各产区形成了独具特色的黄茶品类：浙江平阳、东阳、泰顺等地以黄汤（黄小茶）闻名；安徽黄山、霍山、金寨、岳西、六安等地盛产黄芽茶；安徽霍山、岳西、金寨、六安及湖北英山、宜昌等地则以黄大茶著称，其中霍山黄大茶产量最大，品质最优；广东韶关、清远等地也有少量黄茶出产；台湾南投、嘉义等地同样保留着黄茶制作工艺。

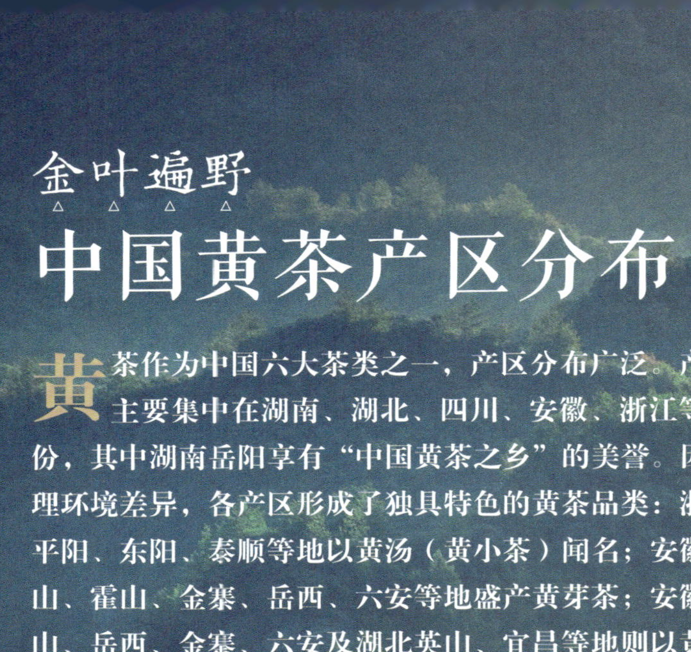

· 湖北省宜昌市远安县晨雾中的村庄

· 湖北省宜昌市远安县沮水河畔

湖北黄茶区

湖北黄茶的核心产区位于宜昌市远安县，地处鄂西山区与江汉平原的过渡地带。县内群山连绵，沮河、漳河、西河等水系纵横交错，森林覆盖率达74.5%，为黄茶生长提供了天然屏障。

湖北黄茶的历史可追溯至南宋时期，起源于远安鹿苑寺僧人的茶田耕作。历经七百余年发展，从寺院茶园扩展至民间种植，其工艺体系逐渐成熟。1966年，远安黄茶的采摘与加工技艺被编入全国农业院校教材，奠定其学术地位。此后远安黄茶陆续斩获“中国名茶”“国家地理标志产品”等荣誉，品质备受认可。

· 湖南省岳阳市君山岛上的茶田

湖南黄茶区

长江与洞庭湖交汇处的湖南省岳阳市是湖南黄茶的灵魂产地。这座城市位于北纬 28° 至北纬 30° 的黄金产茶带上，洞庭湖蒸腾的水汽与长江流域的湿润季风在此交融，年均超 1300 毫米的丰沛降水，长达 280 余天的无霜期，配合疏松肥沃的黄红壤土层，造就了黄茶生长的天然之境。

核心产区君山岛如同一颗镶嵌在洞庭湖中的翡翠，这座海拔不足百米的湖心岛，砂质土壤富含矿物质。唐代史料记载岳阳产的“灉湖含膏”后来演化为君山银针，清代成为贡茶时，官府甚至设立专人在谷雨前督采“一旗一枪”的顶级嫩芽。距离君山岛 30 千米的北港河两岸盛产北港毛尖，河水冲积形成的油砂土赋予茶叶独特的“金镶玉”色泽。长沙市宁乡县沩山孕育出的沩山毛尖，在民国时期就已远销甘肃、新疆等地。

如今，岳阳黄茶生产规模不断扩大，产品远销海外。每年春季，茶农们制茶依然遵循着千年时序：晨雾中采摘的鲜叶，经八小时摊晾后进入闷黄室，在温度与湿度的精密调控下，茶叶逐渐呈现出杏黄光泽。这种跨越时空的技艺对话，让岳阳既保持着“中国黄茶之乡”的荣光，又在现代农业体系中书写新的产业传奇。

君山银针

北港毛尖

· 安徽省六安市金寨县天堂寨镇风光

安徽黄茶区

皖西大别山北麓的霍山县、金寨县及岳西县是安徽黄茶的核心产区。这里群峰叠翠，佛子岭、磨子潭等水库滋养的溪流纵横交错，年均降水充沛，海拔 500 米至 800 米的山峦常年笼罩着云雾，弱酸性土壤与昼夜温差为茶树生长提供了得天独厚的条件，霍山县素有“金山药岭名茶地”的美誉。

霍山黄茶的历史悠久，可追溯至唐代，李肇在《唐国史补》中提及“寿州霍山黄芽”曾是贡品。清光绪年间的《霍山县志》更是赞誉其“久服得仙”。1971 年至 1972 年间，当地茶人凭借不懈努力，挖掘并恢复了古老的黄芽制作技艺。进入 21 世纪，机械化生产日益普及，然而，顶级霍山黄茶的精制过程，依然坚持沿用传统的手工技艺，以示对品质的至高追求。如今，霍山黄茶以芽型、芽叶型及多叶型三大品类享誉四方。

如今的皖西茶乡，既有机械化、规模化生产的茶厂，也有深山中坚守炭火烘焙的手工作坊。每逢春茶季，茶农穿梭于云雾缭绕的梯田，指尖轻采“一旗一枪”的嫩芽，茶香裹挟着山风，续写着千年黄茶的山水诗篇。

· 金寨县六安茶谷

浙江黄茶区

浙江省温州市平阳县与浙江省湖州市德清县，以不同的生态环境，分别孕育出“平阳黄汤”“莫干黄芽”两大黄茶瑰宝。平阳县枕山面海的地理格局与德清县竹海云山的生态秘境，形成黄茶生长的“双生画卷”。

平阳县雁荡山的云雾茶园，年均降水量超 1600 毫米，春茶萌芽比别处早十余天。这里的红壤土层饱含矿物质，晨雾裹挟着海风掠过茶园，赋予平阳黄汤独特的“山海之韵”。200 千米外的德清县莫干山则是另一番景象：93.5% 的森林覆盖率中，三万亩茶园与十八万亩毛竹共生，竹根水滋养的黄泥沙土呈弱酸性，年均 1400 毫米降水在峡谷间形成天然水帘，造就莫干黄芽“清凉世界出暖香”的特质。

从雁荡山的海雾茶园到莫干山的竹海秘境，浙江黄茶在传承与创新中，续写着茶叶的山海传奇。

· 云雾缭绕的雁荡山

· 莫干山夏日风光

·蒙顶山茶园“大地指纹”

四川黄茶区

蒙顶山位于四川省雅安市名山区，这座位于青藏高原与川西平原之间的茶山，以年均 2000 毫米的丰沛降水和近 300 天的云雾，孕育出中国黄茶珍品——蒙顶黄芽。作为“茶文化圣山”，这里每一片茶叶都烙印着两千年的文明印记。

雅安“雨城”的名号，在蒙顶山得到极致诠释。海拔 1456 米的主峰上清峰终年笼罩着雨雾。东望峨眉峻岭，南接大相岭群峰，西倚夹金山雪域，北瞰川西平原，青衣江如碧带蜿蜒山脚。山势巍峨，五峰错落似莲瓣舒展，云雾终年缭绕峰巅，古木苍翠，溪涧清幽。清代诗人徐元禧曾以“五顶参差比，真是一朵莲”盛赞其形胜，山间七十四处古刹遗迹与摩崖石刻，更添人文底蕴，素有“仙山秘境”之誉。

这片灵秀之地自古便是茶文化圣地。西汉，吴理真携“灵茗之种”植于蒙顶五峰之间，所育茶树“高不盈尺”“迥异寻常”，开人工种茶之先河。因茶园多分布于山巅云雾带，故得名“蒙顶茶”。这里土壤丰沃，昼夜温差显著，漫射光充沛，茶树芽叶饱含芬芳物质。蒙顶山不仅以茶载道，更以茶铭史。山间的古道石阶曾见证茶马互市的繁华，茶都大道上的吴理真雕像迎接着世界各地对蒙顶茶的赞叹。

黄茶名品

君山银针

君山银针是中国十大名茶之一，属于黄茶类，产自湖南岳阳洞庭湖君山岛。茶叶外形笔挺如针，芽头饱满匀整，外层银白茸毛密布，内里金黄透亮，“金镶玉”外观是其标志性特征。

君山银针的历史可追溯至唐代，当时称为“黄翎毛”。清代被列为贡茶。《巴陵县志》中记载，每年谷雨前需精选“一旗一枪”的鲜嫩芽叶进贡，因茸毛显著也得名“白毛茶”。

君山银针冲泡时极具观赏性，茶芽在热水中先直立悬浮，随后如游鱼般上下沉浮，起落可重复三次。叶片舒展时形似青螺立于银盘。君山银针中品质最精的“贡尖”曾专供皇室，如今仍是茶中珍品。

叶底 金黄透亮，舒展匀整，质地饱满厚实

滋味 醇和柔润，甘甜清爽，回味纯净悠长

香气 清香鲜灵如新摘嫩叶，透出鲜活生机

汤色 澄澈杏黄，明净如琥珀流光

色泽 银毫雪白鲜亮，芽芯金黄隐现，金镶玉韵

茶条 黄绿披白毫，芽头茁壮紧实，挺直如剑

产地 湖南省岳阳市洞庭湖君山岛

君山银针的传说趣谈

在湖南岳阳的君山岛一带，流传着关于君山银针的美丽传说，滋养着这片土地上的茶香与文化。

娥皇女英遗爱君山

相传，4000多年前的远古时代，娥皇、女英两位贤妃不仅以美貌著称于世，更以仁爱之心播撒着希望与温暖。在一次云游中，她们偶然间将一粒珍贵的茶种播撒在了君山岛上。这粒种子逐渐生根发芽，长成了名扬四海的君山银针。茶芽挺拔如剑，色泽翠绿，冲泡后更是香气扑鼻，令人陶醉。

五代十国时，后唐明宗李嗣源初登大宝后，偶然间品尝到了用君山白鹤泉水冲泡的银针茶。当开水注入杯中，热气升腾，一只白鹤从茶水中腾空而起，向明宗点头示意后翩然飞去。水中的茶芽则如春笋般整齐悬浮于水中，随后缓缓下沉，宛如雪花飘落，美不胜收。侍臣见状，连忙解释这是君山银针独有的奇观，象征着皇帝的洪福齐天与臣民的敬仰臣服。

白鹤真人赐仙茗

初唐年间，云游道人白鹤真人自海外仙山携回八株灵茶幼苗，植于洞庭湖君山岛。他于此修建白鹤寺，开凿白鹤井，以井水冲泡茶叶时，蒸腾水汽便幻化为白鹤凌空翱翔，此茶因此得名“白鹤茶”。又因茶芽形似雀羽、色泽如金，民间亦称“黄翎毛”。

此茶须以白鹤井水冲泡方显鹤影。某次进贡途中，江上风浪很大，倾覆所载白鹤井井水，官员不得已取江水替代。皇帝品饮时未见白鹤奇观，怅然叹道：“白鹤竟亡矣！”此言一出，竟成谶语——白鹤井一夜枯竭，白鹤真人踪迹全无。唯余岛上茶树生生不息，经千年培育，终成今日闻名遐迩的君山银针，而那随茶雾升腾的仙鹤则永远定格在茶史传说之中。

君山银针是这样制作的

每年清明前夕，洞庭湖君山岛迎来采茶时节。经过整个冬季的蓄力，茶树萌发的嫩芽达到一年中的完美状态——芽头饱满挺直，长约 3 厘米，外层裹着密实的银白色茸毛。采茶人挎着垫有棉布的竹篮，指尖轻巧地摘取符合标准的嫩芽。雨水会冲淡茶香，低温会冻伤芽叶，遇到这样的天气，采摘只能暂停。那些空心、瘦弱、弯曲或带虫眼的芽头，也会被一一剔除。

这些百里挑一的嫩芽，随即开始历经三天三夜的蜕变。第一天，鲜叶在铁锅中快速翻炒三分钟，高温锁住清香，去除青涩味。随后，茶叶被摊晾在竹匾上冷却，随后送入烘笼用炭火低温慢烘，直到茶芽挺直如针。第二天，茶叶被牛皮纸包裹，存入木箱静置两天，芽芯逐渐透出金黄，如同阳光照射的琥珀。第三天，经过两次复烘与静置，茶芽彻底干燥，变得轻脆易折，用指尖轻弹芽身，听到清脆的响声才算合格。

最后的考验是眼力分拣。经验丰富的老师傅将茶叶分为三个等级：特级银针的芽头粗壮笔直，银毫如雪且完全覆盖，冲泡后茶汤透出明亮的金黄色；一级银针稍短些，茸毛均匀但略薄，茶汤浅金清澈；三级银针偶有弯曲，茸毛零星可见，汤色淡黄却依然甘润。

君山银针的冲泡方法

茶具

冲泡前，需备齐一系列器具：水壶，耐高温且密封性好的玻璃杯，按照茶水比 1 ∶ 50 准备的茶叶，茶荷赏茶，茶匙拨茶，茶巾擦拭，水盂盛废水，奉茶盘置茶杯。

水温

水温是冲泡的关键，可将水烧至沸腾后降至 70℃左右，或根据个人喜好和茶叶特性选择。先用热水温杯，旋转杯身均匀受热后倒出水。温杯不仅能提升杯温，避免水温骤降，还能让茶叶更好地舒展。

方法

将适量茶叶置于茶荷中，细细观赏其外形，随后，用茶匙轻柔地将君山银针拨入玻璃杯中，茶芽缓缓落至杯底。接下来先向杯中注入约四分之一杯热水进行润茶，水流须轻柔，避免冲击茶叶。再采用凤凰三点头的方式将水冲至七分满，茶叶在杯中翻滚浸润，茶香四溢。冲泡时速度要快，壶嘴从杯口迅速提至一定高度，保持水有力冲击茶叶。

时间

冲泡后，需耐心等待 3 分钟至 5 分钟，君山银针茶芽吸水后茶尖朝上，芽蒂朝下，上下浮动，最终竖立于杯底，有的茶芽甚至能三起三落。杯中热气升腾，如君山云雾。

黄茶名品

蒙顶黄芽

蒙顶黄芽发源于四川省雅安市名山区的蒙顶山，这片终年云雾缭绕的灵秀之地，自西汉起便孕育出独特的茶文化。唐代时，蒙顶茶被列为贡品，宋元文人雅士以“扬子江心水，蒙山顶上茶”之句盛赞其地位。明清时期，蒙顶黄芽凭借“金叶黄汤”的特质成为皇室专享，其名见于《本草纲目》《天下名山记》等典籍，茶史脉络清晰可循。此茶的传奇源于严苛的原料选择和独创的“双包黄”工艺。这一技艺在清末几近失传，直至1958年国营蒙山茶场成立，古法方得系统复原，蒙顶黄芽也被定为国礼茶。如今，蒙顶黄茶依原料老嫩分为黄芽、黄小茶、黄大茶三类，其中黄芽承袭千年贡茶基因，以金毫密布、汤色杏黄、叶底嫩黄的“三黄”特征，续写着“茶中故旧是蒙山”的传奇。

叶底	呈嫩黄色，形态均匀规整
滋味	入口醇厚甘甜，余味绵长
香气	甜润香气显著，馥郁持久
汤色	澄黄明亮，泛透碧玉光泽
色泽	芽叶鲜黄油润，毫光隐现
茶条	扁平笔直，芽体密披银毫
产地	四川省雅安市名山区蒙顶山

蒙顶黄芽是这样制作的

蒙顶黄芽的制作是一场与时间的精准对话。每年春分前后，茶树萌发出一年中最鲜嫩的芽头，茶农们仅挑选饱满的单芽或一芽一叶初展的嫩梢，剔除空心芽、病虫芽，确保原料纯净。每斤成茶需手工采摘上万个芽头，方得茶叶精华。从枝头新芽到杯中金汤，蒙顶黄芽的诞生凝聚着千年技艺的传承。每一道工序都是自然与匠心的共舞，最终成就一盏“金镶玉色，甘润千年”的茶中珍品。

杀青定香

鲜叶投入铁锅，通过高温快速锁住鲜味，去除青草气。制茶师以“闷抖结合”的手法翻炒，待茶香溢出、叶片变软时出锅，此时水分减少近半。

初包染金

趁热用草纸包裹茶叶，于灶上静置一小时。湿热环境促使茶叶自然泛黄，甜香物质逐渐生成，这是形成黄茶特有风味的关键步骤。

二炒塑形

回锅翻炒，通过抖、压等手法初步塑形，同时散去多余水分，茶芽渐显扁直轮廓。

复包增韵

二次包裹茶叶约 60 分钟，控温控湿，让黄色更深融入芽叶，茶味愈发醇厚。

三炒固色

再次翻炒至半干，进一步固定形态。

静置凝香

将茶叶摊放在垫了草纸的竹簸箕中，再盖草纸保温，静置两天，水分重新分布，黄汤黄叶的特征完全显现。

整形提毫

第四次慢炒，边压边拉直，使茶芽扁平挺直，提高芽温，茶毫逐渐全部显露，银毫金芽相映生辉。

慢焙锁味

炭火低温烘焙，每隔几分钟翻动一次，直至茶叶彻底干燥，使香气持久稳定。

严选分级

成品茶按芽头大小、茸毛密度分级，特级茶需芽形匀整、茶毫密布。

蒙顶黄芽的存储方法

蒙顶黄芽的保存需从容器选择、存放环境、防潮措施及定期检查等多方面综合考虑，以确保茶叶品质的持久与风味的纯正。

首要的是容器应具备优良的密封性能。锡罐或瓷罐因防潮与防异味特性成为理想的存放容器，能有效保护茶叶免受外界环境的侵扰。

存放环境同样至关重要。应选择阴凉干燥、避光且远离异味源的位置，以免茶叶因光照、高温或异味的影响而品质受损。针对南方潮湿气候，冷藏保存不失为一种有效的保鲜手段。但在此之前，务必确保茶叶已被密封，以防湿气侵入。冷藏能显著延缓茶叶的陈化过程，保持新鲜度。

此外，定期检查茶叶状态亦不可忽视。若发现茶叶香气有所减弱，可适当进行短时复烘处理，以恢复原有风味。然而，复烘操作需谨慎，以免过度加热对茶叶品质造成不利影响。

蒙顶黄芽的冲泡方法

选水

泡茶用水首选清澈的山泉水，清轻甘活的软水也是佳选，能充分激发蒙顶黄芽的香气与滋味。

茶具

选择高度10厘米至15厘米、杯口直径4厘米至6厘米的无色透明玻璃杯，便于观赏茶叶在水中的曼妙舞姿，包括汤色与茶毫之美。同时，备好茶匙等必要器具。

温杯

用沸水温杯，去除茶垢灰尘，提升杯温，为冲泡创造最佳条件。温杯后务必倒净水分，以免影响茶汤浓度。

选茶

开始泡茶前，先赏茶，将2克至3克蒙顶黄芽置于茶荷中，细细观察蒙顶黄芽的扁直外形、微黄色泽及显露的芽毫，感受干茶的独特韵味。

茶量

按照茶叶与水1：50的比例投茶，即每杯投2克至3克茶叶，冲水100毫升至150毫升。用茶匙轻柔地将茶叶放入杯中，准备冲泡。投茶时需小心，避免茶叶受损。

润茶

随后进行润茶，采用回旋注水法，沿杯子周边轻柔旋转注水，注水量占杯容量的四分之一至三分之一，浸润时间20秒至60秒，使茶叶吸水膨胀，便于内含物质释出。

水温

冲泡时，等水温降至70℃至85℃，先快后慢地将水冲入茶杯至二分之一处，使茶芽湿透，再冲至七八分满。冲泡时可运用“凤凰三点头”手法，提高水壶，让水由高处向下冲，同时利用手腕力量反复提举水壶三次，促使茶叶有效成分迅速浸出。

浸泡

可观赏茶芽在水中的奇妙变化，从横卧水面到吸水下沉，再到气泡浮力作用下浮升，上下沉浮，美不胜收。在此过程中，静心欣赏，勿急于搅拌或晃动茶杯。

品茗

蒙顶黄芽浸泡4分钟至6分钟口感最佳，浸泡时间过长则茶水苦涩。小口慢品，滋味甜香浓郁，有回甘。

黄茶名品

霍山黄芽

霍山黄芽是中国传统黄茶的代表，产自安徽省六安市霍山县的高山茶园。这一茶品历史悠久，唐代已有记载，明代被列为宫廷贡茶，古称“仙芽”，后因战乱工艺失传，直至1971年才依据古籍成功复原。

霍山黄芽的核心产区位于大别山腹地，海拔600米以上的山区终年云雾缭绕，雨水充沛，昼夜温差显著。独特的漫射光照与肥沃的酸性土壤，为茶树提供了理想的生长环境。霍山黄芽沿袭传统黄茶制作技艺，形成“金黄汤、嫩黄叶”的典型特征。

叶底	呈黄绿色，质地嫩匀且厚实
滋味	醇厚度显著，甜味持久且无明显苦涩感
香气	清新高扬，带有似熟板栗的香味
汤色	浅黄绿色，透明度高且色泽均匀稳定
色泽	绿润带黄，油润度明显，无杂色斑点
茶条	条索短小尖细，表面密布银白色茸毛
产地	安徽省六安市霍山县

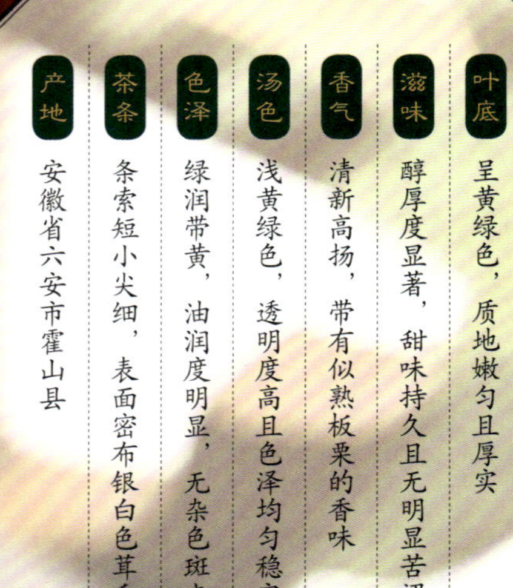

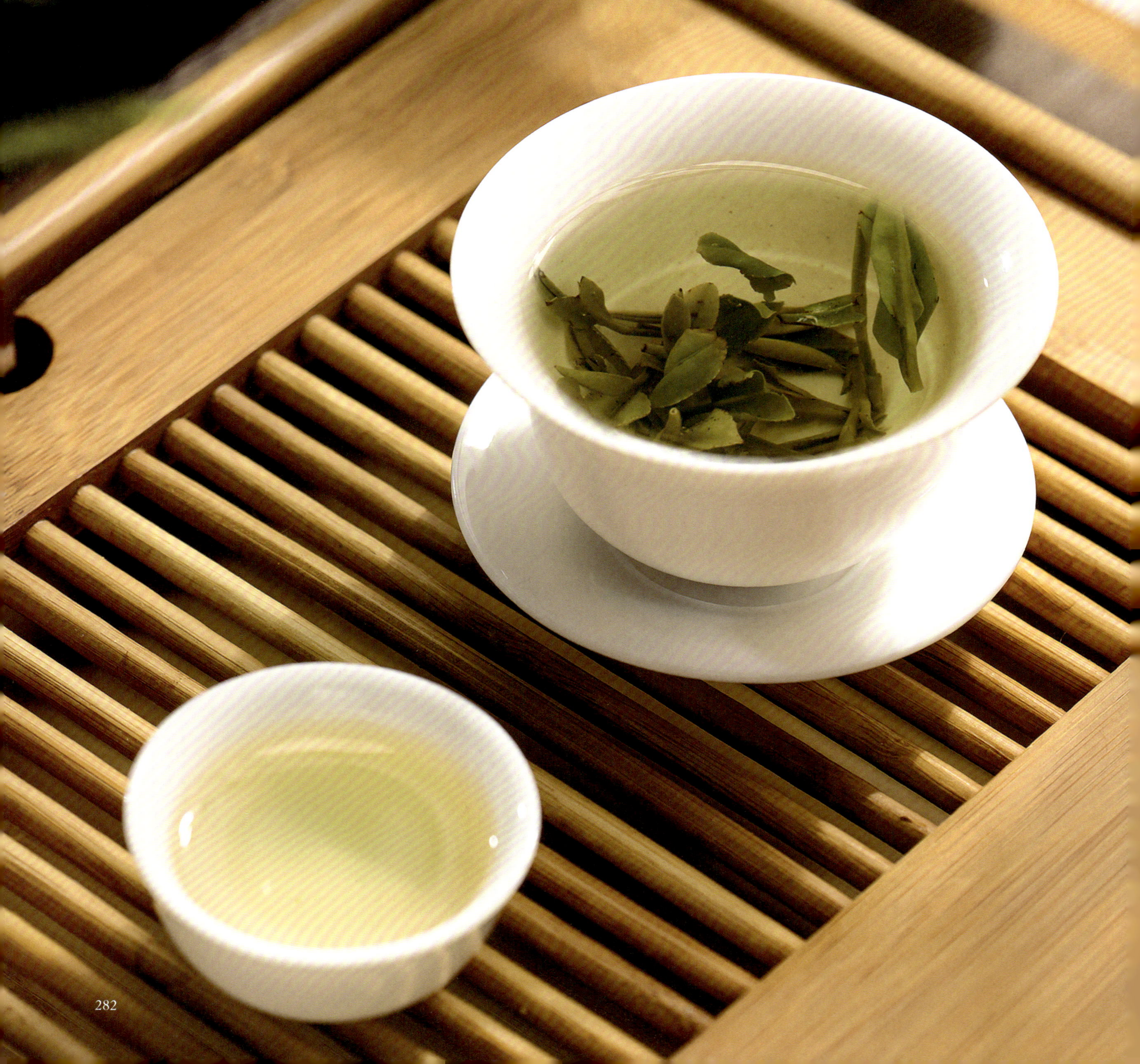

霍山黄芽的传说趣谈

传说，唐太宗的御妹玉真公主，生于帝王之家，却自幼便对功名利禄毫无眷恋，一心向佛，秉持善念。京城中的大小寺庙，常常能看到她的身影。有一回，唐太宗为玄奘法师前去西域取经举行饯行法会。在这场法会上，玉真公主邂逅了一位来自霍山南岳庙的游方高僧。高僧见玉真公主面容慈悲祥和，气质超凡脱俗，便对她说道："公主心怀慈悲，自幼与佛结缘，实在是世间难得。倘若能前往东南方出家修行，日后必定能修成正果。"这番话让玉真公主更加坚定了出家修行的想法。

在一个秋高气爽、阳光明媚的日子，玉真公主悄然离开了京城。她历经长途跋涉，来到了霍山。在霍山县令和南岳高僧的协助下，她在挂龙尖上的一座庵里成了一名尼姑，并担任了住持。玉真公主在京城时向来不沾荤腥，唯独对茶情有独钟。而霍山正是闻名遐迩的黄芽茶之乡。在诵经弘法之外的闲暇时光，她常常带领庵中众尼，跟随当地茶农一同采茶、制茶，乐在其中。

刚开始接触采茶、制茶时，玉真公主四处拜访当地茶农，虚心向他们请教经验。数年光阴过去，玉真公主终于领悟了茶叶制作的精髓，总结出了一套完整的采茶、制茶方法。她制作出来的茶叶，散发着一种独特的清香，备受当地茶农称赞，茶农们也常常向她请教制茶过程中遇到的难题。

有一天，一位农妇带着一包自己制作的生茶前来请玉真公主品尝并给予指导。她品尝后十分惊讶，发现这茶虽然制作较为粗糙，可茶叶品质极佳。玉真公主急忙询问农妇这茶产自何处，农妇回答说，此茶产自抱儿峰（今霍山县太阳乡金竹坪附近）。从那以后，每年春季谷雨之前，玉真公主都会带领众尼翻山越岭，前往抱儿峰一带采摘茶叶，回来后再用她独特的制作工艺精心烘制。这款茶经过众多茶农和茶商品尝，被赞誉为"黄茶之冠、茶中极品"。后来，这茶被呈送给唐太宗李世民，太宗品尝后当即下旨，将它列为贡茶，每年进贡三百斤。太宗皇帝还为霍山黄芽赐名，并亲笔题写"抱儿钟秀"四字。

霍山黄芽采摘指南

霍山黄芽采摘标准极为严苛，秉持"四个一致"与"四不采"原则，即芽叶形状、大小、色泽、嫩度需高度一致，开口芽、虫伤芽、霜冻芽、紫色芽均不采摘。精选谷雨前后初展的"一芽一叶"或"一芽二叶"，要求芽叶形态、大小、色泽高度统一。

采摘时采用提采手法：拇指与食指轻捏芽叶基部向上提拉，确保断口平整，避免掐采导致的氧化红变与茶树损伤。

霍山黄芽是这样制作的

霍山黄芽的制作工艺精细复杂，主要包括杀青、初烘、摊晾、复烘、摊放、足烘等环节。这套传承千年的工艺体系，通过“双锅杀青定骨架、三阶段干燥锁活性、间歇摊放促转化”的精控流程，将春日嫩芽淬炼成“三黄隐绿、香若幽兰”的茶中珍品。

杀青

在炭火加热的铸铁双锅中完成核心定型。先在120℃到140℃的生锅中投入50克鲜叶，以挑、拨、抖手法快速使其散失青草气，2分钟内完成初步定型。后改用揉捻手法，在80℃到100℃的熟锅中，用小芒花扫帚轻推茶团，促使叶缘卷曲成条，全程持续3分钟至5分钟，直至叶质柔软、清香显露。

初烘

将杀青叶薄摊于竹制烘笼，110℃高温快烘。每隔90秒翻动一次，6分钟到8分钟内使含水量降至40%，叶片触感微刺手，初步形成“黄叶黄汤”特征。

摊晾

初烘茶叶平铺在竹匾内，静置2小时到3小时，厚度不超过3厘米。通过自然冷却使内外层水分均匀分布，叶脉中残留水分向外渗透，为复烘做准备。

复烘

采用低温长烘法，在80℃烘箱内分层摊放，每20分钟翻堆一次，持续3小时。使含水量降至15%，茶条紧结度提升，栗香逐渐凝聚。

摊放

复烘叶装入陶缸密封静置24小时到48小时。在微氧环境下，酯类物质缓慢生成，青涩感转化为醇厚滋味，汤色由黄绿转向杏黄。

足烘

最后阶段以60℃温度慢烘4小时到6小时，每30分钟翻动一次。当茶叶捻揉可成粉、含水量降至5%时，趁热密封于镀锡铁罐，通过热力收缩形成持久锁香环境。

霍山黄芽的冲泡方法

茶具

冲泡霍山黄芽需兼顾器具选择与操作细节。用盖碗冲泡能更好锁住香气；用玻璃杯能直观观赏霍山黄芽“三起三落”的动态美感。

茶量

150毫升的杯具适配3克茶叶。将水煮沸至100℃后，先以少量沸水温烫杯体提升温度，倒净余水后投入茶叶。

注水

首泡采用回旋注水法，沿杯壁注入三分之一水量浸润30秒，促使叶片吸水舒展，此时可见茶芽尖端附着气泡缓慢上升。二次注水时提高壶嘴，利用水流冲击力使茶叶上下翻腾，注至七分满静置15秒，茶汤渐显嫩黄透亮色泽。

品茗

品饮前可近距离观察茶态，芽叶直立悬浮，尖端微张形似雀喙，叶底黄绿匀整。初泡茶汤香气以熟板栗香为主，入口鲜醇微甜；第二泡滋味最为饱满，茶多酚与氨基酸充分释放，回甘显著；第三泡茶味转淡，仍保留清雅余韵。若需增加冲泡次数，可逐次增加10秒浸泡时间。

叶底：匀整成朵，干净秀丽

滋味：醇和爽口，茶鲜明显，茶甘润泽，多种口感融合

香气：如春日花香，藿香浮动，清新淡雅

汤色：橙黄鲜明，汤面较为纯净，无或极少夹杂绿色环

色泽：黄绿润泽，给人清新之感

茶条：细紧纤秀，浅绿嫩黄，白毫明显

产地：浙江省温州市平阳县

黄茶名品

平阳黄汤

平阳黄汤，又名“温州黄汤”，是中国黄茶的代表，与君山银针、蒙顶黄芽齐名。其核心产区位于浙江温州平阳县北港的南雁荡山区，这里云雾缭绕的自然环境孕育了独特茶韵。该茶创制于清乾隆年间，因汤色澄黄、滋味甘醇被列为贡茶。据记载当时年贡量达数百斤，曾是清宫调制奶茶的重要原料。近代曾因战乱导致传统工艺中断，直至20世纪90年代经茶人努力才重焕生机。其制作讲究“春茶贵早”，通过传统技法既保留了绿茶的鲜爽，又催生出黄茶特有的杏黄汤色与熟果甜香，最终形成“干茶浅黄显毫、汤色明黄透亮、叶底嫩黄匀净”的“三黄”特征，成就了“温州黄汤冠浙茶”的美誉。

平阳黄汤历史溯源

清代以前，平阳茶树的芽叶因自然发黄而被视为特色，但当时还未形成系统的制茶工艺。清乾隆年间，制茶人巧妙地把绿茶炒制技术与“闷黄”技术相结合，创造出了“三闷三烘”工艺。

19 世纪末至 20 世纪初，平阳黄汤经温州港远销至上海、北京等地，成为南北茶商竞相争购的名茶。后来由于战乱，平阳黄汤被迫停产，工艺传承也随之中断，逐渐在市场上销声匿迹。

到了 20 世纪 80 年代，当地茶人通过四处走访老匠人、反复试验古法，终于在 20 世纪 90 年代成功复原了平阳黄汤的制作工艺。2014 年，平阳黄汤成功通过国家农产品地理标志登记，成为浙江茶文化的一张靓丽名片。

平阳黄汤的兴衰历史，深刻地折射出中国传统茶业的发展变迁。从清代的贡茶，到当代的复兴，它的工艺不仅完整保留了黄茶的特色，更是成为非遗保护的一个鲜活案例。

平阳黄汤是这样制作的

从枝头翠芽到杯中金汤，平阳黄汤的制作是茶叶与匠人指尖的共舞。每一片茶叶都承载着三昼夜的湿热交融，最终将春日的鲜灵化作喉底的甘润。

采摘

每年清明前夕，浙江省温州市平阳县的茶山迎来黄金采摘期。茶农只取一芽一叶或一芽二叶初展的嫩梢，芽头需匀整饱满、白毫密布。采下的鲜叶随即摊放在竹匾中，置于阴凉通风处4小时到6小时，叶片自然失水，为后续工艺奠定基础。

杀青

将铁锅预热至约180℃，投入半斤鲜叶，运用“抖抛结合”的手法炒制，初期通过高抛使鲜叶中的水分快速蒸发。待鲜叶叶质稍显柔软，转为闷压操作，确保每片鲜叶均匀受热。约15分钟后，鲜叶由翠绿转变为暗绿，减重超过一半，青草气味消散，仅留嫩香，此时应迅速出锅。

揉捻

杀青叶出锅后，趁着温度尚高，把杀青叶置于揉捻机中进行15分钟的轻揉操作。若采用手工揉捻，需持续揉捻至条索初步显现。揉捻过程中，力度需把握得当，既要柔和，又要具备一定的力度，促使叶片卷曲成条，同时避免叶片破损。

闷堆

将揉捻叶堆积，厚度控制在30厘米至40厘米，随后用湿布或湿麻袋覆盖，以维持湿润环境。闷堆期间，需定期检查茶叶的变化情况，包括颜色与气味。经过2天至3天，当茶叶颜色由绿转黄，散发出浓郁的甜香气味时，闷堆工序即宣告完成。在此过程中，叶绿素在湿热条件下遭到破坏，茶多酚等物质发生氧化、水解等反应，进而形成了平阳黄汤标志性的“三黄”特质。

初烘

初烘阶段，茶叶薄摊于竹焙笼上，炭火保持微温，文火慢烘15分钟，每3分钟翻动一次，确保干燥均匀，至七成干即可。

闷烘

初烘后的茶叶稍作摊晾，然后装入布袋内，放入烘笼中，烘笼温度保持在30℃左右，进行闷烘。闷烘时间较长，一般为3小时到4小时，直至茶叶九成干。闷烘过程中，茶叶在湿热的布袋内继续进行缓慢的化学反应，进一步促进黄变和香气的形成。

整理、包装

闷烘完成后，将茶叶取出，摊晾整理，去除杂质和碎末，最后进行包装贮藏，贮藏环境要求干燥、通风、无异味。

平阳黄汤的冲泡方法

水和茶具

冲泡平阳黄汤，山泉水最能激发茶香，若用自来水需静置一夜去氯。茶具宜选透亮的玻璃杯或白瓷盖碗，既能观赏茶芽舒展，又可避免吸附香气。

温杯

冲泡前先用沸水温杯，既能清洁，又能让后续茶汤温度更稳定。

茶量

投茶量以150毫升水配3克茶为基准，约占杯身四分之一，口味偏淡可减量，偏好浓醇则适量增加。

水温

水温建议90℃左右，嫩芽高温易闷出熟味，粗叶可略提至95℃。

泡法

传统泡法讲究“三起三落”，先注半杯热水，浸泡1分钟唤醒茶香，再高冲注满，水流激荡间茶芽翻腾，内含物质均匀释出。首泡洗去浮尘；第二泡杏黄茶汤渐显甘醇。每泡时间递增，留三分之一茶汤时续水，可冲四五道，滋味由鲜转甜，层次分明。

若时间有限，简易法同样能品出精髓：取3克茶入杯，先注少量热水浸润半分钟，待银毫舒展、甜香溢出，再注水至八分满，静候2分钟即可。一泡茶可续水三次，水温始终维持在90℃左右，茶味渐淡时仍有余韵。

品茗

无论是传统泡法还是简易泡法，冲泡时需避开异味干扰。茶汤入口，先闻嫩香如春笋破土，再品甘润似山泉过喉，叶底舒展后嫩黄匀亮，方显平阳黄汤“三黄透三韵”的匠心真味。

第七章

厚重陈香——黑茶

黑茶是中国历史悠久的茶类之一，发酵程度相对较高。虽然黑茶的原料多为较粗老的茶叶，但这些茶叶在制茶师傅的精心加工下，实现了奇妙的转化。这一过程中，茶叶的色泽、香气和口感都发生了显著变化，形成了黑茶独有的品质特征。在边疆地区，紧压的黑茶便于携带和储存，成为当地牧民和百姓日常生活中的重要组成部分。它不仅满足了人们对茶饮的基本需求，还成为边疆地区文化交流和贸易往来中的重要媒介。

陈香醇厚

黑茶的特性

黑茶的外观呈现出标志性的黑褐色，口感醇厚、浓郁，带有陈香。黑茶制作工艺的核心在于渥堆，通过调控温湿度，促使茶叶在湿热与微生物的协同作用下发生转化。此外，黑茶耐久藏，往往随时间推移香气愈发浓郁。

黑茶的颜色

黑茶的干茶色泽深邃油润，冲泡后，茶汤展现出黄褐或橙黄的色彩，清澈透亮。在加工与存放期间，茶叶成分会经历一系列变化，进一步丰富色泽表现。

黑茶的口感

黑茶的口感因发酵程度的不同而有所不同。初尝时，或许有人会觉得其味似苦似涩，难以入口。但若能细细品味，便能领略到茶汤滑润，茶味醇厚。

黑茶的价值

黑茶属于后发酵茶，不仅口感独特，还蕴含丰富的营养价值。黑茶在软化血管、助消化等方面有着显著的效果。此外，黑茶中的茶多糖含量较高且活性强，在调节血糖方面表现出色。同时，黑茶中的咖啡因、维生素、氨基酸等成分也有助于调节脂肪代谢，降解脂肪，促进纤维蛋白原溶解等。这些营养价值使得黑茶在茶叶市场中备受青睐，成为越来越多人的选择，还被西北地区居民亲切地称为“生命之茶”。

怎样选出好黑茶

挑选黑茶需要综合运用视觉、嗅觉和味觉等多种感官进行判断，同时，结合干茶和茶汤的特征进行关联分析，可以更加准确地评估茶叶的品质。

观验干茶

首先要仔细观察干茶。干茶的状态不仅反映了茶叶的采摘和制作工艺，还预示着冲泡后茶汤的品质。通过观察干茶的外形、颜色和嫩度，我们可以初步判断茶叶的品质优劣。

外形

优：上品的紧压茶，砖面完整而光滑，模纹清晰，棱角分明，侧面没有一丝裂缝。散茶条索匀齐、油润。

次：过于细碎或混杂有老梗。

色泽

优：优品黑茶的颜色或是褐绿色，或是油黑色，可以对比不同茶叶的颜色，选择那些色泽均匀、光泽度好的。

次：颜色过于鲜艳或过于暗淡的茶叶可能是染色或过度加工的。

嫩度

优：嫩度好的黑茶，芽头多、毫毛丰富。

次：叶片过于粗老或毫毛稀少，这可能是品质不佳或采摘时间不当导致的。

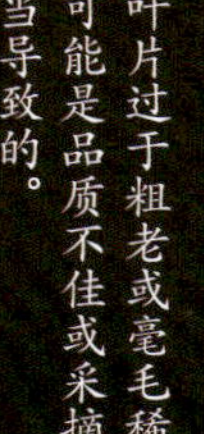

品评茶汤

冲泡后，需进一步品鉴茶汤。此时，观验干茶时的颜色与嫩度信息将与茶汤的特质相呼应。

香气

优：上品黑茶带有菌花香，茯砖茶和千两茶的菌花香尤为明显，而野生的黑茶则散发着一种清新的味道。选择那些香气浓郁、持久且无异味的茶叶。

次：那些香气过于浓烈或带有刺激性气味的茶叶，可能是添加了香精或存储不当。

汤色

优：优质黑茶汤色橙黄或棕红，清澈明亮。

次：汤色浑浊、发暗或有沉淀，品质欠佳。

滋味

优：上品黑茶的口感甘醇，或是微微带有一丝发涩。陈茶则极其润滑。

次：若滋味淡薄、苦涩重，或有异味，则品质不佳。

黑茶史话

黑茶的历史，是一部劳动人民智慧的结晶史，是中国古代贸易和民族交流的见证史，也是传统工艺在现代社会传承与发展的演变史。从古代四川的黑茶雏形，到明清时期各地黑茶的蓬勃发展，再到近现代黑茶在国内外市场大放异彩，黑茶以其独特的魅力在历史的舞台上熠熠生辉。

黑茶之始

黑茶的雏形诞生于四川地区，当时的茶叶多为绿毛茶。四川地区与西北地区之间活跃的茶叶贸易是黑茶诞生的重要背景。由于两地距离遥远，且古代交通条件十分有限，茶叶在运输过程中面临诸多难题。为此，茶农们想出了蒸压成块的方法来处理茶叶。绿毛茶经过二十多天的湿坯堆积，色泽逐渐发生变化，由绿色转变为黑褐色，从而形成了早期的黑茶。因便于保存和运输，黑茶迅速成为边远地区人们日常生活的必需品。

明代黑茶

明嘉靖时期，湖南安化黑茶已成为边销主力，专用于西北地区的茶马互市。明隆庆五年（1571 年），《明会典》进一步规范黑茶贸易，四川黑茶与黄茶经蒸压后制成长方体的篾包茶，每包重 3 千克至 5 千克，主要销往陕西汉中地区。

清代黑茶

清代是黑茶发展的重要时期。道光元年（1821年）前，陕西商人已活跃于黑茶贸易，他们以益阳（今属湖南）等地为据点，委托行栈（专门帮人介绍买卖的商业机构）汇款至湖南安化订购黑茶，行栈雇人下乡采买鲜叶，经踩压成捆后运输出山。为提升运输效率，此类散装茶逐渐定型为小圆柱形，每支重约10斤，得名“百两茶”。同治年间，工艺进一步革新。晋商“三和公”茶号精选优质原料，在“百两茶”基础上以棕片与竹篾加固捆压，制成大圆柱形茶体，单支净重达1000两（按16两老秤制，约合37.27千克），称“千两茶”。此形制的茶，既稳固耐运，又利于长期贮存，成为清代黑茶工艺成熟的标志。

湖南安化在清代成了黑茶制作的重要产区之一。这里的土壤、气候等条件都非常适宜茶叶生长，所产茶叶品质优良。安化黑茶发展出了丰富的品类，包括“三尖”（天尖、贡尖、生尖）和“三砖”（茯砖、黑砖、花砖）等。

近现代黑茶

近现代以来，黑茶在传承传统工艺的基础上实现了新的发展。茶农们积极引入现代茶叶加工技术和设备，既确保了黑茶的纯正风味，又大幅提高了黑茶的生产效率和产品质量。例如，现代的采摘工具和方法能让采摘更加高效，同时保证茶叶的完整性，先进的发酵设备和温控技术能更加精准地控制发酵过程，让黑茶的品质更加稳定。

渥堆玄机

成就黑茶之美

从杀青到后续的揉捻、渥堆，再到部分黑茶特有的压制成型，直至最后的干燥，这些工序环环相扣，最终呈现出黑茶独特的黑褐色外观、醇厚的滋味以及浓郁的香气。

第一步：杀青

黑茶鲜叶因粗老且含水量较低，需通过高温快炒的杀青方式迅速破坏其酶活性，这是塑造黑茶的首要环节。在高温的作用下，鲜叶迅速由青绿色转变为黄绿色，并带有一定的黏性，青气逐渐消散，茶香初露，叶色均匀转变为暗绿色。此过程需精准调控酶活性，为后续发酵奠定基础。杀青不足则酶活过度，品质不稳，过度则香气口感受损。

第二步：揉捻

杀青后的茶叶需立即进行揉捻，以手工或揉捻机进行。揉捻过程中，需轻压、短时、慢揉，利用杀青后的余温使茶叶内部汁液渗出，为后续的发酵过程提供基础。嫩叶经过揉捻后形成条索状，老叶则呈现皱折状。揉捻不仅赋予了茶叶初步的外形轮廓，还增加了其紧结程度。

第四步：压制成型

并非所有黑茶都需要压制成型，但对于茯砖、黑砖、花砖等传统黑茶品类来说，这一步骤是不可或缺的。在压制成型前，需对毛茶进行等级区分，然后按照一定重量标准称取茶叶，放入蒸模中软化。当茶叶变软后，用木模或石模将装茶的布袋进行压制，形成特定的形状。

压制成型不仅赋予了黑茶独特的外观形态，便于储存和运输，还在一定程度上影响了茶叶的发酵进程。例如茯砖茶，在压制完成后，在特定的环境条件下，会自然生长出一种金黄色的益生菌——“金花”（学名冠突散囊菌）。“金花”能够进一步提升茯砖茶的品质，让茯砖茶在众多黑茶中脱颖而出。

第三步：渥堆

渥堆是黑茶制作工艺中最具特色的环节，它决定了黑茶独特风味的形成。将揉捻后的茶坯堆积起来，高度约 1 米，覆盖湿布、蓑衣等物品，以保温保湿。在渥堆过程中，还需进行一次翻堆，避免发酵不均匀。经过约 24 小时的渥堆，茶坯表面会出现水珠，叶色由暗绿转变为黄褐色。渥堆需在背窗、干净且温湿度适宜的环境中进行，茶叶中的微生物能大量繁殖，对茶叶中的蛋白质、糖类等物质进行分解和重组，引发一系列复杂而微妙的化学反应，形成黑茶独特的色泽、滋味和香气。

第五步：干燥

通过日晒自然干燥或烘房干燥的方式，使茶叶达到理想的干燥程度。日晒需选择阳光充足且不过于强烈的天气，确保茶叶均匀受光；烘房干燥则需精确控制温度和时间，先高温快速蒸发水分，再低温慢烤使内部水分充分散失。干燥过程中，茶叶中的挥发性物质进一步去除，香气变得更加纯正稳定。同时，干燥还能对微生物活动起到抑制作用，保障黑茶在储存和后期陈化过程中的品质。

陈韵秘境

中国黑茶产区分布

黑茶的发展历史悠久，其主要产地集中在云南、广西、四川、湖北、湖南等地。各地凭借独特的自然环境，孕育出风味各异的黑茶。湖南的安化黑茶，品质卓越；湖北的老青茶，如蒲圻老青茶，蒸压成砖，韵味独特；四川的边茶，分南路边茶与西路边茶，品质优良，经熬耐泡；云南与广西的滇桂黑茶，以普洱茶、六堡茶为代表，陈香浓郁，风味迷人。

· 湖北省恩施土家族苗族自治州鹤峰县木耳山茶田

湖北黑茶区

湖北省的黑茶产区主要集中于咸宁地区，涵盖赤壁市与咸宁市下辖的通山、崇阳、通城等县。咸宁地区地势南高北低，由冲积平原向北过渡到低山丘陵，再向南延伸至中山地带。这里气候温和，四季分明。充足的阳光促进了茶树的光合作用，利于茶叶内含物的累积。

湖南黑茶区

湖南省是历史悠久的茶文化沃土，凭借优越的自然条件与悠久的制茶经验，成为优质黑茶的重要产地与传承创新的核心舞台。

· 湖南省安化县黑茶博物馆

产区分布

湖南黑茶的产区主要集中在益阳市安化县，安化县坐落于资水中游，位于湖南省中部偏北、雪峰山脉北段。古称“梅山”，是梅山文化（即蚩尤文化）的发源地。随着产业的不断壮大，如今湖南黑茶的产区已经扩展至周边的桃江县、桃源县、沅江市、汉寿县、宁乡市、益阳市以及临湘市等地，形成了一个分布广泛的黑茶产业带。

历史沿革

明代，湖南地区的茶叶产业逐渐兴起，随着贸易的发展，湖南黑茶开始在市场上崭露头角。清代，湖南黑茶进入了蓬勃发展的阶段，通过茶马古道等贸易通道远销边疆地区。众多茶商汇聚湖南，从事黑茶的收购、加工和销售。当地的茶农们在长期的实践中，不断改进着黑茶的制作工艺。近代，尽管经历了社会的动荡，但湖南黑茶的生产并未中断。而且在一些有识之士的推动下，许多传统茶厂开始尝试引入先进的生产技术，大大提高了黑茶的产量和质量。

岁月沉淀的制茶工艺

根据《湖北通志》的记载，清同治十年（1871 年），湖北省内六县重新制定了茶叶税收的相关章程，其中明确列出了黑茶和老茶这两种茶叶类型。1890 年前后，蒲圻县羊楼洞地区开始生产一种炒制的篓装茶。这种茶随后被运往北方销售，被人们称为炒篓茶。炒篓茶的制作工艺逐渐发展，开始以老青茶为原料，经过蒸压制成老青砖茶。在清代，湖北地区的黑茶主要产于蒲圻羊楼洞，因此这种茶也被称为“洞砖”。更有趣的是，由于茶砖的表面印有“川”字商标，它又被人们亲切地称为“川字茶”。

湖北黑茶的文化价值

在咸宁地区，除了欣赏美丽的茶园风光外，游客还可以参观古老的制茶作坊，了解湖北黑茶的传统制作工艺。此外，当地还有一些与茶相关的民俗活动，如茶文化节等，这些活动吸引了众多游客前来参与，进一步提升了湖北黑茶的知名度和影响力。

四川黑茶区

四川黑茶通常被称为“四川边茶”，它主要分为“南路边茶”和“西路边茶”两大类。

南路边茶主产于雅安市天全县以及荥经县等地。制作工艺较为精细。用南路边茶加工而成的紧压茶，历史上有“二等六级”之分，如今简化为康砖、金尖两个花色。南路边茶主要销往西藏自治区等地，是藏族人民日常生活中必不可少的饮品。

西路边茶则主要产自都江堰市、崇州市、成都市大邑县等地。其原料是采割来的茶树枝叶直接晒干而成，相较于南路边茶，它的鲜叶更为粗老。西路边茶通过蒸压加工成方包茶或圆包茶，主要销往四川省阿坝藏族羌族自治州以及青海省、甘肃省、新疆维吾尔自治区等地。

从外观上看，南路边茶外形卷折成条，色泽棕褐油润；西路边茶色泽更深。冲泡后，南路边茶滋味醇和，还带有一种陈香；西路边茶味道浓厚，有粗犷的茶香，并且耐泡性强，可多次冲泡。

四川黑茶的多元价值

四川黑茶还具有多种保健功效。它能够有效地缓解油腻，对于那些以肉食为主的人群，饮用四川黑茶能够很好地帮助他们消化食物。

在藏族的酥油茶中，四川黑茶是关键的原料。同时，四川黑茶的生产和贸易也对当地经济起到了很大的推动作用。从茶叶的种植、采摘，到加工、运输，形成了完整的产业链，为当地居民提供了大量的就业机会。

· 四川省雅安市名山区茶山

云南省普洱市茶山

滇桂黑茶区

在云南和广西，黑茶不仅是饮品，更是文化的重要载体，承载着人们对美好生活的祈愿和对祖先的敬意。

云南——茶韵悠悠的高原茶乡

云南省位于中国西南边陲，山峦起伏、云雾缭绕，降水丰富，阳光充足，十分有利于茶树生长。云南蒸压茶在黑茶家族中独树一帜，原料广泛采集自云南省各地，经精湛工艺压制成紧茶、饼茶、方茶、圆茶等。这些蒸压茶主要销往边疆地区，因其能适应边疆饮食结构且消食解腻，深受喜爱。

云南普洱茶是茶界明星，产自云南省普洱市思茅区、西双版纳傣族自治州等地，以大叶种晒青毛茶为原料，经发酵等复杂工序形成独特的陈香和醇厚口感。它在国内外倍受推崇，深受东南亚各国以及日本、意大利、法国等地消费者喜爱，是传播中国茶文化的一张名片。

广西——茶树飘香的岭南茶园

广西壮族自治区的黑茶产区主要集中在梧州市及其周边区域，包括梧州市苍梧县的六堡镇、五堡乡狮寨，贺州市八步区的沙田，以及岑溪市、横州市等多个县市。这些地区地形多样，海拔适中。亚热带季风气候的滋养，使得这里阳光充足、雨水充沛，为广西黑茶的生长与发酵提供了优良条件。

广西黑茶产区历史悠久，茶文化源远流长。随着国内外贸易的繁荣，特别是清代广州口岸的开放，广西黑茶远销南洋及世界各地，其中的杰出代表六堡茶，更是凭借独特的槟榔香气长期畅销东南亚各国。

· 六堡茶原叶

黑茶名品

安化黑茶

安化黑茶是湖南省益阳市安化县出产的名茶。自汉代起，当地便以种植茶树闻名，唐代创制的渠江薄片茶经松烟熏焙，成为输往湖北江陵、襄阳等地的贸易茶品。北宋时期，朝廷在安化县境内资水北岸设博易场，以茶易货，确立了其商业地位。明清时期，安化县黄沙坪镇、东坪镇茶市兴盛，黑茶产量占湖南的七成，千两茶更是成为宫廷贡品。中华人民共和国成立后，安化黑茶融合现代工艺，改良渥堆发酵技术，获国家地理标志产品认证。独特的金花菌发酵工艺，赋予茶品降脂解腻之效，越陈越香的特性更吸引国际关注。安化黑茶远销东南亚、欧洲，成为中华茶文化的重要名片。

叶底 肥厚柔软，呈深褐或古铜色，带活性光泽

滋味 醇厚饱满，初显轻微收敛感，随即转化为甘甜生津

香气 茯砖茶有菌花香，千两茶具淡雅竹篾香，陈年茶发展枣香、药香等复合香型，荒野茶保留清新草木气息

汤色 初泡汤色橙红透亮如琥珀，陈年老茶汤色渐深至酒红，耐泡性卓越，十泡后仍保持明净透亮

色泽 乌黑油润，表面泛棕褐色光泽，质地均匀无杂色，久存后呈现古铜色包浆

茶条 紧压茶砖面平整、模纹清晰、棱角分明无裂痕；散茶条索匀整紧结，色泽黑褐油润

色泽 湖南省益阳市安化县

安化黑茶的传说趣谈

东汉著名外交家班超带领商队前往西域，途中遇到大雨，携带的湖南安化茶叶被淋湿。商队将茶叶晾干后继续西行，经过河西走廊时，茶叶在高温干燥的环境中自然发酵，表面长出金色斑点（即“金花菌”）。

途中遇到牧民因长期吃肉导致腹胀疼痛，随队医生用这些带金花的茶叶煮水给他们喝。牧民饮用后症状缓解，消息传开后，当地部落纷纷抢购这种茶叶。从此，西北牧民中流传起“宁可三天不吃粮，不能一天不喝茶”的说法。安化黑茶因能解油腻、助消化，逐渐成为草原生活的必需品。从汉唐到明清，安化黑茶大量运往西北。鼎盛时期，当地有八大茶叶集镇、三百多家茶行、十万多名茶工参与制作，黄沙坪等茶市终日驼马不断。

· 金花菌

安化黑茶的采摘时机

安化黑茶的采摘严格遵循时令。

清明前采摘的黑茶为“明前茶”，这时的茶叶细嫩至极，叶形纤细。

谷雨前采摘的是“雨前茶”，同样叶细质嫩，蕴含着春雨的滋润。谷雨后采摘的称为“雨后茶”，叶形略显粗大，叶汁也更为醇厚。

立夏之后采摘的茶叶被称为“头茶”，梗白叶嫩，肉质厚实，色泽乌油或竹青，叶汁枣红，香气扑鼻，经得起四五次冲泡，实为茶中精品。

小暑节后采摘的红茶，又称“仔茶”或“夏茶”，叶形小而薄，质地粗老，呈现嫩黄色，梗红水浅，香气淡雅，冲泡一两次后便淡了。

立秋之后所采之茶为“禾花茶”，叶片更为瘦削，梗红多三叉，茶水带绿，仅能冲泡一次，味道极为清淡。

安化黑茶的采摘不仅注重节气，更体现了对茶树生长规律的尊重与顺应。茶树移植四五年后开始萌芽，最初两年仅采摘春茶一次。七八年后，茶树生长茂盛，便可大量采摘。

安化黑茶的制作工艺

安化黑茶的制作工序凝结着制茶人的经验智慧。从鲜叶到成品需经历杀青、揉捻、渥堆、复揉、干燥五大核心步骤，最终通过时间陈化形成独特风味。

杀青

鲜叶采摘后需立即进行杀青。茶农将茶叶投入铁锅，先徒手高温快炒使叶片均匀受热，待叶温升高烫手时，改用竹制工具持续抖炒。约4分钟后，叶片由青绿转为暗绿，青草气转为清香，叶质变得柔软，此时快速完成杀青以保留活性物质。

揉捻

揉捻工序讲究因材施技。嫩叶轻揉成型，粗老茶叶则需两次揉捻：初揉使茶汁渗出，短暂静置后进行复揉。工匠通过观察叶片卷曲程度调整力度，确保粗梗老叶也能形成紧结条索，为后续发酵创造条件。

渥堆

在稍微阴暗的空间内，环境湿度保持在85%左右，温度维持在30℃以上，将茶堆置于竹匾上，茶堆上覆盖湿布以维持温湿度。渥堆可以促进茶叶内部酶的活性，引发化学变化，形成黑茶特有的品质。

复揉

因原料较粗老，难以一次揉捻成型，且渥堆后茶条回松，需通过复揉使粗老叶片进一步卷曲成紧条。复揉过程中再次破坏茶叶内的细胞结构，提升茶汤浓度与香气。

干燥

与普通烘焙工艺不同，安化黑茶采用明火烘焙干燥初制成的茶叶，松柴燃烧过程中会产生特殊的松烟香气，烘焙完成后茶叶含水量下降到符合贮藏标准。

安化黑茶的冲泡方法

厚壁紫砂壶、陶壶都是冲泡安化黑茶的理想之选，它们的粗犷大气能够很好地衬托出黑茶的韵味。品茗杯最好选用透明玻璃器皿，这样可以观赏到茶叶在水中舒展、茶汤颜色逐渐变化的景象。

由于安化黑茶比较耐泡，所以一定要用100℃的沸水才能将其茶味完全泡出。此外，还可以先用沸水润茶，再用冷水煮沸的方法，这种独特的操作能让茶汤的滋味更具层次感。

在冲泡方法上，对于较嫩的茶叶，宜多透少闷；对于粗老的茶叶，则适合多闷少透，粗老茶甚至可以煮饮。高档砖茶及三尖茶与水的比例以1：30为宜，粗老砖茶则以1：20左右为佳。

安化黑茶四季皆宜饮用。夏天将其冰镇后饮用，清爽解渴，冬天趁热饮用则能暖胃养身。

茯砖茶

茯砖茶历史渊源深厚，诞生于湖南、陕西、四川等地茶文化交融的背景之下。早期的茯砖茶制作独具特色，湖南所产的黑毛茶被精心处理后，压制成每块重达 90 千克的大型茶砖，并用篾篓大包包装，运往陕西泾阳进行筑制。这一过程不仅路途遥远，而且加工时间多在伏天，因此这种茶得名“伏茶”，又因在泾阳筑制，也被称为“泾阳砖”。

发花是茯砖茶制作的关键工序。在这一过程中，茯砖茶内部会生长出金黄色的菌落，俗称“发金花”。金花的生长情况直接反映了茯砖茶的品质，金花越茂盛，茶叶品质越高。茯砖茶的发展历程是一部地域文化交流与融合的历史，它沿着古老的贸易通道而来，凝聚了古代茶商们的智慧与心血。

产地	陕西省咸阳市泾阳县
茶条	矩形砖形，结构紧凑，便于储运
色泽	深黑褐色，油润光泽
汤色	红黄交融，明亮清澈
香气	纯正高雅，清新持久
滋味	醇厚浓郁，余味甘甜
叶底	深褐色，略显粗犷

茯砖茶的传说趣谈

晚清名臣左宗棠担任陕甘总督时，特意来到陕西泾阳拜访恩师。泾阳知县热情款待，给他奉上当地特产泾阳茯砖茶。左宗棠好奇询问茶的来历，知县介绍这是泾阳的特色，于左宗棠的老家湖南，在这里加工制作。其实，自汉代起，泾阳就是南茶西进的重要集散地和加工、制作、运输枢纽，泾阳茯砖茶也是茶马交易的重要物资。

后来，在左宗棠率军前往甘肃、新疆时，泾阳茯砖茶更是立下了赫赫战功。他深知茯砖茶杀菌消炎、消食利水的独特功效，特意为将士们购进一批。在西北地区，茯砖茶完美解决了将士们水土不服以及吃牛羊肉导致的肠胃不适等问题。

左宗棠担任陕甘总督期间，对茶叶的生产经营极为关注。他了解到茶农、茶商的困难后，决心对茶业经营管理进行改革。他向朝廷上书，指出茶务的重要性，并主持制定了《变通茶务章程》，明确茶商纳税标准，减轻了茶商负担，让泾阳茯砖茶的贸易日益繁荣。

就这样，在左宗棠的推动下，泾阳茯茶从当地逐渐走向了更广阔的天地。

茯砖茶是这样制作的

整个茯砖茶的制作过程从原料初制、拼配、筛选到渥堆、发花、干燥、检验等环节均需严格把控。匠人们需根据季节、原料等级、地域等因素灵活调整工艺参数，以确保茯砖茶的品质达到最佳状态。

采摘

茯砖茶一般在谷雨前后新梢基本成熟时采摘，传统工艺强调“老叶嫩采”。以粗壮的一芽四叶、五叶为主，搭配少量对夹三叶、四叶为采摘标准，并且要求叶片肥厚舒展，叶梗比例适中，无病虫害损伤。此类成熟叶片含有丰富的纤维和糖类物质，为“金花菌”的生长提供了理想环境。

原料准备

毛茶需经过杀青与揉捻处理，以释放其内质，并筛除杂质，确保茶叶的纯净。之后，将茶叶与茶梗按一定比例拼配，为形成茯砖茶的独特风味奠定基础。

渥堆发酵

将拼配好的原料增湿后堆积，通过精确控制温度，促进茶叶内微生物的繁殖，引发一系列复杂的生化与物化变化。这一过程加速了茶叶的陈化，同时减少了苦涩味，提升了茶叶的醇厚口感。

蒸汽压砖

茶叶经过高温蒸汽后变得柔软，随后被压制成规整的砖形。这一步骤不仅稳定了茶叶的形态，还为后续的发花工序提供了合适的基础。

发花

在特定的温湿度条件下，茶砖经历 12 天至 15 天的发花期，生成了大量的黄色颗粒状孢子——“金花”。这些孢子不仅增添了茶叶的美观性，更是茯砖茶高品质的象征。随后进入 5 天至 7 天的干燥期，温度逐渐升高，直至茶叶水分降至适宜水平，完成整个制作过程。

茯砖茶的冲泡方法

紫砂壶因良好的透气性，非常适合用来冲泡茯砖茶，能很好地保留茶香。品茗杯则推荐选用玻璃材质，便于观察茶汤色泽。茶刀用于撬开紧实的茯砖茶，其他如茶荷、茶匙、茶巾和水盂等辅助工具也需准备齐全，以确保冲泡过程顺畅。

拿起茯砖茶，可借助放大镜观察其上的金花颗粒，这是判断茯砖茶品质的重要标志。

撬茶时，需耐心细致，尽量使茶叶内外均匀，让冲泡时味道均衡。

将撬好的茶叶放入茶荷，再用茶匙取适量茶叶投入预热好的紫砂壶中。温杯是冲泡前的重要步骤，用沸水预热紫砂壶，确保茶叶在适宜的温度下释放香气。同时，将预热的水倒入品茗杯，预热茶具。

将沸水注入茶壶中，稍等片刻让茶叶初步舒展，接着用壶盖轻轻拂去浮在表面的泡沫。大约 3 秒后，迅速倒掉这道水。此刻，揭开壶盖，可以闻到茯砖茶特有的菌花香，但要注意不要搅动底部茶叶，以免影响茶汤的清澈度。

随后，以稳定的水流缓缓向茶壶内添加沸水，并立即封盖。根据茶叶存放的时间以及个人口味的不同，灵活调整浸泡的时间长度。

品尝时，先轻抿一口茶汤，感受醇厚滋味。初尝可能略感浓厚，但随后会有悠长的回甘。

黑茶名品

六堡茶

六堡茶的制作历史悠久，清代嘉庆年间跻身中国名茶之列。其核心产区位于广西壮族自治区梧州市苍梧县六堡镇，喀斯特地貌形成的峡谷梯田造就了茶树的黄金生长环境：昼夜温差催化内含物质积累，充沛雨量润泽砂质红壤，漫射光照孕育出厚实油润的叶片。随着历史演进，六堡茶的种植扩展至广西二十余县，但六堡镇始终保留着最古老的茶园群落。当地的茶树经数百年自然选育，形成叶形椭圆、芽毫密布的特有品系，清明时节萌发的紫芽成为原产地标志。遵循“采老留嫩”的传统采收法则，维系着茶园生态平衡。这些跨越时空的耕作智慧，让六堡茶始终保持着山野灵韵与人文温度。

叶底	叶片完整，质地柔软，呈均匀褐红色
滋味	浓烈醇厚，带有明显收敛性，饮后喉部持续回甜
香气	呈现陈年茶特有的木质醇香，伴随轻微槟榔香
汤色	透明度高，呈现深红偏棕的稳定色调
色泽	黑褐色，油润度显著
茶条	条索紧结，无碎末
产地	广西壮族自治区梧州市苍梧县六堡镇

六堡茶为何广受青睐？

早在清代，《苍梧县志》便记载："茶产多贤乡六堡，味厚，隔宿不变。"寥寥数语，足见六堡茶彼时品质之优。

清代，广东地区茶楼文化兴盛，茶楼成了人们饮食、娱乐、社交的好去处。六堡茶产地与广东距离较近，从广西梧州到广东广州，如今高铁一个多小时可达，过去虽然没有高铁，却有水路相连。在广东茶楼里，六堡茶如鱼得水，"味厚，隔宿不变"是它鲜明的标签，与甜咸各异的点心搭配绝佳。而且六堡茶冲泡不拘泥于烦琐的规矩，大壶闷泡就可以，就算茶凉，也韵味犹存。

晚清的中国社会经历动荡，但六堡茶凭借顽强的生命力，依然在内外销市场站稳了脚跟。它走出家乡，走向世界，又回归本土，早已超越饮品范畴，成为文化的象征。

六堡茶的传说趣谈

在遥远的古代，广西苍梧的六堡镇黑石村迎来了一位慈悲为怀的龙母娘娘。那时的苍梧群山环绕，耕地稀缺，百姓们辛勤劳作，收获的粮食却勉强果腹，还需省吃俭用以换取生活必需的盐巴。目睹此景，龙母娘娘心生哀怜，决心要为这片土地上的百姓寻找一条出路。

她四处探寻，尝试各种方法，希望能改变百姓的困境，但似乎总是事与愿违。就在她心灰意冷之时，一次偶然的机会，她发现了黑石山下的一股清泉，那泉水清澈透明，如同璀璨的宝石在流淌。龙母娘娘轻尝一口，只觉一股清甜涌上心头，疲惫瞬间消散，身体也随之变得轻盈舒畅。她心想，这样甘甜的泉水，定能孕育出非凡的生命。

于是，龙母娘娘向农神祈求，希望他能在泉边播撒下茶树的种子。农神欣然答应，种子在泉水的滋养下，很快生根发芽，茁壮成长。在龙母娘娘的精心呵护下，茶树愈发茂盛。

龙母娘娘教导百姓采摘茶树的叶芽，让他们将这些珍贵的叶芽带到山外换取粮食和盐巴。自那以后，百姓的生活渐渐有了改善。龙母娘娘离去后，那棵茶树的种子落地生根，迅速发芽长大，不久，整个六堡镇的山川都被茶树覆盖，这片茶海不仅改变了百姓的生活，更孕育出了独具风味的六堡茶。

六堡茶是这样制作的

六堡茶有传承数百年的工艺体系，通过“低温杀青保活性，柔性揉捻塑形体，精准渥堆酿陈韵，松烟干燥定茶格”四重精控，将山野灵气转化为杯中的琥珀茶汤。从鲜叶到成品历时月余，诠释着“慢工出陈香”的制茶哲学。

采摘

茶农遵循“开面采”原则，精选一芽三叶、一芽四叶的成熟鲜叶。叶片完整舒展、边缘微卷，采摘时段严格控制在晨露消散后的上午，避免日光直射导致鲜叶失活。采后鲜叶当天即进入初制流程，确保活性物质不流失。

低温杀青

采用双段式控温杀青法。先将铁锅预热至80℃左右，投入鲜叶后先慢速翻炒2分钟，利用余温促进茶多酚适度氧化，随后升温至140℃快速翻炒，通过扬闷结合的手法消除青草气。全程5分钟到6分钟的精准控温，既钝化氧化酶又保留部分活性。

柔性揉捻

摊晾后的杀青叶分两次揉捻：先无压揉捻5分钟形成基础条索，再加压揉捻15分钟促使茶汁渗出，最后松压理条。揉捻力度根据叶质调整，嫩叶轻揉保持芽叶完整，老叶重揉促进物质释放。适度的细胞破损率确保茶汤浓而不涩，冲泡次数可达15道以上。

控温渥堆

揉捻后的茶坯按等级处理：嫩度高的先低温焙至半干再渥堆，粗老叶直接堆积发酵。茶堆高度控制在60厘米到90厘米，通过定时翻堆将温度稳定在40℃左右。经过20小时到30小时的微生物作用，茶叶转为褐红色，槟榔香逐渐形成。

松烟干燥

发酵完成的茶叶经复揉紧条后，采用传统七星灶烘焙。初烘阶段用松木明火70℃快速锁香，足干阶段降至50℃慢焙68小时。松烟渗透与低温干燥的配合，既去除多余水分又赋予茶叶特有的松脂香，成品含水率严格控制在7%以下。

六堡茶的冲泡方法

历经渥堆陈化的黑茶，需通过精准的冲泡技法，才能将其窖藏的陈香、槟榔韵与醇厚感层层释放。

备茶具

最好选用保温性能好的高身紫砂壶，以及配套的杯子。紫砂壶能够很好地保留六堡茶的香气，促进茶叶内含物质的浸出，使茶汤更加醇厚。

置茶

取5克到8克六堡茶叶放入茶具中。投茶量可以根据个人的口味喜好进行适当调整，如果喜欢浓茶，可以稍微多放一些茶叶，如果偏好清淡口味，则可减少投茶量。

洗茶

第一泡用沸水冲泡3秒到5秒后，迅速倒掉。洗去茶叶表面的灰尘杂质，同时也能起到唤醒茶叶的作用，让茶叶在后续的冲泡中更好地释放出香气和滋味。

品茶

第二泡用沸水泡7秒到10秒后，将茶汤倒入茶杯中，即可开始品味。此时的茶汤，香气和滋味开始展现。

时间把握

随着冲泡次数的增加，茶叶中的可溶物质逐渐减少，茶味会越来越淡。这时候就需要适当延长泡茶的时间。例如，第三泡可能需要12秒到15秒，第四泡可能需要15秒到20秒，以此类推，这样可以保证每一道茶汤都能有较好的口感。

黑茶名品

普洱茶

普洱茶是云南特产，普洱茶的产地有着严格的界定，必须产自云南省内 11 个州市管辖的 639 个乡镇产茶区，茶树品种必须是国家认定的云南大叶种。普洱茶有生普和熟普之分。生普由晒青茶直接加工而成，这种未经发酵的茶叶，保留了较为原始的茶性。熟普则是晒青茶经渥堆人工加速发酵后再加工而成的。熟普的代表产品有沱茶、饼茶、砖茶、特型茶等，这些不同形态的茶叶，不仅方便储存和运输，也成为普洱茶文化的一种独特标志。无论是生普还是熟普，在良好的储存条件下都可自然陈化，并且越陈越香。

项目	特征
产地	云南省的西双版纳傣族自治州、普洱市、临沧市、保山市等地
茶条	粗肥紧实
色泽	红褐色，表面覆盖有一层类似霜的物质
汤色	红浓明亮，不同等级的熟茶在汤色深浅上有所差异
香气	陈香浓郁
滋味	滋味浓厚，带有回甘
叶底	暗红似猪肝

普洱茶的传说趣谈

在普洱茶的产区，流传着许多动人的传说，为普洱茶增添了神秘的色彩。

叭岩冷赠茶之恩

相传，布朗族的茶祖名叫叭岩冷，他是一个极具智慧和勇气的人。在一次偶然的机会中，他发现了一种神奇的植物——茶树，他立刻意识到这种植物的珍贵。不久之后，他凭借自身的才能和魅力，赢得了傣王七公主的芳心，二人喜结连理。然而，这却引来了其他族王的嫉妒和怨恨。他们暗中设计叭岩冷，使他失去了性命。

叭岩冷生命即将走到尽头时，他满怀深情地嘱托族人："金银财宝终有用尽的一天，不如留下茶树。只要你们能尽心培育，这便是永不枯竭的财富之源！"从此，世世代代的布朗族人守护着这些茶树，靠着勤劳的双手，将普洱茶文化不断延续和发扬。

孔明妙手生普洱

相传，三国时期，诸葛亮带领士兵路过云南勐海南糯山。士兵们由于水土不服，纷纷染上了疾病，士气低落，行军也变得十分艰难。诸葛亮见此情景，将手中的手杖插在石头寨的山上，手杖瞬间变成了茶树，并且很快就长出了嫩绿的新叶。诸葛亮随即让士兵们摘取茶叶煮水，士兵们喝了茶之后，疾病竟然奇迹般地痊愈了。

人们为了纪念诸葛亮的这一功绩，便把南糯山称为孔明山。孔明山周围的几座山，也都成为盛产普洱茶的名山。

普洱茶采摘指南

采茶人遵循茶树生长周期，采用差异化的采摘策略：初春时节轻采枝头初展的一芽一叶，盛夏适度采收肥厚的一芽三叶，秋末精选成熟度均匀的"谷花叶"。采摘时手指轻捏芽叶基部向上提采，动作轻柔，避免指甲划伤叶脉影响品质。

每年 2 月至 4 月采收的春茶，芽叶细嫩，茶汤清甜柔润；5 月至 7 月的夏茶，叶片肥硕；8 月至 11 月的秋茶，香气高扬，尤其谷花时节采收的原料，最宜制作熟茶。

优质鲜叶需满足"三无"标准：无鱼叶夹杂、无虫斑瑕疵、无机械损伤。叶片轻捏回弹有力，若出现闷酸味则需立即摊薄补救。

采收后的鲜叶需立即进入养护流程。竹编茶篓的网眼结构确保空气流通，防止叶片积压发热。晴天采收的茶叶与带露水的鲜叶需分区摊晾，用竹匾离地架起约三指厚的叶层，在通风阴凉处自然萎凋。春季湿度较高时适当增加摊晾厚度，夏季高温则减薄叶层，通过观察叶缘微卷、叶质变软的状态来判断萎凋完成度。

普洱茶是这样制作的

从杀青到精制，普洱茶在制茶师傅手中完成三次生命改变：第一次终止生长，第二次转化重生，第三次沉淀升华。正是这种遵循“自然转化与人工调控结合”的制作工艺，让普洱茶成为“可以喝的古董”。

杀青

所有鲜叶须在采收后 4 小时内完成杀青，此时叶片含水量处于黄金区间，既能塑形又保留活性酶。杀青采用锅式或滚筒式设备。大叶种鲜叶因含水量高，需均匀快速地失水，以达到杀匀杀透的效果。

揉捻

依据鲜叶的老嫩程度，采用不同力度的揉捻手法。嫩叶轻揉短揉，老叶则重揉长揉，直至芽叶基本成条。

晒干

揉捻后的茶叶被薄摊在清洁的水泥晒场上，借助阳光的力量晒干。至含水量约 10% 时，即为适度。无阳光时采用烘干机烘干。

渥堆

茶叶先洒水至含水量 30% 以上，拌匀后堆成约 1 米厚的茶堆，自然发酵。发酵过程中保持堆温在 60℃到 70℃，需翻拌三四次以控制温度。经过数天到一个半月不等的自然堆积与发酵后，茶叶色泽变褐，滋味变得浓醇。

晾干

渥堆适度的茶叶需扒开晾干，散发水分。在微风的吹拂下，茶叶逐渐褪去湿气，沉淀出更醇厚的味道。

筛分

干燥后的茶叶经过解块、筛分，制成散茶或紧压茶。筛分过程会将茶叶按照品质分级。

普洱茶的冲泡方法

要泡一杯上乘的普洱茶，精髓在于精准掌控几个至关重要的环节。普洱茶的投放量并非固定不变，它受茶叶类型（如生茶、熟茶、散茶或饼茶）、茶具容积和个人口味喜好的影响。一般而言，熟茶口感温和，投茶量可适度增加；生茶口感强烈，投茶量需适度削减。茶水比例的拿捏同样至关重要，通常而言，茶水比例以 1 ：20 至 1 ：30 为佳，即在 150 毫升的盖碗或茶壶中，投放 5 克至 7.5 克茶叶为宜。

冲泡普洱茶，水温需高，95℃至 100℃为佳。泡茶前，需以沸水预热茶具，泡茶后，可在壶身外浇淋开水以保持温度，从而充分激发茶香。水温偏低则难以充分展现普洱茶的香气，口感也会显得单薄。

接下来便是润茶。为了提升茶汤的纯正香气，首次冲泡的沸水需迅速倒出，时间控制在 2 秒至 5 秒之间，具体依据茶叶品质而定。香气纯正、无异味的茶叶，润茶时间可稍短；香气不够纯正、有异味的茶叶，润茶时间则可稍长。润茶后的茶汤直接舍弃。最终环节是冲泡，时长与次数取决于茶叶类型、泡茶水温、茶叶用量以及个人饮茶习惯等多重因素。因此，冲泡时长需灵活调整。

青砖茶

青砖茶以高山茶树鲜叶或陈年老青茶为原料，经传统工艺压制而成。这款承载着时光记忆的茶，曾深深融入西北边疆少数民族的生活日常，更在丝绸之路上演绎着文明交融的传奇。回溯其贸易历程，驼铃悠扬的商队曾驮载着青砖茶跨越山河，从 18 世纪中俄“万里茶道”的黄金时代，到 19 世纪直面印度、锡兰（今斯里兰卡）茶叶的全球竞争，直至中华人民共和国成立后在国家战略扶持下重焕生机，青砖茶产业如同茶砖本身，在岁月中沉淀出愈发醇厚的生命力。

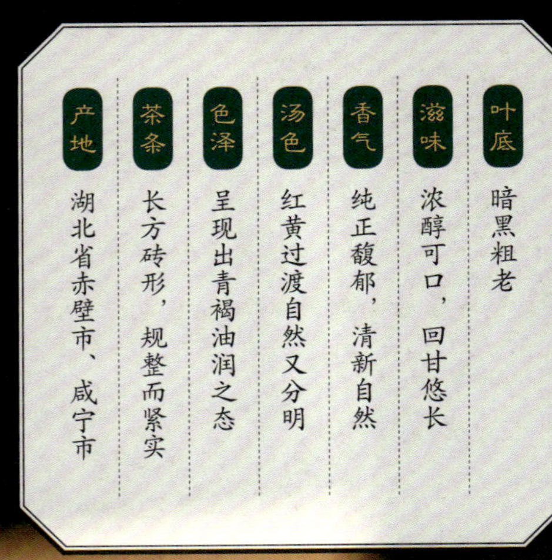

项目	特征
叶底	暗黑粗老
滋味	浓醇可口，回甘悠长
香气	纯正馥郁，清新自然
汤色	红黄过渡自然又分明
色泽	呈现出青褐油润之态
茶条	长方砖形，规整而紧实
产地	湖北省赤壁市、咸宁市

青砖茶的起源

青砖茶源自湖北省咸宁市赤壁市羊楼洞镇，拥有超过两百年的悠久历史，属于黑茶，亦有“川字茶”之美誉。早在六朝之前，鄂南地区便已开始茶叶的栽培与制作。三国时期，东吴的名士与神医曾在这片土地上采摘茶叶，用以制药。到了唐代，鄂南的茶叶成了贡品，其种植范围也扩大了。宋代，鄂南的茶业达到了新的高峰，被压制成饼状的茶叶开始出现。

进入元明时期，鄂南成为湖广行省的重要产茶区域，羊楼洞镇更是成为茶叶的集散地，创新性地推出了帽盒茶的制法。清代，随着贸易的开放，羊楼洞镇的帽盒茶制造业迎来了前所未有的繁荣，山西与广东的茶商纷纷在此设立茶庄，大量红茶出口至欧洲。道光末年，青砖茶在羊楼洞镇及其周边地区应运而生。

步入近现代，青砖茶销量与利润持续增长，引起了外国资本家的广泛关注。至 19 世纪 60 年代，俄商在汉口开设了茶庄，引入了蒸汽机压制砖茶的技术，这一创新进一步推动了青砖茶的蓬勃发展。

青砖茶是这样制作的

砖茶的加工过程相当烦琐，需要经过许多道工序，耗时长达一年。

杀青

杀青是青砖茶制作的关键。采用炒青工艺，将茶叶置于锅中翻炒，温度控制在约300℃。通过高温翻炒，茶叶中的酶活性被迅速抑制，为后续的揉捻打下基础。杀青后的茶叶色泽变暗，散发出阵阵清香。

揉捻

揉捻是青砖茶制作中塑造茶叶外形的重要步骤。制茶师傅们适度用力，将杀青后的茶叶揉捻，使其流出茶汁，卷曲成条形。揉捻过程中，茶叶的细胞结构被破坏，促进了内含物质的转化，同时也为茶叶塑造了美观的外形。

初晒

经过揉捻的茶叶会被放置在阳光下进行初晒。初晒的目的是降低茶叶的含水量，同时赋予茶叶独特的阳光味道。在阳光下，茶叶逐渐变得柔软，色泽也更加明亮。初晒过程中需要不时地翻动茶叶，以确保其均匀受热。

渥堆

渥堆是青砖茶制作中发酵的关键步骤。将初晒后的茶叶堆成方形小堆，堆温达到60℃，持续发酵3天至7天。期间需要翻堆2次至3次，以确保茶叶发酵均匀。经过渥堆发酵，茶叶的色泽由绿色变为黄褐，香气由青涩变为醇厚，滋味也变得更加浓郁。

陈化

渥堆后的茶叶会进入陈化阶段。在通风、干燥、无异味的环境中，茶叶会陈化半年以上。陈化过程中，茶叶的内含物质继续转化，香气变得更加纯正，滋味也更加醇厚。陈化后的茶叶品质更加稳定。

筛切与风选

陈化后的茶叶会经过筛切和风选处理。筛切是将茶叶按照大小进行分级，去除不符合要求的茶叶碎片；风选则是利用风力将茶叶中的杂质（如茶梗、沙石等）去除，确保茶叶的纯净无瑕。

拼配

拼配是青砖茶制作中确保茶叶品质稳定的关键步骤。专业的审评人员会对筛切、风选后的茶叶进行综合评价，根据评价结果决定不同等级茶叶的拼配比例。

压制成型

拼配好的茶叶会被放入特制的模具中，用蒸汽软化后压制成青砖茶的形状。压制过程中需要确保茶叶分布均匀，压力适中，以形成规整漂亮的形状。冷却定型后，青砖茶就具有了便于储存和运输的外形。

烘干

烘干是青砖茶制作中的最后一步。在35℃至60℃的温度下进行阶段性均衡烘干，确保茶叶的干燥程度符合包装和储存要求。烘干过程中需要严格控制温度和时间，以避免茶叶出现焦糊现象。烘干后的茶叶需要冷却放置1天至2天，使内部水分分布均匀。

青砖茶的冲泡方法

青砖茶方正光滑的外形和粗老的叶片蕴含着丰富的内质。要冲泡出一杯上好的青砖茶，需遵循以下要点。

茶具选择

厚壁紫砂壶能够很好地留存茶叶的香气，使其在冲泡过程中充分释放，而玻璃材质的品茗杯则便于观赏茶汤的红亮色泽，让整个品茶过程更具观赏性。

用水选择

一般选用山泉水、矿泉水、纯净水。

备具

在冲泡前，要准备好所需的茶具，包括紫砂壶、品茗杯、茶荷、茶匙、茶巾和水盂等。同时，按照1∶30的茶水比例准备青砖茶，确保茶汤浓度适中。

温壶

用沸水烫洗紫砂壶能清除壶内的异味，还能提升壶温，使茶叶在冲泡时更容易散发出香气。

冲泡

首先，将适量的青砖茶放入茶壶中。茶叶的投放量会直接影响茶汤的浓度，对于初次尝试冲泡青砖茶的人来说，建议先少量投放，再根据个人口味进行调整。接着，用100℃的沸水冲泡。注水时，要让水流轻柔且均匀地注入壶中，使茶叶在壶中充分翻滚、舒展，这样可以使茶叶中的有效成分充分溶解在水中，从而更好地释放出茶香和滋味。

品鉴

端起品茗杯，先轻嗅其香，感受青砖茶独特的茶香。然后轻抿一口，让茶汤在舌尖上散开，感受其醇厚的滋味。初尝时，可能会感受到茶汤的浓厚与微涩，但随后便是悠长的回甘。

第八章

中国四大茶区

中国茶区分布广泛，根据自然条件、茶树品种和茶类分布等因素，分为江南茶区、江北茶区、西南茶区和华南茶区四大茶区。

江南茶区气候温和湿润，土壤肥沃，是重要的绿茶、红茶、黑茶产区，也产乌龙茶、白茶和花茶。江北茶区气候较为干燥，光照充足，主要生产绿茶、红茶、黑茶等。西南茶区地形复杂，气候多样，茶树品种丰富，生产绿茶、红茶、普洱茶、边销茶等多种茶类。华南茶区气候温暖湿润，主要生产红茶、乌龙茶、白茶、绿茶、黑茶等。这四大茶区的地理环境、人文底蕴各具特色，从江南的烟雨水乡到江北的辽阔山川，从西南的高山云雾到华南的热带风情，犹如四幅精美的画卷，诠释着中国茶文化的博大精深。

西南茶区

茶山绮梦：云南

在中国西南部，有一片茶香与云雾交织的梦幻仙境——云南茶区，包含云南省南部和西部山地丘陵地带的临沧市、保山市、普洱市以及西双版纳傣族自治州等地。这些区域四季如春，温暖湿润，多雨多雾，是中国茶树原产地的中心之一，具有悠久的茶树种植历史。

西双版纳的六大茶山

云南省西双版纳傣族自治州内跃动着独特的热带风情和民族色彩。神秘的原始森林、热带植物园的奇花异草、野象谷的大象、直插云霄的望天树，构筑了充满生命活力的动植物王国。傣族、哈尼族、布朗族等少数民族在这里繁衍生息，形成一道多民族文化风景线。历史悠久的茶山——南糯山、班章山、易武山、景迈山、蛮砖山、革登山等，隐匿在云雾缭绕的群山中有珍稀的普洱茶资源。它们每一座都有独特的韵味与故事，它们不仅是茶的故乡，更是文化与自然的瑰宝。

云南省普洱市景迈山风光

·保山市自然风光

·临沧市翁丁原始部落

高山深谷的绿意茶境

云南省保山市在滇西横断山脉的南段，怒江和澜沧江流经此地。这是一座被历史风霜雕琢又被自然绿意拥抱的古城。巍峨的高黎贡山，雄奇的腾冲火山群，具有文化底蕴的和顺古镇，以及依山而生的万亩茶园，展示出充满生命力的壮美画卷。保山市的茶园是云南省海拔最高的茶区，茶叶品种丰富，包括普洱茶、滇红、绿茶、黑茶等。它们共同营造了高山深谷的绿意茶境，让人们在不同的茶香中，感受生命的韵味和岁月的沉淀。

澜沧江畔的茶树基因库

在云南省的澜沧江畔，坐落着四季如春的临沧市。这里居住着彝族、佤族、傣族等20多个民族，保留了奇异丰富的文化景观。翁丁原始部落是佤族原始群居村落之一，村子里用茅草、竹木搭建的房屋古朴而原始，与周围的自然环境和谐共生。著名的沧源崖画绘制在高高的山崖上，是先民用手指或羽毛，蘸着红色矿物质颜料画上去的，是我国最古老的崖画之一。临沧市的古茶树种类丰富，有很多是原始物种，这里堪称古茶树基因库。它们或独立成景，或成群而生，一起组成了天然的古茶树博物馆。

醇香里的民族风情

云南省境内聚集了白族、哈尼族、傣族、傈僳族等20多个世居少数民族，千姿百态的茶俗，如同奇异斑斓的风景，展现了不同民族独特的茶文化和生活方式。那茶山、茶树和茶香就是情感和记忆，蕴藏着动人的故事。

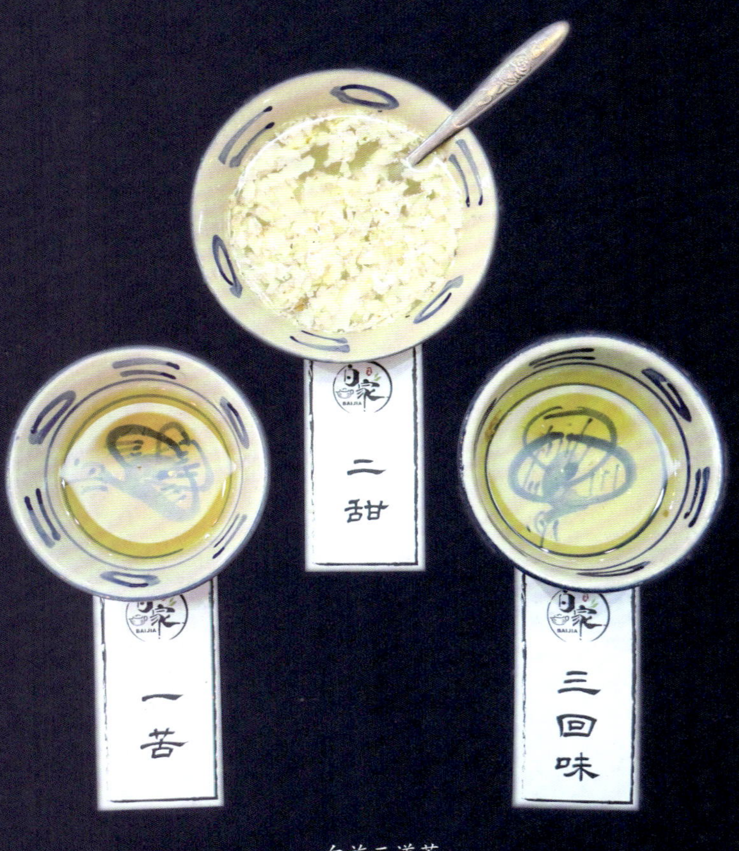

· 白族三道茶

白族三道茶

居住在云南省大理白族自治州的苍山洱海间的白族，三道茶是他们的待客风俗。每一道茶，都蕴含着不同的味道和寓意，让人在品味中感受到人生的酸甜苦辣。第一道是苦茶，将茶叶放在烘热的砂罐中反复烤，等到茶叶微黄焦香，用开水冲泡即可。茶汤色如琥珀，香气中带苦涩滋味，犹如人生的艰辛与磨难。第二道是甜茶，在茶汤中放入乳扇、核桃仁、芝麻、红糖等，丝丝甜香溢满味蕾，寓意苦尽甘来。第三道是回味茶，在茶水中加入肉桂末、花椒、生姜、蜂蜜等配料，令人回味无穷，仿佛在回顾自己的人生历程，曾经的苦涩与甘甜，都化作了淡然与宁静。

· 基诺族雕塑

基诺族凉拌茶

云南省西双版纳傣族自治州景洪市的基诺山上生活着基诺族，他们制作的凉拌茶是一道洋溢着自然气息的美食。先将新鲜茶叶揉细搓碎，放入大碗中加油、盐、辣椒、香八角、香茅草、大芫荽、蒜、姜等调料，再根据个人口味放入干巴（一种肉类干制品）、山螃蟹、竹虫、甜笋、酸蚂蚁蛋等，最后倒入山泉水放置15分钟，一份五味俱全的凉拌茶就完成了。茶叶与其他食材的充分融合，释放出食材原始的香气。无论逢年过节、亲朋好友相聚，还是日常生活中的闲暇时光，凉拌茶都是不可或缺的一部分。这一独特、古朴的食茶方式，实际上是古代食茶法的传承，体现了基诺族人对生活的热爱和对自然的敬畏。

· 白族三道茶

纳西族的龙虎斗茶

在云南省玉龙雪山的怀抱里，以及金沙江、澜沧江、雅砻江三江交集的高寒山区，居住着神秘的纳西族。他们用茶和酒调制成一种奇特的茶饮——龙虎斗茶，作为日常生活的保健茶。先用水壶将水烧开，在陶罐中放入普洱茶进行烘烤，茶叶烤到焦香时，倒入开水，煮成浓茶汁。然后将米酒或苞谷酒倒入茶盅内，再注入煮好的茶水。酒遇到茶水发出“啪啪”的清脆声响，好似龙虎正在搏斗厮杀一样。纳西人认为这是吉祥的征兆，响声越大就越欢喜。龙虎斗茶是纳西族待客的重要饮品，热饮能提神解渴，还有治疗感冒、暖身的功效。茶香、酒香交织在一起，构成了纳西族茶文化的醇香。

· 纳西族民众

茶色时光：四川

中国西南腹地的四川省，东部主要是盆地、丘陵，西部多为海拔3000米以上的高原、山地，是最早种茶、饮茶的地区之一。四川茶叶产区分为东部、西部、南部和北部四个区域，每一处都承载着关于茶的历史记忆和文化积淀。

峨眉山上竹叶青

四川省乐山市境内的峨眉山，地处四川盆地的西南边缘，风景幽奇灵秀。蜿蜒的山道两旁，是郁郁葱葱的林木。半山处的山体，被云雾遮掩变得若隐若现。在峨眉金顶眺望，群山绵延不绝，云海姿态万千，人间仙境莫过如此。李白写下“蜀国多仙山，峨眉邈难匹”的诗句，赞美峨眉山不可比拟的壮美风光。除此之外，峨眉山还是中国佛教名山，山上有很多寺庙，比较有名的是报国寺、万年寺、华藏寺等八座寺庙。精美的壁画、雕塑和石刻，以及悠扬的钟声与梵音，都在营造着庄严祥和的氛围。在万年寺、清音阁等地，生长着成片的竹叶青茶，散发着纯粹的山野韵味，书写了峨眉山巅的翠绿诗篇。

青城雪芽映山川

四川省都江堰市的青城山是一座充满山野幽韵与道骨仙风的山。它幽深秀丽，山峰连绵起伏。山间的云雾时隐时现，给青城山披上了神秘的面纱。春季繁花遍野，夏季林木遮日，秋季缤纷绚烂，冬季万树银花，如画的四季演绎了各有千秋的美。青城山还是道教发源地之一，有一些道教文化的遗存。天师洞、圆明宫、老君阁等依山而建，与周围的山景融为一体。这些宫观是人们领略道教文化的绝佳去处。山上有很多繁茂的茶树，采摘后制成著名的青城雪芽，此茶犹如山间的绿色精灵，为人们带来舌尖上的清香。

都江堰市青城山

宜宾红茶醉三江

四川省宜宾市是金沙江、岷江、长江三江汇合的地方。宜宾市东南部的蜀南竹海是一处绝美的天然竹林景区，集竹海、洞穴、瀑布、峡谷、古寺各种景观于一体，堪称自然与人文交织的奇景。另一处的兴文石海，石林、天坑、溶洞等交相呼应，呈现出喀斯特地貌的奇特景观。李庄古镇和横江古镇，再现了宜宾市古老的历史文化风貌。宜宾市的筠连县和高县等地是“川红工夫”的故乡，此茶远销英国、法国、俄罗斯等国，是中国工夫红茶的后起之秀。

宜宾市蜀南竹海风光

四川峨眉山金顶风光

古风遗韵中的蜀地印记

在广袤的川蜀大地，汉族和少数民族的茶俗镌刻着世代赓续的文化印记。那些在茶香中流淌的故事以及闲适自在的饮茶时光，带着质朴的烟火气息，让人沉醉不已。

茶馆里的慢生活

茶馆可以说是成都市的风景线，它们散落在成都的每一个角落，无论繁华闹市，还是幽静小巷，总能找到一两家茶馆。茶馆在成都人的生活中，是不可或缺的内容，在茶馆喝茶俗称“泡茶馆”。在这里，一壶茶便能开启一段慢时光。老人们围坐一桌，下棋打牌，笑声连连；年轻人三五成群，分享生活趣事。茶馆里的评书、川剧变脸，更是充满了浓浓的川味，让茶客们兴味盎然。

茶馆里基本上是盖碗茶，红茶、绿茶、普洱茶、茉莉花茶等一应俱全，主要讲究的是“色、香、味、形”，喝起来整个身心才会舒坦。在茶馆里泡一泡，时间变得缓慢而悠长，人们找到了属于自己的那份悠闲自在。

· 成都市铁像寺水街露天茶馆

过年过节先摆茶

摆茶是宜宾人的一种传统过年习俗，各家各户都会准备一些茶食招待亲朋好友。有的人家用土碗装香茶，端上红苕糖，显得格外亲切；有的人家用细瓷碗盛茶，搭配饴糖，显得更为高雅。只有当宾客们品尝完茶点后，正式的宴席才会开始。宴席结束后，主人还会为客人送上清水，方便他们洗脸洗手，最后再奉上一杯香茶，表达主人的盛情款待。每逢年节，人们围坐在一起，分享彼此的生活，茶点与茶香平添了相聚的温馨与欢愉。

色香味俱佳的彝族烤茶

在彝族的山寨里，有一种茶世代相传，那就是彝族的烤茶。他们将绿茶放入烤热的茶罐内焙烤，当茶叶酥脆略黄时，倒入少量的盐一起烤，然后再灌满热水，在火上煨煮片刻，让茶叶沉淀下去，再倒出过滤好的茶水，放入炒米、核桃粉、芝麻等。按照彝族的规矩，老人烤的茶自己喝，若是客人来了，主人会给每人一个土罐和一个茶盅，让他们亲自动手烤茶，烤好自己享用。这种古老的饮茶方式，体现了别具一格的彝族茶文化，让人感受到来自大山深处的纯朴与美好。

西南茶区

韵悦山城：重庆

重庆的茶，历经几千年的风霜洗礼，植根于山城的文脉深处。在重庆市的巴南区、永川区、江津区、武隆区等地分布着众多茶园，产出永川秀芽、巴南银针、老鹰茶、沱茶等多个品种。它们积淀着自然与人文的历史，跃动着山水间的古香茶韵。

·重庆市奉节县瞿塘峡

香山贡茶白帝寻

重庆市奉节县瞿塘峡口的白帝山上，坐落着著名的白帝城——一座拥有自然美景、历史遗迹和人文景观的古城。李白“朝辞白帝彩云间，千里江陵一日还”的诗句，让白帝城家喻户晓。峡口的夔门如同天堑，横亘在长江之上，颇有“一夫当关，万夫莫开”的险峻之势。白帝山顶的白帝庙是供奉三国刘备、诸葛亮、关羽、张飞的殿堂。站在白帝庙前远眺长江，江水滔滔，奔流不息。回望白帝城，依山傍水，气势恢宏。白帝城境内的香山盛产红茶、绿茶和黑茶，唐、宋、清三代都有茶品被选为贡茶。弥漫山野的茶香，蕴含着自然的清新和岁月的沉淀，是山水与历史的完美融合。

·重庆市永川区茶山竹海

茶山与竹海的共生

重庆市永川区箕山山脉的茶山竹海，是一处茶与竹和谐共生的秘境，也是电影《十面埋伏》的取景地。漫山遍野的茶树，整齐地排列着，在雾气的环绕中半掩真容。高耸的竹林遮天蔽日，形成一道天然的屏障。茶的清香和竹的雅韵，共同营造了大自然的奇观，让人流连忘返。双府、仙人洞、天堡寨等历史遗迹，讲述着茶山往昔的故事。在这里，泡上一杯当地产的永川秀芽，看茶叶在水中舒展，听翠竹摇曳的沙沙声，闻茶与竹散发的清香，品一口鲜醇的茶，定然是满心的惬意和欢喜，仿佛投进自然的怀抱，尽享这一刻的宁静与美好。

·重庆市北碚区缙云山

缙云毛峰山中来

缙云山位于重庆市北碚区嘉陵江温塘峡畔，有古老的人文底蕴和生机勃勃的自然景象。山间的小路蜿蜒曲折，两旁是茂密的竹林，松鼠在树梢间跳跃，鸟儿在枝头欢唱，它们与这片山林共同构成了和谐的生态家园。狮子峰和香炉峰都是缙云山的至高处，可以观日出东方，览群山壮阔。佛音绕梁的缙云寺，仿佛是历史的回响。山间众多的碑刻，记录了历代文人墨客的诗文。在山间孕育生长的缙云毛峰，色泽翠绿油润，茶香在舌尖弥漫，丝丝清甜，令人回味。

香茗中升腾的巴渝烟火

源远流长的茶文化浸润着巴渝大地，也流淌在重庆人的生活里。那些古老的茶俗，就像这座城市的性格，热情、豪爽、质朴，寄托着重庆人的爱茶情怀。

重庆人的坝坝茶

在重庆市的街头巷尾，有很多露天茶摊，人们或坐或立，手捧一杯热气腾腾的茶水谈笑风生。这些茶摊就是重庆人所说的“坝坝茶”。在这里，没有高档的茶楼，没有精致的茶具，有的只是简单的竹椅、木桌和滚烫的茶水。然而，正是这份简单与质朴，让坝坝茶成为重庆人生活中不可或缺的一部分。夏日冰镇的坝坝茶，能够驱散炎热，带来一丝清凉；冬日热乎乎的坝坝茶，能温暖人心，驱散寒意。人们喜欢在这里以茶会友，摆龙门阵，虽然它不似茶楼那样豪华，也不像茶馆那么讲究，却有着一种随性而真实的味道。

· 重庆市山城巷坝坝茶

· 茶田里的苗族采茶人

彭水苗家三道茶

在重庆市彭水苗族土家族自治县的苗家山寨，流传着百年历史的苗家三道茶——第一道茶是糖水米泡，用开水冲米泡，加入白糖，口感甜美；第二道茶是老荫茶，用土陶茶罐烤煨出来，香气浓郁，味道醇厚；第三道茶是苗家茶点，种类丰富，与茶水一起享用。苗家人用三道茶表达对客人的欢迎与尊重，每一杯茶都蕴含着苗家人的热情与智慧，每一缕茶香都飘散着山城的韵味。

· 土家油茶汤

酉阳土家族油茶汤

在重庆市酉阳土家族苗族自治县的村寨里有一种油茶汤，是土家族的特色美食。他们精选上等茶叶，经过炒制和熬煮后，倒入阴米子、花生米、干豆、芝麻等炸过的泡货中。它不仅是土家族人的日常餐食，每当有客人来访，土家族人都会端上一碗热腾腾的油茶汤，用这种方式来表达他们的欢迎与尊重，客人们在品尝美食的同时，也感受到与众不同的土家族风情。

贵州省安顺市黄果树瀑布

西南茶区

黔茶之旅：贵州

贵州省境内分布着众多原生态茶区，具有低纬度、高海拔和日照时间少的特点，盛产都匀毛尖、梵净山翠峰茶、遵义红茶、贵定云雾贡茶、黄果树毛峰等名茶，被誉为云贵高原上的茶之故乡。

黔山秀水间的遵义红茶

贵州省北部有一座自然与人文齐名的古城——遵义市。庄严肃穆的遵义会议会址，见证了中国革命的光辉历程。令人惊艳的赤水丹霞，银色瀑布从红色丹霞悬崖上倾泻而下。茅台镇的茅台酒沉淀着岁月的味道，享誉全世界。异域风情的海龙屯土司遗址，古老的城墙、神秘的宫殿，构筑了一个神秘世界。遵义市的湄潭县、凤冈县、余庆县等地盛产红茶，红艳明亮的茶汤散发着黔山秀水的清新与芬芳。

·遵义市赤水丹霞旅游区

梵净山翠峰茶的悠悠禅意

贵州省铜仁市的梵净山是有着几千年历史文化的名山。奇峰异石层出不穷，清泉飞瀑雄奇壮观，山间云雾如轻纱覆盖在葱郁的林木之上。蘑菇石、万卷书、老金顶、九皇洞等携带着各自的故事，呈现在人们面前。红云金顶上的释迦佛与弥勒佛并肩而立，昭示着神秘庄严。承恩寺、护国禅寺，以及其他50多座寺庙，或隐于密林深处，或立于峭壁之巅。梵净山西边的茶园最早由寺僧种植，后来人们研制出梵净山翠峰茶，浸润着梵净山的悠悠禅意，飘散醉人的茶香。

·铜仁市梵净山

黄果树的山野茶香

贵州省安顺市充满了自然的神奇和民族文化的气息。镇宁布依族苗族自治县境内的黄果树瀑布是中国最大的瀑布，磅礴的气势令人震撼不已。在青山和蓝天的映衬下，它如同银色的巨龙，自陡峭的山崖奔腾而下，撞击在犀牛潭上，发出雷鸣般的轰响。安顺市西秀区旧州镇老落坡是黄果树毛峰的产地，它们生长在山间峡谷之中，有最原生态的绿色品质。轻啜一口，茶汤在舌尖舞动，鲜醇的滋味弥漫开来，让人陶醉其中。

时光流转的多彩茶俗

贵州省是多民族汇集的地区，不同民族的茶文化点缀着人们的生活。这里的茶礼茶俗自成体系，土家族、仡佬族、侗族等少数民族的茶俗别具一格。在这里，茶与生活紧密相连，茶俗与民族文化相互交融，共同描摹了贵州茶文化的多彩风景。

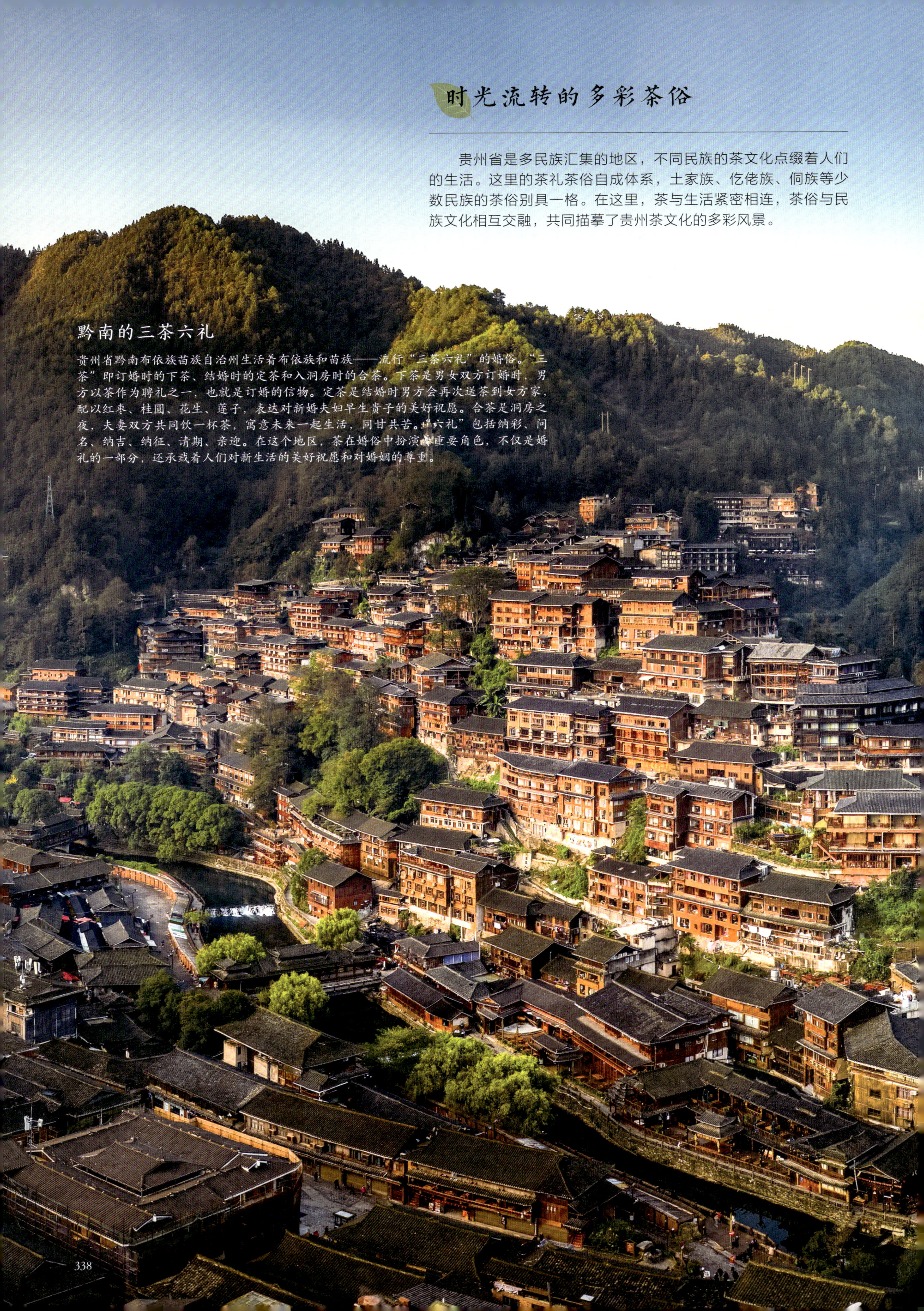

黔南的三茶六礼

贵州省黔南布依族苗族自治州生活着布依族和苗族——流行“三茶六礼”的婚俗。“三茶”即订婚时的下茶、结婚时的定茶和入洞房时的合茶。下茶是男女双方订婚时，男方以茶作为聘礼之一，也就是订婚的信物。定茶是结婚时男方会再次送茶到女方家，配以红枣、桂圆、花生、莲子，表达对新婚夫妇早生贵子的美好祝愿。合茶是洞房之夜，夫妻双方共同饮一杯茶，寓意未来一起生活，同甘共苦。“六礼”包括纳彩、问名、纳吉、纳征、清期、亲迎。在这个地区，茶在婚俗中扮演着重要角色，不仅是婚礼的一部分，还承载着人们对新生活的美好祝愿和对婚姻的尊重。

布依族古寨

布依族的姑娘茶

清明节前，布依族的未婚姑娘都会上山采摘嫩尖叶茶，杀青后，叠整成圆锥体晒干，最后制成一两到二两的“姑娘茶”。这种茶的形状规整优美，犹如玲珑宝塔，是茶中的上品，也是非卖品。在谈恋爱或订亲时，姑娘会把姑娘茶作为定情信物送给爱人，代表爱情的约定和承诺。年节时也可以作为礼品赠送给亲朋好友。它承载着布依族姑娘的智慧、勤劳和对爱情的美好向往，是布依族茶文化中的绝妙风景。

仡佬族的三幺台

贵州省遵义市道真仡佬族苗族自治县的仡佬族，自古以来就有摆“三幺台”的习俗，即一次宴席有茶席、酒席、饭席三个环节。第一台的茶席，是欢迎客人到来的一种仪式。一般设在村寨宽敞古朴的木屋里，桌上摆放着米花糖、粽子、红苕果、洋芋片等各式各样的茶点。主人端上香喷喷的油茶，与客人围坐一堂，品茶聊天。这油茶是用当地的老鹰茶、苦丁茶等主料，经过煎炒和煨煮而成，具有提神醒脑、保健的功效。茶席上欢乐祥和的气氛，让人感受到家的温暖和仡佬族人的热情。接下来的酒席和饭席也极为丰盛，是名副其实的仡山大宴。

黔东南苗族侗族自治州雷山县西江千户苗寨

西南茶区

雪域高原：西藏

西藏自治区的茶叶种植主要集中在雅鲁藏布江中下游的林芝地区。林芝市的波密县、墨脱县和察隅县是珠峰圣茶、林芝春绿、雪域藏茶等茶叶的产地。这片土地上的茶树，吮吸着雪山的甘露，沐浴着高原的阳光，孕育出独有的高原茶香。

冰川之乡的雪域茶谷

西藏自治区林芝市波密县易贡乡是一处被雪山和幽湖环抱的秘境。碧波荡漾的易贡湖，倒映着四周的雪山与森林，仿佛是天地间的一方净土。万年不化的易贡冰川气势磅礴，显示出大自然最原始的伟力。每到春天，易贡会变成花的海洋。桃花、梨花、高山杜鹃竞相绽放，色彩斑斓，美不胜收。被称作“雪域茶谷”的易贡茶场建于1960 年，是世界上海拔最高的茶园。茶园依山傍水，茶树在高原的阳光下茁壮成长。无论是易贡红茶，还是林芝绿茶，都伴着纤尘未染的茶香，带来悠长的回味。

· 波密县桃花盛开时的美景

·墨脱县雅鲁藏布江风光

莲花秘境中的墨脱茶

西藏自治区林芝市有一个被称为“莲花秘境”的地方——墨脱县。连绵起伏的山峦像是大地的脊梁，山间游弋的云雾如梦如幻。果果塘大拐弯波澜壮阔，雅鲁藏布江的江水在峡谷间奔腾不息。背崩瀑布好似白色的绸带，从山间倾泻而下。古老的仁青崩寺，静静地坐落在山间，透出庄严而神圣的气息。在墨脱县墨脱镇、德兴乡、背崩乡等地，散落着一些有机茶园，出产墨脱红茶、绿茶和白茶，嫩绿的茶芽在阳光下生长。墨脱茶就像一张绿色名片，吸引着越来越多的茶客前来探访、品味。

·察隅县千年水磨岩

珠峰圣茶的摇篮

西藏自治区林芝市察隅县是一处远离都市喧嚣的隐秘桃源。这里森林茂密，河水潺潺，空气中弥漫着泥土与花草的清新香气。县城西部的千年水磨岩是一条800米长的峡谷，经过河水千年的冲刷，形成了独特而神秘的纹理。翡翠般的河水在峡谷中奔流，奇形怪状的岩石像镜面一样光滑。它们宛如一幅幅自然的水墨画，见证着时光的流转与变迁。察隅农场与易贡茶场合作的茶叶加工厂里出产绿茶、红茶和白茶，其中，珠峰圣茶最为著名，它不仅承载着原生态的高原韵味，更是这片土地上的翠绿瑰宝。

奇异的藏地茶俗

茶在西藏人的生活中无处不在，从清晨到夜晚，茶香始终萦绕在空气中。他们通过制茶、熬茶、饮茶，温暖、滋养了身心，也让这个过程充满了仪式感。那些雪域高原特有的茶俗，其实代表了当地人生活的态度，也是当地人文化的传承和心灵的慰藉。

酥油茶待客

藏族人用酥油茶待客是流传千年的习俗。酥油茶是由砖茶熬煮成浓茶汤，再加入酥油、食盐、花生仁、核桃仁、芝麻等反复抽打而成。当远方的客人到来，主人会亲自摇动手中的酥油茶壶为客人倒茶。喝酥油茶也是有讲究的，客人不能马上喝尽，需等主人再次提起酥油茶壶时，客人再双手端起茶碗，吹开浮油喝至一半，等主人续添，一般要来回喝三碗。客人告辞时，主人会再次为他们添满酥油茶，表示对他们的不舍和祝福。客人一定要喝，但要留点漂着油花的茶底，寓意着“留有余香”，希望这份情谊能够延续，如同那醇厚的茶香久久不散。

· 藏式酥油茶馆

藏族人的扬茶婚俗

在藏族人的婚礼中，奶茶承担着重要角色，是敬给嘉宾的必备饮品之一，叫作“喜茶”。婚礼之前，婆家人用上好的砖茶和新鲜的牦牛奶，熬一大锅香喷喷的奶茶。婚礼当天，新娘被接到男方家后，第一件事就是进灶房，新郎掀起锅盖，新娘盛几勺奶茶扬三下，代表新娘已成为婆家的掌勺人。接着，新娘恭敬地为公婆斟满奶茶，两位老人唱起“扬茶歌”。随后，新娘将五个盛满奶茶的银碗供奉在佛前，表示对佛的虔诚。在婚礼宴席上，新娘向客人敬茶唱歌，新婚夫妇向媒人献奶茶，表达对媒人的感激之情。婚礼结束后，还要唱一首送宾曲，感谢嘉宾的参与与祝福。

藏族人以茶待客的规矩

藏族是个讲究礼仪的民族，特别是在以茶待客这件事上，有很多约定俗成的规矩。比如，当客人到家里拜访时，主人要拿出家里最好的茶碗向客人敬茶，忌讳用有裂纹的碗，认为这样会破坏好运气。敬茶时要双手端给客人，不能将手指放在碗口上，那是对客人的不敬。喝茶时要盘腿端坐，不能发出声响。还有重要的一点，就是茶碗不能扣着放，因为藏族人去世以后茶碗才会这样放。客人喝茶时不能拿来就喝，先要用无名指蘸一点茶，向空中弹三下，表示已敬过佛、法、僧三宝。客人的茶碗不能空或者是半碗茶，主人会随时斟满。这些茶俗承载着他们的信仰和情感，也蕴含了对美好生活的祈愿和祝福。

岭南茶境：广东

广东省常年温暖湿润，是茶叶的主产地。潮州市、江门市、茂名市、肇庆市以及英德市，盛产红茶、绿茶、乌龙茶，是凤凰单丛、英德红茶等名茶的出产地。它们在山间湖畔扎根成长，携带着岁月的悠长与醇厚，书写了岭南茶的曼妙时光。

潮汕——乌龙茶之乡

广东省潮州市是一座既养眼又养心的古城。横跨韩江的广济桥是宋代修建的中国四大名桥之一，堪称中国桥梁建筑史上的瑰宝。桥下江水悠悠流淌，江面上偶尔有几艘渔舟驶过。远处城市的轮廓若隐若现，与广济桥构成了和谐宁静的画面。每当夜幕降临，桥上灯光璀璨，与波光粼粼的江面相映成趣。潮安区凤凰镇的凤凰山上古木参天，翠竹摇曳，仿佛是一片远离尘嚣的净土。山涧溪流潺潺，清澈见底，山间云雾时聚时散，给凤凰山增添了几分神秘与朦胧之美。山上种植着乌龙茶凤凰单丛，历史久远，品质卓越，是潮汕工夫茶的主打品种，在中国香港、中国澳门以及泰国、新加坡等地享有盛名。

· 潮州市广济桥

享誉海内外的英德红茶

广东省英德市的很多地方都是壮观的喀斯特地貌，比如，南郊的宝晶宫是经过两亿多年的地壳变化而形成的大溶洞，洞内巨大的钟乳石像守护神般矗立，形态各异的石笋与石幔相互交错。英德市石横镇的积庆里红茶谷，茶山、湖泊、花海、古村落、英石林等相互映衬，美不胜收。这里的茶树郁郁葱葱，新芽嫩绿欲滴，空气中弥漫着淡淡的茶香。这里是英德红茶的原产地，加工制作成的红茶，茶色像琥珀一样，味道醇厚悠长，深受英国、美国、加拿大等欧美国家的欢迎。

· 积庆里红茶谷

清凉山茶映梅州

广东省梅州市山水秀美，文化底蕴深厚。庄严的梅州千佛塔屹立在学子大道旁，像静默的守望者，见证了这座城市的历史变迁和人文发展。塔身雕刻着千姿百态的佛像，每一尊都栩栩如生。登上塔顶极目远眺，远处的山峦连绵起伏，梅州城区的繁华景象尽收眼底。梅江区西阳镇的清凉山是一处让人心生清凉之地，山间的溪水潺潺流过，水声与风声交织在一起，谱成了一首悠扬的乐章。山上种植的清凉山茶，明末清初就颇有名气，现在依然是广东地区的绿茶翘楚，深受当地人的喜爱。

· 梅州市清凉山茶田

烟火熏染的粤地茶事

清晨，广东人是被早茶的香味叫醒的。人声鼎沸的茶楼，大街小巷飘出的茶香，是当地人惬意的早茶时光。在潮汕地区和客家人聚居地，工夫茶、擂茶则是另一番模样。茶对于他们而言，是从容、精致、温情的生活态度，诠释着对生活的热爱与追求。

广东人的早茶

早茶是广东人的最爱，他们将饮早茶称为“叹早茶”，“叹”在广东话里是“享受”的意思。有首粤语歌曲唱道：“朝朝早，饮早茶，一盅两件叹番吓。”这里的“一盅”就是一杯茶，“两件”是两笼点心。早茶点心的种类繁多，肠粉、叉烧包、虾饺、马蹄糕、艇仔粥等，无所不有。每天清晨的茶楼里，热气腾腾的茶水在壶中翻滚，蒸腾出生活的烟火气。人们喝着香茗，品着茶点，与家人、友人悠闲地聊天。这惬意的早茶时光，让人们在忙碌的生活中停下脚步，慢慢感受生活的美好。

潮汕工夫茶

广东省潮州市、汕头市、揭阳市等地流行喝工夫茶。街头巷尾总能看到人们围坐桌前，一壶热茶、几只小杯，构成了温馨、惬意的饮茶场景。潮汕工夫茶讲究精细的泡茶技艺，包括茶具、水质、火候和泡茶手法。一般选用凤凰单丛乌龙茶，有时也会配些普洱茶、绿茶、红茶等来调节口感和香气。冲泡工夫茶，离不开一套精致的茶具。紫砂壶、小瓷杯、茶盘、茶匙等，显得玲珑而又考究。冲泡的过程像一场仪式，提壶、注水、刮沫、出汤、分杯，每一步都讲究技巧与耐心。茶汤入口，浓郁的回甘弥散在唇齿之间，人们找到了岁月静好，也感受到来自心底的平和与满足。

揭盖添茶水

广东地区的茶楼流传着揭盖添茶水的习俗，即在茶楼喝茶，客人需要添水时，无需大声呼唤服务员或举手示意，只要轻轻将茶壶盖揭开，放在旁边，服务员见了就会自动过来斟茶续水。据传清代一个阔少到茶楼喝茶，将一只名贵的小鸟放在茶壶中，伙计揭盖添水的时候，鸟飞出了茶壶，阔少不依不饶要求赔偿，最后告到官府，茶楼伙计赔了很多银两。于是，茶楼为了避免这种事情再发生，都会要求客人主动揭盖，久而久之形成了这一特有习俗。

华南茶区

茶浸山川：广西

广西壮族自治区的山水间种植着不同品种的茶树，与奇峰雾霭相映成趣。梧州市六堡茶、桂林市桂林毛尖、百色市凌云白毫、贺州市昭平红茶等，都是名茶。

· 广西壮族自治区桂林市阳朔县相公山

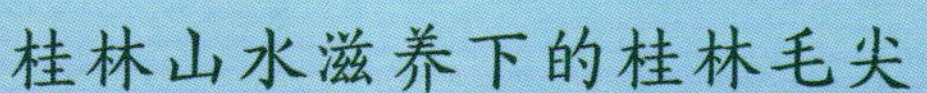

桂林山水滋养下的桂林毛尖

广西壮族自治区桂林市凭借“山水甲天下”的美誉，吸引着无数游客来此观光。清澈见底的漓江环绕着座座青山，在天地间缓缓铺展。两岸的山峰或挺拔峻峭，如剑指苍穹，或温婉柔美，似轻纱曼舞。山峰在云雾中若隐若现，宛如流动的水墨画。桂林市东郊的尧山，屹立于城市的边缘，像巍峨挺拔的巨人，守护着这片美丽的土地。相传这里曾是尧帝巡游之地，曾修建过尧帝庙，现在已荡然无存。山上生长着大片的桂林毛尖，每当春日来临，茶树便吐露新芽，等着茶农去采摘。那一排排的茶树，仿佛自然写下的翠绿诗行，吟咏着茶山的诗意与芬芳。

·梧州市白云山

六堡河畔六堡茶

广西壮族自治区的梧州市，号称广西东大门。群峰连绵的白云山矗立在梧州城畔，郁郁葱葱的树木和蜿蜒曲折的小径为这片山林增添了几分神秘与幽静。山巅之上，有一座巍峨的宝塔，塔身高耸入云，气势恢宏。苍梧县六堡镇的六堡河穿过峡谷与平原，滋养着两岸的百姓，也将六堡茶运往远方。六堡茶是生长在六堡河畔山间的黑茶，长年远销国内外，在东南亚有很高的美誉度。

·百色市凌云县浩坤湖

茶树葱茏的山上水乡

广西壮族自治区百色市是右江河畔的古城。河水悠悠，波光粼粼，像碧绿的绸带环绕着整个城区。百色市的凌云县是一个群山环抱、河流交错的山上水乡。浩坤湖像一面巨大的镜子，将四周的山峦、树木、云彩倒映其中。山势陡峭的青龙山形如青龙腾空，气势磅礴。山道两旁的古木遮天蔽日，只留下缕缕斑驳的光影。山中的古庙、石刻、碑林，彰显着深厚的历史积淀，像沉默的老者，静静讲述着青龙山过往的辉煌与沧桑。山上产的凌云白毫，多为野生的白毛茶，经过采摘加工以后，成为杯中的佳茗，溢满了大自然的韵味。

一缕茶香，千载习俗

广西地区异彩纷呈的茶俗，处处可见民族文化的印记。壮族的采茶歌、采茶戏，瑶族的打油茶，侗族的茶礼，以及汉族以茶祭祖的仪式，都折射出广西地区茶文化的多元交融。

邕宁壮族采茶戏

广西壮族自治区南宁市邕宁区那楼镇那良村那蒙坡的采茶戏，至今已有几百年的历史了。它受到桂林民歌的影响，广泛吸收了各地民间小曲的精华，用桂林方言、广东方言、壮族语言进行表演，通过采茶、制茶、卖茶等舞蹈动作和故事情节，表现茶家的日常生活。每逢春节、端午节、中秋节等节假日，采茶戏的表演队伍都要到各个乡镇演出，在板锣、战鼓、苏锣、唢呐、箫、笛等乐器的伴奏下，男女演员挥舞着彩带、钱鞭、花扇和手绢等道具载歌载舞。他们表演的剧目主要有开台茶、花茶、观音坐莲、打钱鞭、买茶、梳妆、收台等，故事生动，曲调悠扬，语言诙谐，充满欢乐气氛。

春节焗茶拜茶神

广西壮族自治区梧州市苍梧县六堡镇一直流传着过年焗茶拜茶神的习俗。这里的焗茶是“烹茶”的意思。每年除夕到初一来临的那一刻，家家户户便在鞭炮声中到河里抢“禾花水”，只能打两小半桶，不能盛满。回到家，拿出去年最好的茶叶，先用“禾花水”冲洗一下，再生火用“禾花水”煮茶。随后，人们会在干净的供案上，摆上水果和茶等祭祀用品，家中主人上头炷香，敬上香茶，祈望茶神赐福，保佑他们种茶大丰收。

三江侗族油茶礼仪

广西壮族自治区柳州市三江侗族自治县生活着二十多万侗族人。打油茶是他们的日常饮品，也由此衍生出很多风俗礼仪。他们吃油茶的时候，要将第一碗油茶端给长者，然后再给其他人端。人们接了油茶也不能直接喝，直到每个人都有了，才能一起享用。另外，宴请亲朋好友的油茶会比往常更加丰盛，一共四道，即“一空、二圆、三方、四甜”。一空是有米花、油果、花生米、猪肝、瘦肉、粉肠等主料的油茶；二圆是在前述几种之外，加上特制的小汤圆；三方是加入方块形状的油煎糍粑；四甜是油茶过后，端一杯糖水给客人润润喉。这些有趣的习俗带着吉祥的寓意，寄托着侗族人对美好生活的向往和追求。

·广西壮族自治区壮族村寨

华南茶区

千年茶脉：福建

福建省是一个产茶的王国，是中国乌龙茶和白茶的故乡，大红袍、铁观音、福鼎白茶都是两个茶类中的顶尖代表，它们与山水相依，与人文相融，成为福建省独特的地域符号。

一抹翠绿映霞浦

福建省宁德市霞浦县堪称摄影家的天堂。北岐滩涂如梦如幻，每当夕阳西下，金色的阳光洒在滩涂上，与波光粼粼的海面相映成趣。渔民们忙碌的身影与这美丽的景色融为一体，成为摄影家镜头里的绝美画面。霞浦县的洞凤山，森林繁茂，云雾弥漫，茶树众多。山脉东麓崇儒乡后溪岭村是福宁元宵绿的产地，这是一种拥有卓越品质的绿茶，由最早发芽的春分茶加工而成，元宵节前就可以采摘，经常被当作新茶为元宵佳节献礼。

· 霞浦县滩涂风光

晋安花茶传美誉

福建省福州市晋安区是一个山水、寺庙、茶园汇聚的区域。云雾缭绕的鼓山是福州市的象征，千姿百态的山峰、峡谷、岩洞等形成蟠桃林、刘海钓蟾、玉笋峰等自然景观。山腰上的涌泉寺是建于唐代的千年古寺，透露着历史沧桑与岁月静好。登上鼓山之巅俯瞰，福州市区一片繁华景象，闽江在城市的边缘缓缓流淌。晋安区宦溪镇等地是茉莉花茶的核心产区。晋安茉莉花茶是清代创制的名茶，有很高的市场美誉度。

福鼎白茶越山海

福建省宁德市福鼎市是山海间的诗意栖居地。东南海域的大嵛山岛有着独特的海蚀地貌，被海水侵蚀的峭崖和洞穴像姿态万千的天然雕塑，苍劲壮美。巍峨挺拔的太姥山是著名的“海上仙都”。那些岩石经过千万年的风吹雨打，呈现出奇峰怪石的景象。摩崖石刻、古刹庙宇，记录着久远的历史。溪流流过，为这座寂静的山林增添了生机与活力。太姥山周边的点头镇、磻溪镇、太姥山镇、管阳镇和白琳镇等是福鼎白茶的核心产区。福鼎白茶有白毫银针、白牡丹等品种，属于白茶之冠，畅销海内外。

· 福州市鼓山摩崖石刻

· 宁德市太姥山九鲤湖

闽地茶俗的千年对话

福建省的茶俗是这片土地的文化符号。无论是武夷山一带的乡土茶俗，还是闽南地区的工夫茶，以及传承千年的儒、释、道三教茶俗等，都承载着历史的厚度，传递着文化的温度，书写了古今交汇的美妙篇章。

惊蛰喊山祭祀茶

福建省武夷山市的喊山祭茶，是一种古老而神秘的传统民俗活动。每年惊蛰的时候，茶农们聚集在茶园的最高处举行喊山祭茶仪式。先要奉上供果，再点燃清香、敬上岩茶，然后诵读祭文进行祈祷，最后主祭人高声领喊“茶发芽啰”，在场的众人随着共喊三声，浑厚而有力的声音汇成强大的洪流，在山谷间回荡。这呼喊是对春天的迎接，对茶树的呼唤，更是对丰收的期盼，承载着茶农们对自然的敬畏与感激，也传递着他们对生活的热爱。

· 武夷山采茶人

· 传统中式茶点

妇女摆茶俗

福建省武夷山市吴屯乡红园村等地，有一种代代相传的妇女摆茶习俗，具有浓厚的地方特色。旧时，武夷山的男人们整天忙于田间劳作和山林生计，妇女们在操持家务之余，经常相互串门、闲话家常，配上茶水和茶点，逐渐形成了独特的社交习俗。摆茶俗是妇女的专属操作，她们所用茶叶是当地高山种植的绿茶，称为“茶娘”。茶点基本是野果、甜糯、豆渣饼、地瓜干、南瓜子等。摆茶俗这种形式不仅是女人之间联络情感的社交活动，还可以以茶为媒，化解各种矛盾和纠纷，杯茶之间体现了她们的质朴、聪慧与温情。

· 工夫茶表演

闽南工夫茶

闽南地区一直盛行工夫茶，每天清晨时分，家家户户便开始了工夫茶时光。他们偏爱铁观音、大红袍等乌龙名茶，认为它们是工夫茶的灵魂。在经过温杯、注水、洗茶、泡茶、斟茶等多个环节后，杯中的茶汤释放出淡淡的清香，整个过程动作优雅，节奏舒缓，充满了仪式感。他们所用的器具有茶壶、茶杯、茶船、茶盘等。其中，茶壶多为紫砂壶，茶杯则以白瓷为主，精致美观又实用，体现了闽南人对生活品质的追求。同时，工夫茶也是一种社交媒介，一壶好茶，几碟小吃，就能拉近人与人之间的距离。

华南茶区

椰风海韵：海南

在海南省的热带雨林中，隐匿着一片片清幽的茶园，这是中国最南端的茶区。五指山市的红茶、绿茶、乌龙茶，白沙黎族自治县的绿茶，万宁市的鹧鸪茶等，在海岛雨露的滋润中茁壮成长，迎着海风飘散茶的馨香。

五指山的茶摇篮

在海南省的腹地，有一座巍峨挺拔的山脉，宛如巨人的五指直指苍穹，这就是五指山。这里参天大树遮天蔽日，藤蔓缠绕成天然的绿色屏障。这里的热带森林里有众多动植物，共同构成了复杂精妙的生态系统。五指山尖峰岭一带是五指山红茶的原乡，五指山霸王岭和吊罗山等地是兰贵人茶的摇篮，五指山市水满乡以水满茶而出名，保亭黎族苗族自治县的绿茶知名度也很高。无论哪个品种的茶树，经过五指山的滋养和岁月的沉淀，都开始从原始质朴走向醇厚馨香。

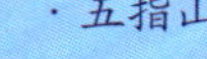

· 五指山

陨石坑边的白沙绿茶

海南省白沙黎族自治县是一处自然风光和黎族风情交汇的祥和之地。牙叉镇白沙农场境内的白沙陨石坑堪称大自然的杰作。在四周山峦的环抱中，陨石坑镶嵌在这片绿意之间。坑内绿草如茵，野花点缀，与周围的山林形成鲜明对比，呈现雄浑神秘的景象。陨石坑内壁上的岩石纹理记录着岁月流逝的痕迹，坑底的土壤孕育着独特的植被，白沙绿茶就在这特殊的环境中顽强生长，包括海南大叶种、云南大叶种等品种，是海南省绿茶中的佼佼者。

一壶清韵鹧鸪茶

海南省万宁市是依山傍海之城，从日月湾的壮阔海景，到东山岭的秀美山色，每一处都让人流连忘返。东山岭自古以来是文人墨客吟诗作赋之地，留下了众多摩崖石刻。这些石刻如同时间的印记，静静诉说着东山岭的过往。登上山顶极目远眺，群山壮阔，山水如画，远处的海浪轻拍着海岸线，与山间的宁静形成鲜明对比。东山岭一带的大片古茶园，隐藏在茂密的原始森林里，是野生茶树的生长乐园。采摘后制成的鹧鸪茶，带着古老的山林气息走进了千家万户，成为人们味蕾上的美妙享受。

· 白沙陨石坑

· 万宁市日月湾

椰岛雨林中的茶俗

海南地区的茶俗是热带岛屿上的别致风景，融合了自然之美、人文之韵和生活之趣。无论是街头热闹的老爸茶，还是黎族丰富的茶事活动，都是海南茶文化的缩影，体现出海南人的生活观念和文化传承。

黎族五月茶

黎族五月茶是海南黎族的一种特色茶饮，蕴含了黎族人的养生智慧。农历五月初五这一天，黎族家家户户都会上山采摘鹧鸪茶，配上益智果、茅草根、金银花、红营椰子根等中草药，将它们全部切碎，倒入少量米酒炒香，放在太阳光不强的地方晒干，然后密封保存起来，喝的时候用开水冲泡即可。这种茶有清热解毒、消暑解渴等多种功效。如果当作药饮，要用土罐煮沸，倒出半罐口服，剩下的用来熏蒸，患者全身出汗，会感觉轻松了很多。五月茶也是黎族人招待客人、表达友情和敬意的方式，是节日庆典中必备的饮品之一。

黎族封茶仪式

黎族封茶仪式是具有传统民族特色的茶事活动，一般在节日庆典的时候举行。在茶园的空地摆放木桌，桌上放着各式各样的茶具与祭祀用品。随着一声悠长的号角声，封茶仪式正式开始。奥雅（黎族的长者）手捧茶叶，口中吟唱着祈福词，将茶叶洒在四周，以示对天地神灵的敬畏与感恩。随后，奥雅将茶叶倒入早已备好的茶具中，用开水缓缓冲泡，当第一壶茶泡好后，奥雅先向天地敬茶，再向在场的每一个人敬茶，随后将剩下的干茶茶叶倒入特制的封茶罐中，用红绸布紧紧封口，再用泥土糊住罐口，确保茶叶长久保存。这种古老的仪式，体现了黎族人对民族文化的传承与坚守，以及对美好生活的祈盼。

· 海南槟榔谷黎苗文化旅游区

海南老爸茶

海南省的城市乡镇中有一种散发着生活的气息的茶，那就是“老爸茶”。

每个清晨，街道两旁的老爸茶店都座无虚席。木质的桌椅，斑驳的墙壁，冒着热气的茶壶，构成了一幅鲜活的市井图。茶客们三三两两围坐在一起，点上一壶茶，配上几样茶点，开始了愉快的早茶生活。他们喝绿茶、红茶或鹧鸪茶，每一种茶都能品出不同的韵味。茶桌上的茶点五花八门，椰蓉包、叉烧包、虾饺皇，还有各种清蒸小点。茶客们一边喝茶聊天，一边品尝着点心，那满足的心情溢于言表。

华南茶区

岁月沉香：台湾

台湾地区的茶区遍布全岛，东部、南部、北部、中部，以及海拔千米以上的高山地区，都是茶叶生长的天地。台北市的文山包种茶、日月潭的红茶、新北市的绿茶等，吸纳着山海日月的精华，铺设了翠绿醇香的美丽风景。

·日月潭

包种茶香溢文山

台北市文山区是一处位于繁华都市边缘的静谧之地，三面环山，四季美景各有不同。景美溪绕过文山区的西侧，东边的山坡地带分布着很多茶园，是文山包种茶的发源地。这里四季如春，雨水充沛，阳光温和。每一片茶叶都沐浴在清新的山风与云雾中，孕育出独特的香气与韵味。在著名的猫空茶园，人们可以乘坐缆车，从高空俯瞰茶园的全貌。在这里也可以找一家安静的茶馆，品一杯文山包种茶，看窗外云卷云舒，感受那份久违的宁静与美好。

·台北市文山区周边山林

日月潭的红茶岁月

南投县的日月潭是台湾最大的淡水湖。拉鲁岛将湖面分为南北两部分，北半湖如圆日初升，南半湖似新月当空，日月潭因此得名。日月潭湖面如镜，映照着蓝天白云和起伏的山峦。静静伫立的玄光寺、文武庙，氤氲着中国传统文化的气息。登上青龙山顶的慈恩塔，日月潭的美景尽收眼底。日月潭附近的埔里镇和鱼池乡是日月潭红茶的主产区，这里的茶树经过日月潭湖滨气候的滋养，焕发出别样的韵味和生命力，醇厚甘润的口感，持久迷人的香气，回味悠长。

·新北市淡水区渔人码头

新北绿茶增秀色

台湾最北端的新北市是繁华与幽静交织的古城，基隆河与淡水河流经多个区域，沿岸的风光非常优美。在淡水河的河口能看到日落，夕阳西下，天空被染成金黄，河水在夕阳的映照下泛起美丽的波光。淡水河畔的淡水老街有着悠久的历史，保留了许多传统的建筑和文化遗迹。挂着招牌的老店铺、临河的老茶馆、热闹的小吃摊、精致的手工艺品，每一处都吸引着人们的眼球。新北市坪林、三峡等山区，是台湾绿茶的主产地，出产三峡碧螺春、三峡龙井等知名茶叶。那淡淡的茶香，带着山野的气息，凝成了一抹清新的绿意。

台湾风情中的茶俗

台湾的茶俗，既有闽南文化的底色，又粘贴着当地特色的标签，是多元文化的交融互鉴。它渗透在台湾人的日常生活中，成为一种艺术，体现了台湾人对茶的由衷热爱，体现出中国茶文化的精神内核。

新春围炉茶会

每年春节的时候，台湾人都会举办“新春围炉茶会”。茶桌下放一个火盆，点上龙眼炭，亲朋好友围坐在暖融融的茶炉四周。负责沏茶的人，先用开水烫一下茶具，在壶中放入上等茶叶，然后往壶中倒入开水泡茶，茶水倒入匀杯后分到各自的茶杯里。袅袅茶香弥漫了整个房间，也温暖了每个人的心田。桌上摆满了各式各样的茶点，还有寓意吉祥的水果。大家喝着香茶开心畅谈，和谐而又温馨。这种仪式是一场品茶的盛宴，更是一次情感的交融，承载着台湾人对家的眷恋和温情。

客家人的酸柑茶

在桃园市、新竹县、苗栗县等地，居住着许多客家人，他们有品饮酸柑茶的习俗。酸柑也叫“酸橙”，皮粗肉涩不能食用。当酸柑挂满枝头的时候，客家人就会采摘下这些果实，用刀挖去果肉，只留下一层薄薄的果皮当作容器。随后将上好的茶叶填入果皮中，再用细线缝合，置于通风处晾干。待到果皮干透，就可以喝了。他们把整颗酸柑茶切成片，适量放入沸水中，茶香与果香便弥漫开来。轻轻啜饮，酸涩与甘甜交织的味道刺激着味蕾，这独特的口感令人难以忘怀。

客家订婚奉甜茶

台湾客家人的结婚礼仪传承了中原地区的古老习俗，很多地方与茶有关。订婚当天，男方一行人要到女方家送礼，叫作“送定”。女方家人迎他们到厅堂落座，接过礼品后放在祖先供桌上，焚香告知祖先女儿将出嫁的消息，祈求祖先的保佑和祝福。随后，一位全福妇人领着准新娘走出来，向男方宾客敬奉甜茶。喝完茶，准新娘去厨房收拾杯盘的时候，准新郎拿出红包放在茶盘上。媒人请女方的主婚人收下，订婚仪式到此就结束了。这些礼俗蕴含着深厚的文化底蕴和家族情感，在客家族群中世代相传。

江南茶区

湘茶千载：湖南

湖南省是著名的产茶大省，素有“茶乡”之称。那里东部地势起伏，是红茶、绿茶的摇篮；南部南岭山脉与万洋山脉交相辉映，是绿茶的产地；中部位于雪峰山以东，衡山以西，是湖南省最大的茶区；西部在澧水和沅水中上游，盛产古丈毛尖等名茶；北部环洞庭湖丘陵地区，黄茶、绿茶、红茶绽放异彩。不同茶区各有特色，共同构成了湘茶的多彩画卷。

·岳阳楼洞庭湖风景名胜区

·益阳市安化县茶园

洞庭湖畔茶飘香

洞庭湖是我国第二大淡水湖，它是湖湘文化的发源地，岳阳楼、君山岛、慈氏塔等名胜古迹，历来是文人墨客竞相吟咏的主题。周边地区茶树众多，出产优质茶叶。著名的黄茶君山银针即产于洞庭湖的君山岛。唐代君山茶的兴盛带动了岳州青瓷的崛起，主要生产茶碗、茶瓯、茶盒等茶具，名噪一时。此外，洞庭湖周边地区还产有多种名茶，如洞庭龙团、洞庭雀舌、擂茶、黑茶、白茶等品类。

山崖水畔茶自香

湖南省益阳市安化县西北部的六步溪国家级自然保护区，自然风光旖旎，生态资源丰富。这里不仅生长着大片的原始森林、拥有各种珍稀动植物，而且是安化黑茶的核心产地之一。这里的茶树大多是野生的，在山崖水畔不种自长，不施化肥，不打农药，根系深深扎进土壤，吸吮着大自然的滋养，有的已有数百年的历史。除了安化黑茶，茯砖茶、天尖茶、荒野茶等都是六步溪生产的优质品种。它们和六步溪的森林、溪水、云雾融为一体，沉淀为六步溪独有的茶香岁月。

张家界南天门

云雾茶香张家界

湖南省西北部的崇山峻岭之中，隐藏着一片令人心驰神往的“仙境”——张家界。这里是土家族、苗族等少数民族的聚居地，山峰挺拔如剑，溪涧潺潺，云雾缭绕。天门山、武陵源、黄龙洞、宝峰湖等美景构成了张家界绝妙的自然风光。张家界的茶园，就生长在这片美景之中，历经千年的传承和发展，形成了独特风貌。出产茶叶品种繁多，有莓茶、云雾茶、玉露茶、雪峰茶、黑茶、白茶等多个品类。产于湘西土家族苗族自治州武陵山区的古丈毛尖，属于炒青绿茶，在唐代就被列为贡品。

湖光山色里的湘茶风情

在湖南省居住的汉族、苗族、土家族、白族、侗族、瑶族等民族，都有各自独特的茶俗，承载着浓厚的民族情感和文化韵味。

苗族打油茶

湖南省邵阳市城步苗族自治县苗族的打油茶是具有民族风味的饮食习俗，最早出现在东汉末年，是苗族先民为预防瘴病而发明的。先将新鲜茶叶蒸煮、揉捻、摊晾、反复烘烤，再将黄豆、花生等炒香，同时备好煮熟或炸好的糍粑、蕨粑等。把茶叶和水放入锅中煮沸，捞出茶叶后，用擂钵擂烂，再倒回锅中煮成浓的茶汤。捞出残渣后，放入油、盐、大蒜、生姜、辣椒等。随后将各种主料分放在茶碗里，倒入煮沸的茶汤，再撒上葱、胡椒粉等，一碗香气四溢的打油茶就做好了。苗族人用油茶待客的礼节很多，比如，敬茶时先敬长辈和远客、稀客，吃茶一般要连吃四碗，寓意为“四季发财”。打油茶时，主人端红漆茶盘送到客人面前，客人起身双手接茶。喝茶时主人先喝客人后喝，不仅表达出对客人的尊敬，而且也是让客人放心饮用。

湖南皇都侗寨风景区

桃花源擂茶

湖南省常德市桃源县桃花源镇的客家人做擂茶时，将生姜、生米与生茶叶一同放入特制的擂钵之中，随后用山楂木杖轻轻敲打、研磨。当钵内之物研磨细腻均匀，倒入滚烫的开水搅拌，直至茶汤色泽变得黄白相间、清澈透亮。此时，一杯色香味俱佳的桃花源擂茶便宣告完成。擂茶清凉解渴，无论是劳作归来的农夫，还是嬉戏玩耍的孩童，都极为喜爱它。

洞口瑶家熬茶

洞口瑶家熬茶是湖南省邵阳市洞口县罗溪瑶族乡的古老茶俗，已有上千年的历史。每年谷雨时节，瑶族人都要到深山采摘野山茶、青钱柳、白果树、金银花藤等植物的芽尖嫩叶。回到家将嫩叶晾一天一夜，随后倒进铁锅翻炒，搓捻成茶团，放入火塘上的炕筛里，用火熏烘和发酵。然后，在铁锅中放入茶叶和山泉水熬煮半小时左右，将黑褐色的茶汤斟入茶盘中的茶杯里，加蜂蜜、冰糖等调制成美味的熬茶。瑶族人用熬茶招待客人时，熬茶人要站着操作，以示对客人的恭敬。奉茶要以长者、远客、贵客为先，递茶时要唱递茶歌，敬茶必须敬三杯，客人接茶时要起身双手端起茶杯，以示敬意。

绿色诗意：湖北

湖北省不仅是鱼米之乡，也是茶叶之乡。恩施土家族苗族自治州的绿茶、红茶品质优良；宜昌市的茶叶品种丰富，绿茶、红茶、白茶、黑茶一应俱全；黄冈市的茶叶从唐代开始种植，跨越了千年时光；十堰市的武当道茶闻名遐迩，具有浓郁的道教色彩。这里的每一棵茶树都承载着厚重的历史，最终凝结为从山湖到茶园的绿色诗意。

·神农架

·武当山

神农架的茶之秘境

神农架位于湖北省西北部，是茶的发源地之一。神农架的神农顶自然保护区内有“华中第一峰”神农顶等壮丽景观；大九湖景区因独特的冰川地貌和高山草甸成为神农架新的核心景区；天生桥景区以亿万年水流侵蚀形成的天生穿洞而闻名；神农坛景区则是为纪念炎帝神农氏而建的人文景观。神农架85%以上的地区被茂密的森林覆盖，所产的茶叶有绿茶、红茶、白茶、黑茶等品种。神农架的茶是大自然的杰作，也是神农架文化的组成部分。

武当道茶之谜

武当山在湖北省十堰市境内，是道教名山。这里的自然风光雄伟壮丽，山水相依，云雾缭绕，如同一幅幅美丽的画卷。山上的古建筑群气势恢宏，布局巧妙，充分体现了道家“天人合一”的思想。在海拔500米以上的崇山峻岭之中，有许多繁茂的茶园，出产绿茶、红茶、白茶、黄茶等品种。其中的武当道茶，明永乐时期创制伊始，就成了贡茶。它融合了道教养生理念和自然茶艺，汲取了武当山的天地灵气与日月精华，承载着武当山的道教文化与人文情怀，在湖北大地绽放光彩。

玉露茶的美丽原乡

湖北省恩施土家族苗族自治州是风光旖旎、山清水秀之地。这里的山或高耸入云，直插霄汉；或低矮平缓，如波浪般起伏。恩施大峡谷如同奇幻的世界，天坑、溶洞、绝壁、暗河，呈现出喀斯特地貌的神奇特征。清江宛如碧绿的绸带蜿蜒流淌，两岸的青山倒映在水中，形成绝美的山水画卷。恩施土司城的建筑风格独特，融合了土家族、苗族等多种民族元素，高大的城墙、精美的雕花门窗、古朴的石板路，充斥着浓厚的历史气息。恩施出产的玉露茶，是我国唯一留存并传承唐代蒸青古法的针形绿茶，苍翠欲滴，油润光滑，散发着生机与活力。

· 恩施大峡谷

荆楚之地的乡土茶俗

荆楚之地的茶文化，是一种植根于乡土之中的习俗和情怀。一杯独具风味的茶，一段浓得化不开的乡情，成为人们心灵深处最温暖的慰藉。

天门人喝干茶

湖北省天门市是茶圣陆羽的故乡，自古以来有喝干茶的习俗。每到春节、端午节、中秋节等传统节日，以及婚嫁庆典，人们都会准备年糕、喜饼、粽子等丰盛的茶食，与亲朋好友共庆佳节。每年正月初一的早上，在全家人举行新年出行大礼之后，就齐聚一堂开始家庭茶宴。男女老少相互拜年，彼此祝福，充满了节日的祥和与欢乐。茶食有的酥脆可口，有的软糯香甜，与茶的清香一起融于唇齿之间，每一口都是家的味道，传递着家的温暖与甜蜜。

神农架吊锅子茶

吊锅子茶是神农架地区特有的饮茶形式，在家家户户火塘上面的房梁上系一吊钩，可以吊挂铁锅、铜壶、铜罐等，统称"吊锅子"。煮茶时，先将铜罐烧热，直接放入茶叶焙香，再倒入冷水，反复煮三遍，制成"茶卤"，倒在一个器皿里，这是第一道茶。接着，用开水冲铜罐三次，形成第二道茶。

吊锅子茶用的茶叶多为粗茶，即老母叶。这种茶叶虽外观不佳，但经过煮泡后，茶味浓郁，香气四溢。百姓中传唱着这样的民谣："抓把老母叶，丢在吊锅子中，冷水煮三煮，热水冲三冲，姐三盅，郎三盅，粗茶味也浓。"在节日庆典、家庭聚会或闲暇时，煮上一壶吊锅子茶，大家围坐一起，品茶聊天，其乐融融。

天门市西湖畔茶经楼

土家族四道茶

湖北省恩施土家族苗族自治州的鹤峰县、宣恩县，以及湖北省宜昌市五峰土家族自治县，世代流行“贝锦卡茶道”，这是土家族的传统茶艺，强调对客人的尊重和礼仪。贝锦卡茶道的主要内容是四道茶。第一道茶是白鹤茶，因鹤峰白鹤井而得名。茶虽清淡，却热气腾腾，寓意主客关系“亲亲热热”。第二道茶是泡米茶，将糯米蒸熟后晾干成“阴米子”，再用河砂爆炒成泡米，放糖后用开水冲泡。味道甜爽，寓意双方相处“甜甜蜜蜜”。第三道茶是油茶汤，将油炸后的玉米、黄豆等用茶冲泡而成。茶汤浓郁，茶香久远，寓意大家生活“香香喷喷”。第四道茶是鸡蛋茶，打三个鸡蛋，拌上蜂蜜或红糖，用开水冲泡，寓意团团圆圆、婚姻美满，以及对长辈的尊敬。

遍地茶香：江西

江西省的茶区遍布全省，拥有众多知名茶叶品种。从九江市的庐山云雾茶到景德镇市的浮瑶仙芝，从上饶市的婺源绿茶到宜春市的靖安白茶，从吉安市的狗牯脑茶到赣州市的梅岭毛尖，仿佛每一处的土地都浸满了浓郁的茶香。

四季如画的婺源茶乡

江西省上饶市婺源县是个四季如画的茶乡。春日里人们悠然漫步在油菜花海；夏日溪流潺潺，林荫蔽日，带来丝丝凉爽；秋风起时，村民们晾晒丰收的果实，构成动人的“晒秋”图景；冬日，成双成对的鸳鸯悠然戏水，演绎着温馨与浪漫。高山深谷间，茶树郁郁葱葱，历经四季更迭，得到云雾的滋养。早在唐以前，婺源已开始种植茶叶，明清时期婺源的茶叶更是声名远扬，溪头梨园茶、砚山桂花树底茶、大畈灵山茶、济溪上坦源茶，都成为皇家茶桌上的饮品。此外，婺源还盛产山腊茶、毛山茶、红茶、花茶，风采各异。

· 上饶市婺源县

仙境中的庐山云雾茶

江西省九江市的庐山，堪称云中的仙境。山间云雾缭绕，仿佛是大自然最神秘的面纱。当太阳升起云雾散去，庐山的真容才逐渐显露出来。三叠泉如一条银链从山崖飞流直下；锦绣谷溪流潺潺，鸟语花香；五老峰山峰并列，形似五位老者；含鄱口在庐山之巅，可以俯瞰鄱阳湖全景。在山岚之间，层层叠叠的茶树静静生长，吸收着自然的精华，形成了庐山云雾茶的独特品质。唐代诗人白居易在庐山香炉峰结草堂时，曾写下“架岩结茅宇，斫壑开茶园”的诗句。庐山的自然风光、人文底蕴以及清香的云雾茶，成了无数文人墨客的心之向往。

茶史古远的遂川

江西省吉安市遂川县隐匿在秀丽的山水之间，层层叠叠的桃源梯田，随四季轮转变换不同的美丽景致。白水仙风景区的瀑布仿佛是天宫遗落人间的珠帘。遂川县的茶，唐宋时期非常知名。苏东坡在遂川资福院留宿时，曾写下“衣染炉烟金漏迥，茶烹石鼎玉蟾留”的诗句，描绘了他在寺院煮茶的情景。清代，遂川县的狗牯脑茶横空出世，1915 年在巴拿马万国博览会上获得了金奖，至今仍享有盛名。

岁令茶俗大观园

江西是茶俗丰富的地区，各种民俗活动趣味盎然。每逢岁时节令，人们会以茶为礼，表达对亲朋好友的祝福与敬意，有时还会举行茶艺表演，展示当地茶文化的独特魅力与精湛技艺。古老的茶俗伴着茶香和茶艺，凝固为人们心中永恒的印记。

江西的元旦青果茶

元旦期间喝青果茶是江西人的一种传统习俗，人们借此方式来庆祝新年的到来，并寄托对新一年的美好祝愿。这种茶制作起来很简单，只需在绿茶或红茶中放一只青果（橄榄），用沸水冲泡即可。橄榄入口先是涩，之后就会有甘甜之味，因此喝青果茶寓意着整一年都清平吉祥，未来的生活像橄榄一样回味甘甜。青果茶不仅具有美味的口感和丰富的文化寓意，还具有一定的保健功效，能减轻炎症反应，达到清咽利喉的效果。此外，青果茶还有生津解渴、润肺止咳、缓解便秘的功效。

·浮梁茶园

传承千年的浮梁茶市

江西省景德镇市浮梁县的浮梁茶市，不仅是茶叶交易的集散地，更是茶文化兴盛之地。汉代，浮梁已产茶，唐代成为全国茶叶的主要产区之一，优质的茶叶和繁荣的茶市闻名遐迩。那时，浮梁茶已通过陆上丝绸之路对外贸易。茶商将茶从浮梁运到长安，东行可达朝鲜。清同治、光绪年间，浮梁的绿茶在昌江渡口装船，经鄱阳湖沿赣江逆行，再经珠江支流的北江到达广州口岸，销往东南亚和欧洲。浮梁茶市作为“万里茶道”上的重要一站，人们经过这里将茶叶运至华北，再经山西到达蒙古，最终抵达俄罗斯及欧洲其他国家。

客家人的元宵茶篮灯

茶篮灯是江西省赣州市于都县客家地区流行的民间戏种，融合了歌舞、灯彩等元素。人们在《十二月采茶歌》的基础上，加上采茶、摘茶的动作，借鉴马灯、龙灯和舞狮等形式，演绎为茶篮灯。后来又编排了上山、进坑、过桥等动作，还配以锄头、茶篮、手巾等道具，表演更加生动精彩。每到年节、假日或茶山开市，都会表演茶篮灯。男的挑茶灯，女的手持扇灯、扇子，在唢呐、笛子、二胡、锣鼓的伴奏下载歌载舞，艺术地再现了摘茶、做茶、看茶、称茶、送茶等茶家生活。每到元宵佳节，茶篮灯队伍都会绕整个村子敲锣打鼓地表演，吸引很多村民前来观赏。

·赣州市于都县风光

江南茶区

浙风茶韵：浙江

浙江省自古以来就是产茶的重地。从西湖龙井到安吉白茶，从开化龙顶到金奖惠明茶，浙江的茶仿佛是大自然精心雕琢的艺术品，承载着历史和文化的厚重。

· 开化县高田坑古村落

山顶上的云中翠露

浙江省衢州市开化县的大龙山，山势雄伟，森林茂密，风景秀丽。每到春天，森林如同绿色的海洋，山上的茶园与山下的油菜花海相映成趣，层峦叠嶂的山峰、蜿蜒曲折的梯田，以及奔流不息的钱塘江水，构成了自然绘就的壮美画卷。著名的开化龙顶就出自这里，据说朱元璋在品茶后，将其命名为“龙顶”，在他称帝后将该茶钦定为贡茶。开化县池淮镇芹源村大坞口的御玺明代贡茶园，四面群山环抱，峰峦叠翠，也是开化龙顶的重要产地。明代崇祯年间，此处所产的开化龙顶被列为土贡，进献朝廷。由此可见，开化龙顶在当时已是皇家青睐的茶中珍品。

· 杭州西湖

名湖与名茶的相遇

浙江省杭州市西湖的众多美景如古典诗词般蕴含着浪漫的情怀。这一切最早可归功于苏东坡，他两次任杭州的地方官，发动军民疏浚西湖，清理了湖中的淤泥和葑草，将这些废弃物筑成一条长堤，也就是“苏堤”。同时，他还命人在西湖中央立了三座石塔，禁止百姓在三塔内种菱藕，防止湖底再次淤堵。这不仅复原了西湖的秀美风光，还增加了“苏堤春晓”和“三潭印月”两处景点。如今，西湖的美丽天下闻名，如果在湖边品一壶香茗，尽赏西湖的美景，该是多么惬意的美事。西湖龙井恰好满足了人们的心之向往，名湖与名茶的相遇，让这美妙的梦想照进了现实。

天目青顶香漫溢

浙江省杭州市西北部的天目山有独特的地貌和丰富的自然景观。形态各异的奇峰怪石透露出大自然的鬼斧神工，天目大峡谷内矗立着巨大的火山岩。山间的溪流纵横交错，溪边的植被茂盛，犹如丰富多彩的森林王国。站在仙人顶俯瞰，群山绵延起伏，云雾在脚下翻滚，仿佛置身于仙境。除了自然景观，天目山还纳藏着深厚的人文底蕴。开山老殿、禅源寺等古刹古朴庄严，散发着禅意与宁静，传承着佛教文化的精髓和智慧。在云雾笼罩的山地间，生长着名为“天目青顶”的云雾茶，此茶浸润着天目山的灵性与韵味，与云雾共舞。

· 杭州市天目山禅源寺

品味浙茶的文化内蕴

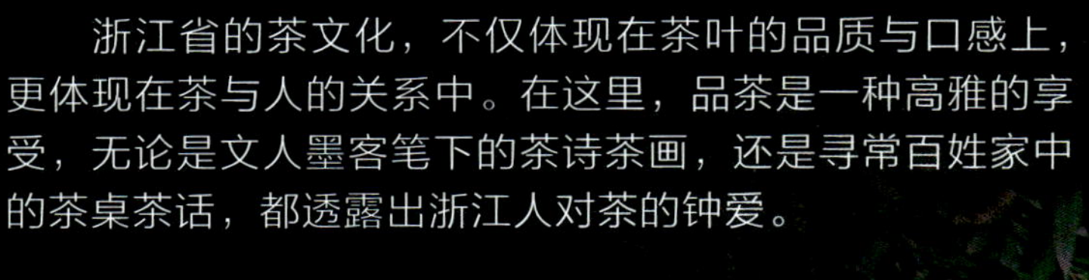

浙江省的茶文化，不仅体现在茶叶的品质与口感上，更体现在茶与人的关系中。在这里，品茶是一种高雅的享受，无论是文人墨客笔下的茶诗茶画，还是寻常百姓家中的茶桌茶话，都透露出浙江人对茶的钟爱。

虎跑甘泉润龙井

浙江省杭州市西湖边的大慈山白鹤峰下，藏着一处静谧而灵动的秘境——虎跑泉。它流淌过千年岁月，见证了世事变迁，依然清澈纯净。关于虎跑泉，有这样一个传说：唐代高僧性空云游至虎跑，住下后发现没有水源，梦里有人告知他南岳有一童子泉，可派二虎移过来。而后性空果真见到两只猛虎刨地，顿时清泉喷涌而出，虎跑泉就此诞生了。虎跑泉水清澈透明，宛如明镜。用它来泡西湖龙井，水质柔和，茶香醇厚，是泉与茶的完美融合。虎跑泉边每年都要举办“西湖双绝会”，会上琴声悠扬，泉水潺潺，与龙井春茶共同演绎清泉茶韵的乐章。

浙江的青豆茶

浙江省杭州市、嘉兴市、湖州市等地一直有吃青豆茶的习俗。相传大禹治水时，部落首领“防风”因治水落下了风湿病，当地人用野芝麻和野橘子皮泡水为他驱走寒气，又将烘干的青豆当作茶食。防风喝茶时不小心将青豆掉到茶中，便一同饮下，忽然觉得有了力气，风湿也减轻了。从此，这种茶就叫“防风神茶”。

每年八、九月，人们采摘未成熟的大豆荚，剥取青绿的嫩豆粒制成青豆。同时，备好兰花豆腐干丝、盐渍的桔皮、桂花、胡萝卜干、炒芝麻和紫苏籽等配料，然后将它们放入茶杯再注入沸水，香气扑鼻的青豆茶就做好了。青豆茶微咸鲜香，茶汤清澈透明，多次冲泡后，青豆仍可食用。

· 杭州市龙井村里的老龙井

龙井村的古井

在浙江省杭州市西湖区龙井村落晖坞龙井寺内有一口历史悠久、充满传奇色彩的水井，它就是赫赫有名的龙井。这口古井始建于三国时期，传说葛洪曾在此炼丹，而且井中有龙居住。搅动井水，待水波平静后，水面上会出现一条头发丝那样的水纹，缓缓漂移，把井水“分”成两半，这个现象称为“龙须”。明正统年间，杭州地区大旱，龙井出现淤堵，官员李德带人淘井，挖出了神运石。龙井疏浚以后，变得清澈见底，水质甘甜，终年不涸，龙井茶也因吸收了龙井水的灵气而更加香醇。

江南茶区

香醇记忆：江苏

在中国茶史中，江苏省是产茶、饮茶兴盛的地区。南京市的雨花茶、苏州市的洞庭碧螺春，宜兴市的阳羡雪芽等，每一种茶都有独特的韵味和故事，每一口都能品出江南的历史文化和温婉雅致的气息。

雨花茶语话南京

中山陵坐落于江苏省南京市紫金山南麓的钟山之巅。它雄伟壮观，庄严肃穆，是孙中山先生长眠的地方。南京市中山门外的雨花台是为革命先烈修建的陵园。南京雨花茶就生长在南京这片土地上。雨花茶茶香浓郁持久，回甘韵味悠长，是绿茶中的珍品。每一杯雨花茶，如同南京市的文化符号，承载着古老的历史与人文情怀。在品茶的过程中，人们仿佛能听到古城的悠悠钟声，看到秦淮河畔的烟柳画舫，感受到那份穿透岁月的沧桑。

· 南京市中山陵

·宜兴市竹海风光

阳羡茶的古风遗梦

江苏省宜兴市古称阳羡，自然景观和人文历史都很丰富。太湖之滨的善卷洞、张公洞、灵谷洞自然天成，奇趣横生；山野之间的东坡书院、南岳禅寺，历史久远，古朴典雅。同时，宜兴市是著名的茶叶产区，韵味独特的阳羡雪芽赢得了无数茶客的青睐。唐代，阳羡茶是朝廷贡茶，诗人卢仝写下“天子须尝阳羡茶，百草不敢先开花”的诗句，见证了皇家对阳羡茶的喜爱。宋代，阳羡茶继续作为贡品进献给皇室，文人墨客对此赞赏有加。苏轼有诗曰“雪芽我为求阳羡，乳水君应饷惠山”，其赞美向往之情溢于诗间。

宜兴市还是中国紫砂茶壶的主产地之一，有“中国陶都”的美誉。用精美的紫砂茶壶冲泡阳羡雪芽，无疑能增添几分雅趣，它与阳羡雪芽相互映衬，共同构成了茶与器的双重魅力。

太湖之滨的翠竹春色

江苏省无锡市锡山区是绿茶“太湖翠竹”的主产地。这里林木葱茏，溪流潺潺，绿意盎然中透出清新的气息。在山顶俯瞰，碧波荡漾的太湖与繁华的城市交相辉映。坐落于此的斗山禅寺是一座千年古刹，四周生长着茂密的青竹和茶树，大大小小的茶园分布在附近区域，散发着太湖翠竹特有的清香。这种形如竹叶的茶，深得滨湖气候的滋养，口感醇厚，香气扑鼻。品一壶太湖翠竹，仿佛能品味到整个江南的春色，那一抹茶香，连同这片山水的灵秀与韵味，都印在了人们的记忆里。

茶香泉韵话古今

江苏省的秀丽山水和文化底蕴孕育了名泉与名茶，它们在这片土地上相遇，共同演绎了许多关于泉与茶的佳话。对于江苏人来说，在茶馆品一壶好茶，在山间赏一眼名泉，便是对生活最美好的诠释。无论岁月如何变迁，那份对优雅生活的追求与向往将永远如初。

·中泠泉

·惠山泉

中泠泉水伴茶香

位于江苏省镇江市金山寺外的中泠泉，最初的泉眼在长江江心，后来由于河道变迁，金山与长江南岸相连，泉口处变为了陆地。中泠泉水碧绿如玉，口感甘洌且醇厚。用中泠泉水沏茶，茶香四溢，甘醇可口。

唐代名士刘伯刍将中泠泉称为“天下第一泉”。南宋民族英雄文天祥曾写诗赞美道：“扬子江心第一泉，南金来此铸文渊。”爱国诗人陆游也曾写下“铜瓶愁汲中泠水，不见茶山九十翁”的诗句。中泠泉吸引着无数人前去体验泉水与茶香的交融之美。

来试人间第二泉

在江南烟雨中，有一处名为惠山泉的清泉，流淌在江苏省无锡市西郊的惠山山麓。泉水清澈透明，甘美适口，茶圣陆羽曾亲自品鉴，将其列为天下名泉之二。唐代宰相李德裕对惠山泉极为喜爱，命令地方官吏用坛子封装泉水，日夜兼程，快马跋涉数千里运至陕西，只为能用它来烹煮香茗。宋代大文豪苏东坡也对惠山泉大加赞赏，留下了“独携天上小团月，来试人间第二泉”的佳句，让惠山泉更加美名远扬。元代书法大家赵孟頫特意为惠山泉挥毫泼墨，写下了“天下第二泉”几个字。清代乾隆皇帝也曾将惠山泉封为“天下第二泉”，从此它的名声就更加显赫了。

·扬州市冶春茶社

流连千年的扬州茶馆

在江苏省扬州市，茶馆随处可见，它不仅是品茗之地，也是扬州文化脉络中不可或缺的一部分。扬州茶馆最早出现于宋代，明清时期数量众多且各具特色。人们在茶馆品茶聊天、结识朋友，还能欣赏曲艺表演。另外，茶馆也是文人雅集和商贾交易的地方，许多商业决策和文化交流都在茶馆中进行。像富春茶社、冶春茶社等，都是年代久远、颇有名气的茶馆，一些文化名人都曾光顾，并写下很多佳作。扬州茶馆是这座城市的一张名片，吸引了无数人的眼球。在这里，人们可以品一壶好茶，听一段故事，感受一份人情味，领略一种文化韵味。

江北茶区

秀逸山川：安徽

安徽省位于中国南北的交界处，地形多为山地、丘陵和平原。皖西和皖南属于丘陵山地，为亚热带季风气候，这里的光照充足，分布着大面积的红壤、红棕壤和黄壤，特别适合茶树生长。这些茶叶经过采摘和制作，蜕变为香气四溢、滋味醇厚的安徽名茶。在唐代就已形成以古徽州为中心的徽茶贸易，诞生了大批从事徽茶交易的徽商，这里世代延续着徽茶的繁荣。

黄山氤氲的千年醇香

位于安徽省南部的黄山是一座景色秀美的名山，也是盛产安徽名茶的摇篮。这里层峦叠嶂，云雾缭绕，奇松挺拔，怪石林立，绿意葱茏，每一处都似大自然挥就的淡雅水墨。黄山不仅山色旖旎，而且气候湿润，土壤肥沃，成为茶树生长的乐园。它们在红壤、黄壤中扎根，吸纳着天地灵气，孕育出独特的茶香。自古以来，黄山脚下的歙县、休宁、婺源、祁门、黟县、绩溪等地，全年气候温和，平均温度在10℃以上，雨水适量，春夏降雨量占全年的80%，而且光照比较充足。得天独厚的自然地理条件，造就了众多的名茶，如黄山毛峰、祁门红茶、屯溪绿茶等，这些茶叶片肥厚，色泽翠绿，香气浓郁，滋味醇厚，每一片都彰显着黄山的神韵。

· 黄山

大别山的茶之韵

安徽省西部的大别山是横亘在长江淮河之间的巍峨山脉，宛如一条巨龙蜿蜒起伏。雄伟的自然风光、厚重的历史文化，吸引着无数人的目光，而那漫山遍野的茶树更让人沉醉其中。皖西的地势西高东低，山区年均气温在14℃至16℃。山间常年湿润多云雾，林木覆盖率高，生态环境好，非常适合种植茶树。茶园土壤多为黄棕壤，土层深厚，质地疏松，有机质含量高，为茶叶的生长提供了良好的土壤条件。皖西茶区的六安、金寨、霍山、桐城等地盛产名茶，其中，六安瓜片以其独特的香气和滋味而闻名，是中国十大名茶之一，霍山黄芽则以其鲜嫩的芽叶和醇厚的口感受到茶客的喜爱。

· 安庆市潜山市大别山风光

斗山街上的茶商旧宅

黄山市歙县的斗山街上坐落着许多明清时期的徽派老宅，白墙黑瓦，错落有致，静静伫立在沧桑的时光里，诉说着古徽州昔日的繁荣。这里曾聚集了徽商富贾，官宦名流。江祥泰会馆就是徽州茶商第一家江祥泰茶号的旧址。作为著名的商帮之一，徽商有着久远的历史。从东晋的崭露头角，到唐宋的蓬勃发展，再到明清的极盛巅峰，跨越了千年的悠长岁月。据有关史料记载，早在唐代，徽商已经开始进行茶叶贸易了。明清时期，徽商的足迹遍布全国各地，徽茶也走进了大江南北的每一个角落。品一杯徽茶，茶汤在口中流转，香气在鼻尖萦绕，让人仿佛置身于徽州的山水之间，感受到穿越千年的徽茶魅力。徽商是徽茶的推销者，更是文化的传播者，将古老的徽茶文化传承千年。

· 歙县徽商宅院

祝茶声中过大年

安徽省有许多古村落，环境古朴典雅，如诗如画。村落周围的山坡上分布着座座茶园，与民居遥相呼应。在安徽黟县，茶不仅是节日里必备的饮品，更是传递祝福、表达情谊的媒介。在辞旧迎新的时刻，人们通过品茶、敬茶等仪式，增进了亲情和友情，营造了欢乐祥和的节日气氛。

食桃伴茶饮

每到春节来临，黟县的宏村等地都有打制食桃的民间习俗。食桃就是将糯米和籼米碾成米粉，再经过揉制、入模打制和蒸制，做成印有各种吉祥图案的桃子形状。在徽州，还有着将茶与桃子等食材一起做成特色饮品的传统做法。将桃子搅打成桃泥后，加入红茶和冰块制作成桃茶，既保留了茶的清香又增添了水果的鲜美口感。

过年走亲访友时，当地人都会带上食桃当作伴手礼，大家聚会时一起享用。吃食桃时，自然少不了徽茶，泡上一壶好茶，边吃边饮边聊，食桃的美味和茶的清香，溢满了浓浓的亲友情。

·黟县宏村

锡格子茶的年味记忆

黟县有一种独特的年俗，它以锡为器，以茶为媒，串联起家家户户的欢声笑语，这便是锡格子茶。锡格子是一种精致而古老的器皿，由一底、一盖、一提篮以及中间的四层组成，各层摆放着千张酥、寸金糖、芝麻糖、花生糖等各式茶点，仿佛是一座小巧的宝塔，寓意着步步高升、年年高。大年初一的清晨，人们依照辈分围坐在厅堂中央的八仙桌旁，桌上每人有两杯沏好的早茶，一杯是糖茶，甜蜜而温馨，寓意着来年生活的甜蜜与幸福；一杯是香茶，清香而醇厚，寓意着春满家园、生机勃勃。先喝香茶，后喝糖茶，锡格子内的茶点也被一一品尝，每人还要吃两个鸡蛋，寓意成双成对。锡格子茶不仅是饮品，更代表了情感的传递和内心的期盼，让人对新的一年充满了希望和祝福。

江北茶区

古韵遗香：河南

河南省地处黄河中下游，是中华文明的重要发源地之一，也是江北的一个重要产茶区。在豫南大别山、桐柏山和豫西南伏牛山的坡岭之间，生长着层层叠叠的茶树。这些地区山峦叠嶂，地势起伏，深厚疏松的酸性土壤、多样的小气候环境，成为优质名茶诞生的摇篮。

大别山北麓的名茶故里

河南省南部的信阳市地处淮河上游、大别山北麓，夏季湿润多雨，冬季干燥少雨。车云山、连云山、集云山、天云山、云雾山五座山峰，人们习惯称之为“五云山”。它们绵延起伏，气势磅礴，常年云雾萦绕，如同仙境一般。其中，车云山和集云山属于豫鄂交界处的桐柏山区，是著名的信阳毛尖的主产地。山下的茶园因大自然的滋养而茁壮翠绿，仿若绿色的海洋波涛起伏，每当微风吹过，茶香便随风飘散，让人陶醉其中。

· 信阳市茶乡风光

·桐柏山

·伏牛山

桐柏山的茶之源

桐柏山既是淮河的发源地，也是长江与淮河的天然分水岭。同时，桐柏山还是盘古的故乡。唐宋时期，桐柏茶曾作为贡茶进献朝廷。这片古老的灵秀之地，气候温暖湿润，降雨量为全省之冠，植被丰富，生长期长，而且桐柏山区以低山和丘陵为主，土壤为黄棕壤和黄褐土，有丰富的有机质。这些优越的条件，让桐柏山成为历史悠久的茶区。桐柏山主峰是太白顶，其山腰就是淮源茶区，盛产太白银毫，茶汤清澈明亮，香气扑鼻。轻抿一口，顿觉鲜爽甘醇，让人仿佛置身于桐柏山的云雾之间，感受到大自然的馈赠和生命的律动。

伏牛云雾，茶香弥漫

河南省西部有一座巍峨壮美的山脉——伏牛山。它横跨河南多个县市，宛如一条巨龙，蜿蜒盘旋。这里不仅风景如画，更是一片孕育优质茶叶的沃土。伏牛山的山势高峻雄伟，植被繁茂，景色优美。此外，它还是长江、黄河、淮河三大水系的分水岭。这里阳光充足，雨水丰沛，空气清新，是产茶胜地。一片片茶园依山傍水，错落有致。每当春季来临，嫩绿的茶叶在春雨的滋润下，焕发出勃勃生机。伏牛山茶、西峡伏牛山鸡血红茶、伏牛老枞等，无论是绿茶还是红茶，都以独特的韵味和品质赢得了人们的青睐。值得一提的是，伏牛山除了产茶以外，还盛产中药材，被制成各种药茶，强健身心。比如，著名的连翘红茶就是一款口感纯正的药茶。

大地上的流动画卷

河南茶区像一幅流动的画卷，铺陈在大地之上。远古的神话、淳朴的民风、有趣的茶俗，交织成鲜活生动的画面，流淌在茶史的长河中，定格为一抹清香里的民俗记忆。

火塘上吊茶壶

河南省信阳市的大别山区里，几乎每一户人家的堂屋内都放着一个火塘。每当秋风渐起，寒意初露，火塘内便升腾起温暖的火焰，在火塘的上方，总是挂着一只水壶，壶内灌满了清冽的山泉水。随着火焰的舔舐，壶底渐渐变热，水也开始沸腾起来。这时，家人会拿起一只干净的茶盅，小心翼翼地从水壶中倒出滚烫的开水，冲泡当地特有的茶叶。第一口茶热气腾腾，人们迫不及待地喝下肚，仿佛能瞬间驱散周身的寒意。接着用稍晾片刻的开水冲泡第二道茶，香气更加醇厚。这茶、火塘，承载着大别山人祖祖辈辈的记忆与情感。每当茶香四溢，都能带给人难以言喻的归属感与幸福感，这或许正是大别山火塘茶的魅力所在。

大禹治淮，以茶破瘴

传说，大禹曾三次踏上桐柏山的土地，誓要治理淮河。然而，每当大禹的队伍接近桐柏山时，便会遭遇突如其来的飞沙走石和遮天蔽日的瘴气，阻挡大禹前进的步伐，使治水工程一再受阻。起初，大禹以为这只是自然环境的恶劣所致，但经过深入调查与探访，才发现是一只名为无支祁的妖怪所为。它力大无穷，擅长操控自然之力，使桐柏山一带常年笼罩在毒瘴之中，百姓苦不堪言。大禹潜心研究，希望找到制服无支祁的方法。经过无数个日夜的苦寻，他终于发现了破解毒瘴的秘方，即用桐柏山的茶叶煮汤饮用，可解毒瘴之毒。大禹立即命人采集茶叶，熬制茶汤，分发给士兵饮用。果然，士兵们饮下茶汤后，原本因毒瘴而疲惫不堪的身体逐渐恢复了活力。与此同时，大禹还派遣了一位名为庚辰的神将与无支祁展开了激战。经过一番殊死搏斗，庚辰终于将无支祁制服，并将其牢牢锁在了龟山脚下，从此解除了淮河一带的水患威胁。桐柏山的茶叶也因此被赋予了神奇的色彩，成为人们心中的圣物。

· 桐柏山禹王庙

岁时祭祀，茶浓礼重

信阳市与光山县均坐落于大别山的产茶区，自古就有以茶敬神的习俗。每逢除夕，信阳市的家家户户都会举行一场虔诚的祭祖仪式，供桌上摆放着米饭、时令水果、佳酿和茶水，以表达对祖先的感激与追思。在腊月二十三的“小年”，光山县要举行祭灶仪式。每家每户的灶前供奉着特制的胶芽糖与茶水。这胶芽糖色泽金黄、口感软糯，相传能粘住灶王爷的嘴，防止他在回天庭向玉皇大帝禀报时说坏话，从而保护家人免受灾祸。茶水是为灶王爷准备的润喉之物，让灶王爷心情愉悦，口吐莲花，为家庭带来吉祥与福祉。

齐鲁茶韵：山东

山东省位于中国东部沿海地区，水源比较充足，水质也很纯净。这里四季分明，光照较好，夏热多雨，为茶树的生长提供了保障。自 20 世纪 50 年代施行南茶北引以来，日照、崂山、泰山等地大面积种植绿茶并获得成功，成为中国北方最大的茶区。

崂山云雾绘茶魂

崂山在山东半岛的南部，青岛市区的东北部，是一座风景与文化比肩的名山。它临海，空气湿润，气候温和。这里的春天略带寒意且持续时间较长；夏日则凉爽宜人，雨水丰沛；秋季温暖而略显干燥；冬季温和，降雪稀少。作为本省海岸线上海拔最高的山脉，崂山不仅风景秀丽，更因其独特的地理位置和气候条件，成为我国北方纬度最高的优质茶叶产区之一。崂山绿茶汲取了山海的精华，每一颗茶芽都萌发着无尽的韵味与风情。茶叶色泽翠绿欲滴，满溢着高雅清新的香气。当沸水注入壶中，茶香便瞬间弥漫了整个空间。

青岛市崂山海滨风光

·日照市岚山区海岸绿茶景区

·泰山茶园

海边的翠绿风情

日照市位于山东省东南部的黄海之滨，是一座冬无严寒、夏无酷暑的海滨城市。这个地方起初是不产茶的，但在启动“南茶北引”工程以后，开辟了大面积的茶园，现已成为山东省甚至中国北方重要的茶区之一。其中，位于日照市最南端的岚山区是日照绿茶的核心产地，产出的茶叶叶片厚实、香气浓郁、汤色黄绿明亮、回味甘醇。随处可见的海滨茶园，分布在山海之间，展露出绿宝石般的翠绿风情。

泰山香茗满乾坤

五岳之首的泰山不仅以雄伟壮丽的自然景观著称于世，更以其深厚的文化底蕴成为无数人心中的圣地。泰山的巍峨，宛如大自然写就的磅礴史诗，诉说着千年的沧桑与辉煌。除了自然景观，泰山茶也凭借自身的高品质打响了名气。它主要产自泰安市泰山区及周边地区，这些地方平均海拔在 200 米至 800 米，周围的大小河流超过百条，它们如同大地上蜿蜒的血脉，为茶树提供了源源不断的水源。

探寻鲁茶的历史足迹

从唐代有关饮茶的记载，到明清时期泉城济南的南茶北运，再到中华人民共和国成立以后的南茶北引，鲁茶始终未曾停下行进的脚步。这千年的时光，记录着齐鲁大地与茶的不解之缘。

趵突泉水浸香茗

明清时期，济南的茶叶供应主要依赖南方，这些远道而来的香茗种类繁多，涵盖了清新雅致的绿茶、醇厚温润的红茶以及芬芳馥郁的花茶等，尤其是茉莉花茶赢得了济南人的广泛青睐，成为盛极一时的特色饮品。当时，济南的茶馆遍布大街小巷、泉边湖畔，成为人们品茗谈天、社交聚会的重要场所。谈及泡茶之水，济南作为泉城，拥有众多名泉，为泡茶提供了得天独厚的条件。最著名的还是趵突泉，此泉水质甘洌纯净，自古以来便是泡茶的上乘之选。趵突泉水能够最大限度地激发出茶叶的内在韵味，让茶汤的色泽、香味和口感更上一层楼。历史上，无数文人墨客曾慕名而来，聚集于趵突泉畔品茗论道、吟诗作对，留下了许多脍炙人口的佳作。乾隆皇帝南巡至此，也被趵突泉的美景与佳茗深深吸引，大为赞叹，赐予了趵突泉“天下第一泉”的称号，从此趵突泉红遍大江南北。

· 济南市趵突泉

灵岩寺与鲁地饮茶之风的兴起

坐落于泰山西北麓的灵岩寺，是东晋所建的千年古刹，历史悠久，声名远播。唐代，灵岩寺进入鼎盛时期，影响力空前绝后，就连高僧玄奘法师都曾亲临此地潜心翻译佛经。自唐高宗之后，历代帝王在泰山举行封禅大典之时，皆不忘亲临灵岩寺，虔诚参拜，以示对佛祖的敬畏之心。唐代开元年间，降魔藏禅师应邀来到灵岩寺，大力推崇禅宗修行。禅师允许僧人在修禅过程中饮茶提神，许多文人墨客和士大夫得知后纷纷效仿，视饮茶为一种高雅的生活方式。此举不仅丰富了禅修的形式，更在不经意间推动了饮茶在山东地区的广泛传播。

· 济南市灵岩寺

南茶北引的伟大创举

众所周知，南方是茶的故乡，很长时间以来都流传着茶树不能迁移到北方，不然就会死掉的说法，因此茶还有一个雅号叫“不迁”。但从20世纪50年代起，国家提出了“南茶北引”的宏伟设想，认为山东青岛崂山三面临海、气候温和湿润、水质优良、土壤酸性，适宜种植茶叶。从1957年到1964年，科研人员展开了长达数年的艰辛探索。经过无数次试验、无数次失败，终于获得成功。第二代茶树在崂山成功扎根，标志着“南茶北引”这一壮举的圆满成功。此后，崂山地区掀起了茶树种植的热潮，一片片翠绿的茶园如雨后春笋般涌现。随着技术的不断成熟与经验的积累，山东其他地区也相继加入了茶树种植的行列，逐渐形成了鲁东南沿海、胶东半岛、鲁中南山区三大茶叶产区，出现了日照绿茶、崂山绿茶、临沂绿茶等多个著名品类。这些茶叶不仅继承了南方茶叶的优良品质，更在独特的地理环境下孕育出了独特风味。

· 崂山庙石茶园

江北茶区

千载风华：陕西

位于华夏腹地的陕西省，省内横亘着气势磅礴的秦岭山脉，粗犷雄浑的黄河自西向东奔腾不息。在秦岭南麓的密林深处，隐匿着汉江与嘉陵江的细流之源。汉中市、安康市、商洛市三地，是陕西省的主要茶区，随处可见绿油油的茶园，仿佛是大自然精心布置的绿色迷宫。

· 秦岭

硒谷里绽放的茶之花

陕西省安康市北倚巍峨秦岭，南靠秀美巴山。汉江自西向东悠然流淌，穿城而过，为这片土地带来了生机与活力。境内山谷交错，宛如大地的指纹。海拔起伏变化，气候多样，云雾缭绕其间。这里富含硒元素的土壤，如同大自然的恩赐，赋予了安康市“中国硒谷”的美誉。在汉江上游的这片富硒之地，孕育了众多品质卓越的茶叶，像八仙云雾茶、绞股蓝、女娲银峰茶等，都具有独特的品质和价值。当然，在众多的茶叶品种中，紫阳毛尖和紫阳银针无疑是最具保健作用的翘楚。茶汤嫩绿如玉，香气扑鼻，入口甘醇，富含多种营养成分和微量元素硒，对人体健康有益。北魏时期，它们经由丝绸之路远销西域，以及更远的中亚和西亚，成为连接东西方文化的桥梁和纽带。唐代，紫阳毛尖和紫阳银针被列为贡茶，成为皇室贵族的珍爱之物。

· 安康市茶田

多彩的茶园

陕西省商洛市位于秦岭南麓，与湖北、河南两省接壤。境内生长着绿茶、红茶、白茶、黄茶、黑茶以及乌龙茶等各类品种的茶树。“秦岭泉茗”和“商南泉茗”是比较有名的品种。在商洛市商南县富水镇茶坊村坐落着著名的闯王寨，据说明末农民起义军领袖李自成在此屯过兵，山寨四周用巨石围就，有石碓、石碾等遗物。山寨东边山下的王家庄和王家楼流传着李自成与王夫人的故事。闯王寨内散落着一些茶园，是20世纪70年代种植的。站在山顶俯瞰，茶园就像硕大的聚宝盆，整齐的茶树盘旋而上，景色十分壮观。

· 商洛市风光

古战场的茶中珍品

陕西省西南部的汉中平原，北依秦岭，南临巴山，地处温暖湿润的亚热带季风气候区。汉中地区自古以来就有种植茶叶的传统，产出优质的绿茶和红茶，汉中仙毫是其中的佼佼者，包括“午子仙毫”“定军茗眉”“强雀舌”三个品种。鲜嫩的芽头、翠绿的叶片、清雅的茶香、鲜爽的口感令人陶醉。“午子仙毫”主要产于汉中市西乡县，“定军茗眉”产于汉中市勉县这里巍然矗立的定军山见证着千年的沧桑，曾是三国英雄豪杰浴血奋战的古战场，曹操和刘备在此对决。昔日的战场如今早已成为茶香四溢的人间仙境，茶树依山而植，层层叠叠，绿得深邃浓郁，每一株茶树，都承载着定军山的灵性与历史的厚重，静静地汲取着山川精华，孕育出悠长的茶香。

· 勉县漆树坝茶山

独领风骚的陕西茶文化

陕西省茶史悠久，人文深厚，有商周遗风、汉唐风韵。在陕西人的日常生活中，无论是婚丧嫁娶，还是节庆聚会，茶作为不可或缺的角色，在其中传递着古老的习俗和质朴的情感，体现出文化精神的世代传承。

陕南的茶歌

陕西省南部地区的茶歌，在秦巴山脉的山野中轻轻被吟唱，诉说着这片古老土地上的茶香与人情。茶歌的内容丰富多样，涵盖了茶叶种植、采摘、加工、品饮等各个环节。歌词通俗易懂，富有生活气息，常常采用比喻、夸张、对偶等修辞手法，使歌曲更加生动形象。在表演形式上，有独唱、对唱、合唱等多种形式，人们还会加入一些舞蹈动作，以增强表演的感染力。《倒采茶》《上茶山》《茶山谣》《采茶调》等，都是当地脍炙人口的茶歌，通过描绘采茶、制茶、品茶等场景，展现了陕西省南部地区茶文化的特点。

· 延安窑洞

关中地区的茶壶会

陕西省关中地区的茶壶会是一种独特的茶俗活动，它不仅是当地人品茗交流的重要方式，更是传承和弘扬茶文化的重要平台。自古以来，关中农家都有清晨饮茶的习惯，无论严寒还是酷暑，清早起床后，人们都会拿着自己的小茶壶，三五成群地聚在村里的大树下，边喝茶边聊天。家事、农事、生活琐事，无所不谈，直到喝足聊够，才去做其他的事。这种活动满足了人们清晨的精神享受，成为关中地区一道独特的风景线。

宝鸡茶酥

陕西省宝鸡市的传统茶食茶酥有一百多年的历史，是清咸丰年间当地一位名叫秃娃的人所创。这款小吃因在食用时会发出悦耳的“咔嚓”声，所以又叫作“嚓酥”。后来，人们常把茶酥与香茶搭配食用，就改名为“茶酥”。宝鸡茶酥的主要原料是面粉、猪板油、菜籽油以及多种精心挑选的调料，先用油和好面，再用平鏊锅烤、烙和煎，最后制作出外观金黄、外皮酥脆、内层柔软、不油不腻的茶酥。品尝茶酥一定要配上香茶，茶酥的香脆与茶水的清甜相融合，更添一份独特的韵味。过年时，家家户户都要做茶酥，来了客人，端上茶酥和茶，请客人享用。同时，人们还把茶酥当作过年走亲访友的礼品，传递祝福和情谊。

· 茶酥

江北茶区

陇原茶语：甘肃

位于甘肃省东南部的陇南市，地处秦岭南麓的秦巴山区，是甘肃省唯一的茶区。茶叶种植主要集中在陇南市武都区、文县和康县，产出陇南绿茶、陇南龙井茶、龙神茶等特色名茶。

陇南市康县新农村

陇南市文县天池

陇南市风光

天池下的茶园

甘肃省陇南市文县的天池是一个纤尘未染的高原湖泊，犹如一面镶嵌在高山之中的明镜，倒映着蓝天白云和苍翠的山林。在天池附近，特别是文县碧口镇一带，分布着广袤的茶园。茶园是一片片绿色的海洋，与周围的山水、民居相映成趣，构成了一幅幅美丽的画卷。主要生产的茶叶品种包括龙井 43 号、黄金芽、福鼎白茶、鸠坑种等，此外还有文县龙井、文县碧螺春、文县毛峰、文县珠茶等绿茶，以及白毫银针、白牡丹等白茶。

最早的茶市

甘肃省陇南市武都区位于秦巴山脉腹地，自古以来便是军事防御的战略要地。西汉时期，武都区南部的洛塘镇设有茶市。这一举措不仅开创了中国茶市历史的先河，更是茶叶贸易与文化交流的重要里程碑。巴蜀地区的优质茶叶先集中到成都，再辗转运到武都，然后继续北上甘肃，西进青海，远播新疆，形成了一条连接东西、沟通南北的茶叶贸易走廊。时至今日，武都区依然保持着茶叶生产重镇的辉煌，所产茶叶品类繁多，品质上乘，涵盖了绿茶、红茶、白茶、乌龙茶等。

西部小江南

甘肃省陇南市康县的阳坝镇，地理风貌独特，自然风光旖旎，素有“西部小江南”的美誉。镇北及镇南崇山峻岭绵延不绝，宛如天然屏障，守护着这片土地的宁静与祥和；镇东地势渐低，形成一片相对平缓的谷地。梅园河宛如一条银色的绸带穿镇而过，为这片土地增添了无尽的灵动与生机。随处可见的茶园、竹林与小桥流水，构成了如诗如画的田园风光。作为陇南市重要的茶叶产区，阳坝镇盛产多种名茶，其中阳坝银毫、康县阳坝翠竹茶、康县阳坝翠峰茶等更是享誉四方。尤其是阳坝银毫，外形翠嫩细直，密布白毫，色泽银润如玉，宛如点点繁星镶嵌于绿叶之间。冲泡后，茶汤黄绿明亮，清澈见底，散发出淡淡的清香。初品时，略带一丝微苦，但随即转为甘甜，滋味醇厚而鲜爽，令人回味无穷。

多元的茶文化图景

甘肃省境内居住着汉族、回族、藏族、东乡族、裕固族、保安族等 55 个民族，他们世世代代和谐共处，保持着各自的民族特色。其中很多民族都喜欢饮茶，在饮茶习俗上亦有所不同，形成了个性鲜明而又内容丰富的茶文化。

回族刮碗子

在甘肃省临夏回族自治州，喝盖碗茶俗称“刮碗子”，用的是“三炮台碗子”，由茶碗、碗盖、衬碟三部分组成，形状像三座炮台。回族人喝茶分为喝苦茶、三香茶、五香茶等几个档次，第一种是只有茶叶的清茶；第二种加入桂圆和冰糖；第三种再配上杏干、葡萄干和枣，类似于现在的八宝茶，具有强身健体的功效。其中的茶叶多是春尖、细毛尖茶、沱茶、陕青茶、普洱茶，泡茶的水必须是“牡丹花开水”，意思是煮开的水如同盛开的牡丹花。刮碗子分为急慢两种。前者喝得比较匆忙，不停地用碗盖刮茶碗，茶叶下沉后赶紧喝掉；后者则是慢刮细品，一边聊天休闲，一边添水小饮，一个碗子可以刮上小半天。此时，它不仅是品饮茶水，更是情感的交流和文化的传递。

甘肃人的罐罐茶

甘肃省兰州市、定西市、天水市、陇南市和会宁县等地的农村有喝罐罐茶的习惯。这种喝茶方式源于西汉的煮茶法，同时又受到少数民族饮用奶茶习惯的影响。煮茶的罐罐有陶质、铁质和搪瓷等不同材质。煮茶时，先将罐子里的水在炉子上烧开，再把茶叶放入罐子继续煮沸，不停用小木棍搅动，直到熬出浓浓的茶汁。当然，还可根据自己的口味，加入红枣、桂圆等一起煮，茶的味道更加浓郁香甜。另外，不同地区的罐罐茶各有特色，例如，定西市的特色罐罐茶，人们一般在茶店里喝，有时能喝上一天。陇南市的罐罐茶有着独特的煮法，特别是做油茶时，将罐子在火盆上加热后放入油，油热后放一小撮青茶翻炒，再放油面、核桃仁等食材，加适量开水，用茶筚搅动几下，煮沸后就可以喝了。一到冬天，甘肃人喜欢围坐在火炉旁，喝着热腾腾的罐罐茶，聊着家常，享受那份温暖与宁静。

·张掖市肃南裕固族自治县

裕固族的甩头茶

甘肃省张掖市肃南裕固族自治县流传着一种别具一格的茶饮——“甩头茶”，这是裕固族人世代相传的饮品，因滚烫的酥油茶入口前，需用口轻吹降低温度，这一吸一吹间，会不自觉地左右摆头，故得名“甩头茶”。甩头茶的制作堪称一门艺术。首先，精选上等茯茶或砖茶，捣碎后置入盛有山泉水的铜锅中，加入草果、姜片等多种天然香料，慢火熬煮，直至茶香四溢，汤色浓郁，再调入适量食盐与新鲜牛奶，用木勺快速搅动，使茶汤与奶香完美融合，形成一层诱人的奶皮。然后在瓷碗中铺上一层炒得金黄的面粉、醇厚的酥油、风味独特的曲拉（一种经过发酵的奶制品）以及香脆的奶酪皮。最后将沸腾的奶茶缓缓倒入碗中，那一刻，油香、奶香、茶香与面粉香交织在一起，在空气中飘散开。在裕固族的传统习俗中，甩头茶是日常饮品，更是迎接远方来客的最高礼节。每当有客人到访，热情的主人便会以甩头茶相待，以此表达诚挚的欢迎与敬意。客人品茶时，需细心品味，并将碗底的曲拉吃得干干净净，这不仅是对主人手艺的认可，也是表示自己已尽兴享受了这顿茶宴，否则，好客的主人定会不厌其烦地继续添茶，直至客人心满意足。

第九章

走向世界的茶

茶叶，自离开巴山蜀水的那一刻，便开启了一场跨越千年的文明远征。从驼铃悠扬的陆上丝绸之路到帆影幢幢的海上丝绸之路，从藏地高原的酥油茶桶到欧洲宫廷的镶银茶具，中国茶叶以草木之躯架起连通世界的桥梁。它不仅是商队马背上沉甸甸的硬通货，更是文明对话的通用密码——大唐茶道启发了日本茶庭的理念，武夷红茶改写了英伦早餐的滋味，滇藏茶马互市淬炼出多民族交融的生存智慧。当我们追溯每一片茶叶的环球之旅，都将揭开一段文明碰撞的传奇史诗。

古道茶烟

悠悠茶路

中国的茶文化如同树木生长般从原产地向全国伸展枝干，再通过文化影响、贸易等多种方式传播到世界各地。如今各国种植的茶树、流行的饮茶习俗，最初都源自中国。接下来我们将细细梳理，这片东方树叶是如何一步步跨越山海，成为全球共享的饮品。

茶马古道

这条蜿蜒在中国西南山区的古老商路，起源于唐宋时期的“茶马互市”，是经济与文化交流的产物。西藏地区因独特的高寒气候，居民长期食用糌粑、奶类、酥油等高脂食物，而茶叶中的茶多酚等成分恰好能帮助分解脂肪，缓解油腻，因此，虽然当时西藏并不是茶叶的产地，但茶叶已经成为西藏人民不可或缺的日常饮品。与此同时，中原王朝对于边地的良马也有着迫切的需求，无论是民间劳作还是军事征战，骡马都是不可或缺的交通与战力来源。这种互补性的需求，使得“茶马互市”应运而生，成为唐宋时期统治者治理边疆、促进民族和睦的重要政策。

茶马古道主要包括两大干线，分别是滇藏道的南线以及川藏道的北线。滇藏道起始于云南省西双版纳傣族自治州、普洱市等茶叶产地，向西北穿越大理白族自治州、丽江市等地，最终抵达西藏自治区昌都市、拉萨市，甚至可延伸至印度、缅甸、尼泊尔等国。川藏道自四川省雅安市一带出发，经由泸定县进入康定市、昌都市等地，同样抵达拉萨市，再通向尼泊尔、印度。除此以外，茶马古道还包含着许多条支线，这些支线如同毛细血管般深入到四川、云南、西藏多地，和主干线一起形成了一个巨大的交通网络。

在这条古老而漫长的商路上，马帮们背负着沉重的货物，夜以继日地奔波在崎岖的山路上。他们凭借着坚毅的信念和勤劳的汗水，克服了一个又一个的艰难险阻。虽然随着历史的变迁和时代的进步，官营茶马交易治边政策最终在清雍正十三年被废止；但茶马古道依然是维护民族和睦、促进文化交融的桥梁。

·茶马古道上的铁索桥和背茶人

茶向国外传播的途径

除了历史悠久的茶马古道这一重要渠道外，中国茶还经由多种方式与路径，传播至全球多个角落，并在不同的国家和地区深深扎根，繁衍生息，进而孕育出了各具特色、独具魅力的茶文化。

使节往来

相传公元前3世纪，西汉使臣张骞出使西域，在中亚发现了包括茶叶在内的来自巴蜀的特产，这可能是茶叶外传的最早迹象。唐代国事兴盛，外交开放，长安城成为当时世界的国际文化、贸易、经济中心，这为茶叶的对外传播创造了有利条件。各国遣唐使及商人纷纷来到长安，他们在交流互动中接触到了中国的茶文化，茶叶便随着他们的脚步逐渐传播到周边国家和地区。

茶在朝鲜半岛有着颇为漫长的发展历程。据史书记载，早在7世纪，饮茶的习惯便从中国传入到朝鲜半岛，那里的人们学会了茶艺，并且对泡茶所用的水质有着极高的要求。唐文宗太和二年（828年），遣唐使金大廉带回了珍贵的茶籽，种在智异山华岩寺周边。随着禅宗在朝鲜半岛的传播与发展，种茶的技术逐渐在这片土地上推广开来。在当时的朝鲜半岛教育体系中，除了诗词、书法、文学和武术这些必修课程之外，学生们还必须学习茶艺。

宗教传播

宗教人士在茶叶外传的过程中也发挥了关键作用。804年，日本高僧最澄到今浙江省台州市天台县境内的天台山国清寺留学，在805年回国，带回了茶籽，并将其种植于京都比睿山麓的日吉神社旁边，就此终结了日本没有茶树的历史。几乎与最澄同一时期来到大唐留学的还有高僧空海。空海回国之后，创建了日本真言宗，而且把茶籽敬献给了嵯峨天皇。直至今日，在空海回国后担任住持的首座寺院——奈良的佛隆寺内，依旧留存着空海带回的用于碾茶的石碾以及曾经种茶的遗迹。

海上贸易

16世纪，葡萄牙商人及水手们开始将少量的中国茶叶带回国内。仅仅两年后，即1559年，“茶”这一词汇便首次出现在欧洲文学作品中。1602年，荷兰东印度公司成立，五年后的1607年，该公司开始从澳门采购茶叶运回欧洲。1610年，荷兰东印度公司将中国和日本两国的茶叶集合，经由爪哇运回欧洲。1650年，该公司又成功地从中国引入了红茶至荷兰，自此，茶叶在荷兰从最初仅在药铺作为“灵丹妙药”出售，迅速转变为风靡全国的时尚饮品。

1644年，英国东印度公司于中国福建省厦门市设立了贸易机构，与荷兰在茶叶贸易方面展开激烈的竞争。1651年，英国通过颁布航海法，并在一系列贸易竞争与战争后取得了优势，最终垄断了茶叶贸易权。1669年，英国政府颁布规定，将茶叶贸易的专营权授予东印度公司。这一系列的重大转变，促使武夷红茶逐渐后来居上，取代了绿茶的地位，成为欧洲民众主要饮用的茶类品种。1670年，茶叶经由东印度公司的渠道进入美洲，使得美洲人也承袭了饮茶的习惯。

移民带动

东南亚地区有大量华人移民，他们将中国的茶文化带到当地，融入当地生活，促进了茶叶在这些地区的传播与发展。例如，越南、老挝、缅甸等东南亚国家与中国毗邻，很早就向中国西南地区的少数民族学习茶事，越南在1825年开始大规模经营茶场，缅甸在1919年创办了专门从事红茶生产的茶场，这些都与当地华人移民的影响以及各国与中国的文化的交流密切相关。

和敬清寂

日本茶文化

日本茶文化作为世界茶文化的重要组成部分，在发展进程中深受中国茶文化的熏陶，同时又在日本的历史、文化和社会背景下，逐渐形成了独具特色的茶道文化和丰富多样的茶事活动。

起源与发展

虽然早在圣德太子时期，茶相关的概念、艺术，连同佛教以及其他中国文化便一同踏上了日本的土地。不过，日本人真正开始饮茶，是在7世纪了。当时，日本有许多僧侣到中国研习佛法、学习茶树栽培技术，他们带着茶籽回到日本播种，开启了日本本土茶树种植的历程。日本的茶虽起源于中国，却在发展中融入了自身的特色，有独特的形成与发展脉络。

奈良时代和平安时代前期，留学僧们成为茶文化传播的重要力量。弘法大师空海在弘仁五年（814年）所著的《献梵字并杂文表》中提及了茶，并且空海把茶汤视为日本与中国联系的象征。弘仁六年（815年），永忠和尚向行幸滋贺礼佛的嵯峨天皇献茶并获赏。永忠和尚曾在大唐留学近30年，养成了饮茶习惯，回国后仍保持着。众多日本留学高僧回国后，将饮茶等中国生活方式介绍给本国人，茶礼在日本寺院中频繁应用。随着饮茶需求增加，日本开始尝试自己种植茶树，嵯峨天皇下令在畿内及附近种植茶树，这表明贵族和僧侣阶层已形成饮茶习俗。

· 日本江户时代 浪速屋茶室的冲田木版画 北川歌麻吕绘
美国大都会艺术博物馆藏

日本江户时代关于采茶的绘画
美国大都会艺术博物馆藏

平安时代，日本贵族深受中国文化影响，创作大量汉诗，其中不少茶诗被收录在《凌云集》《文化秀丽集》《经国集》等御敕诗集里。从嵯峨天皇等贵族的茶诗可以看出，在永忠献茶之前，中国饮茶文化的传播者已影响到天皇和贵族阶层。

镰仓时代，荣西渡宋及他所著《吃茶养生记》对日本茶文化发展影响深远。荣西两次入宋，在中国接触到茶礼，回国后不仅向将军献茶，还献上赞颂茶的书籍。他所介绍的宋代末茶，与现代日本抹茶一脉相承。在这一时期，饮茶之风从寺院走向武士和平民阶层，佛教在茶文化传播中发挥了重要作用。

室町时代，日本茶文化取得了极为突出的进展。前期以游艺性斗茶为主，后期逐渐向宗教性茶道转变。同仁斋的“书院茶”融合了中国与日本本土文化，足利义政的文化侍从能阿弥起到关键作用，他规范了点茶程序。村田珠光开启了日本茶道的先河，他把禅宗理念融入其中，创新性地将草庵茶与书院茶相互融合。之后，武野绍鸥进一步完善茶道文化，使其更具民族特色和规范性。

安土桃山时代，尽管日本社会处于战乱，但茶道却得到武士们的关注。千利休登上历史舞台，他师从多人，最终被他发扬光大的“抹茶道”，成为日本茶道的主流。

江户时代，德川家康统一日本，千利休的后代开创“三千家”流派，成为日本茶道的中坚力量。此外，隐元隆琦引入壶泡茶艺，开创煎茶道，后经发展也成为日本茶道主流，这一时期日本茶道达到鼎盛。

明治维新后，日本茶道经历了初期的衰落，随后进入稳定发展阶段。自 20 世纪 80 年代起，中日两国在茶道文化领域的互动愈发密切，众多日本茶道流派纷纷前来中国访问，促进了两国茶文化的相互了解与发展。

· 日本江户时代 茶具和蛋糕碗木版画
菊川叡山绘
美国大都会艺术博物馆藏

“茶禅一味”精神

日本茶道深深植根于“茶禅一味”的精神之中，这一理念全方位地渗透于茶道的实践，对日本文化乃至民众生活产生了深远的影响。

日本茶道里，“茶禅一味”的精神被凝练为“和、敬、清、寂”。千利休作为茶道发展的关键人物，借由这四字，深度解读了茶道的核心要义。“和”聚焦和谐，它既体现在茶室布置营造出的协调环境，更体现在茶会参与者情感的融洽、相处的和睦，从而构建起充满美感与安宁的情境。“敬”体现了互敬互爱、人人平等的思想，茶室中无论身份高低，皆从小入口进入，体现了平等与谦卑。“清”要求清洁、清静，不仅是物质层面的整洁，更是心灵的纯净境界。“寂”则指幽雅宁静，是茶道追求的理想状态，它倡导以平常心面对世俗，达到无我之境，使茶客在茶室环境中感受到空寂与幽闲。

· 日本明治时代 金属茶壶
美国大都会艺术博物馆藏

· 日本江户时代 牡丹纹茶碗
美国大都会艺术博物馆藏

· 日本江户时代 陶瓷茶碗
美国大都会艺术博物馆藏

· 日本室町时代 天目茶碗及支架
美国大都会艺术博物馆藏

· 日本江户时代 金属茶壶
美国大都会艺术博物馆藏

· 日本江户时代 黑漆配金茶罐
美国大都会艺术博物馆藏

· 日本桃山时代 洒金漆茶叶罐
美国大都会艺术博物馆藏

· 日本江户时代 黑乐茶碗和金属釉陶茶叶罐
美国大都会艺术博物馆藏

日本茶礼

日本茶道是一种融合了宗教、哲学、艺术和礼仪的传统文化活动，其仪式流程严谨而细致。

茶室小巧精致，常用竹子、木材等天然材料建造，内部陈设简洁，壁龛作为装饰的重点，根据季节和主题摆放艺术品，营造出宁静雅致的氛围。茶具的准备同样精心，茶碗、茶筅、茶勺、茶罐和茶巾等，每一件的选择和摆放都遵循着严格的规定。

客人到达后，会在庭院中稍作等候，欣赏精心设计的庭院景色，静心凝神，调整心态。主人听到客人的到来，会走出茶室迎接，引导客人进入茶室。客人需弯腰屈膝通过低矮的入口，这一动作寓意着放下世俗的傲慢，以谦卑的心态进入茶道的世界。

进入茶室后，客人会先在水屋净手漱口，以示对茶道的尊重。接着，他们会依次欣赏壁龛中的艺术品，主人会介绍其来历和寓意。紧接着，主人与宾客相互致以问候。若茶室使用地炉，主人会点燃炭火，为后续的煮水和泡茶做好准备。

浓茶仪式是茶道的核心环节。主人煮水、泡茶、奉茶，客人则静静地等待。喝完茶后，客人会鉴赏茶碗。

休息结束后，进行淡茶仪式。主人再次煮水、泡茶、奉茶，客人按照相同的礼仪品尝淡茶。

最后，客人会向主人表达感谢之情。主人会送客人到茶室门口，行礼告别。客人离开后，主人会整理茶具，打扫茶室，为下一次茶道仪式做好准备。

英伦午后

英国茶文化

尽管英国本土不产茶叶，但他们凭借从海外进口的茶叶，结合本土的饮食习惯与文化特色，创造出了独具特色的下午茶文化。如今，英国的下午茶文化已享誉全球，成为世界各地游客体验英国风情的重要一环。在品味下午茶的同时，人们也可感受英国的历史与文化，以及那份独特的英式浪漫与优雅。

· 英国 绘有饮茶场景的版画 美国大都会艺术博物馆藏

起源与发展

早在 1615 年，英国文献中便出现了有关茶的记载，但茶的确切传入时间仍是个谜。可以确定的是，当时的茶叶大多通过荷兰商人从中国引入。1644 年，英国东印度公司在福建厦门开设代办机构，着手收购武夷茶，这一举动意味着英国正式踏入茶叶贸易领域。

1662 年，葡萄牙的凯瑟琳公主在与英王查理二世成婚之际，带来了做工精致的中国茶具以及茶叶，迅速点燃了英国上层社会对茶的喜爱，使茶成为身份与地位的象征。随着茶叶进口量增加及价格下降，到 17 世纪末，茶叶逐渐由奢侈品转变为各阶层都能享用的饮品。进入 18 世纪，绿茶逐渐被红茶取代，英国的茶文化初步形成，茶馆数量激增，茶也深深融入了英国人的日常生活。

19 世纪见证了中国茶输英之路的起伏变化。鸦片战争后虽有短暂波折，但随后迎来黄金期。然而自 19 世纪 60 年代起，中国茶市场份额逐渐被印度茶所取代。印度阿萨姆地区发现野生茶树后，印度成功培育出红茶，其出口量快速上升，锡兰也加入了供应国行列。

20 世纪以来，英国茶叶进口来源更加广泛，包括新兴生产国肯尼亚在内的多国茶叶涌入市场。尽管茶叶贸易受到两次世界大战的影响，但茶的地位在英国依旧稳固，依然是消费量最大的饮料之一。现代英国人不仅喜爱茶叶传统的热饮方式，还享受着袋泡茶带来的便捷。茶休时间让人们能在忙碌的工作日中享受片刻宁静。

英国下午茶的形成

19 世纪英国茶文化的重大发展标志是下午茶的形成与风靡。这一习俗起源于 19 世纪 40 年代，当时英国人的餐饮习惯主要包括早餐和晚餐，而午餐并未受到足够重视，导致两餐之间间隔时间过长，尤其在漫长的下午，人们常感到饥饿。对于富裕的贵妇而言，这段时间尤为沉闷。

下午茶这一新颖理念，最早是由贝德福特公爵的第七任夫人安娜倡导。她发现在房间中享用一壶茶和一些小点心是一种非常惬意的消遣方式，随后她开始邀请朋友一同享受下午茶时光。这种新颖的社交方式很快在英国贵族圈中流行开来，为女性提供了正当的社交理由，使她们能够穿着华丽的服装聚在一起交流，而不受社会道德的约束。女主人会亲自展示精美的茶具和点心，彰显其优雅品位。

随着下午茶风俗的日益普及，伦敦的上流社会几乎无人不沉迷于这种活动。他们相聚一处，一边细细品味香茗，品尝着可口的三明治与饼干，一边热烈地交谈、讨论。这一趋势推动了茶具制造业的发展，银匠、陶瓷公司和亚麻制造商开始生产各种精美茶具。同时，烹饪书也开始收录有关下午茶的内容，包括茶的冲泡、茶话会的组织和招待食物等。

下午茶不仅受到女性的喜爱，也逐渐吸引了男性。他们发现，请朋友喝下午茶成本不高，却能营造宾至如归的感觉。于是，不管是款待邻里、朋友小聚，还是商业场合的交流，下午茶都成了人们的不二之选。此外，还衍生出网球茶、野餐茶等多种形式。

维多利亚女王的推崇进一步推动了下午茶的流行。她认为下午茶是缓解压力和享受生活的绝佳方式，并鼓励国民享用。因此，19 世纪盛行的下午茶被人们看作是维多利亚时代极具代表性的独特标志。

英国多变和多雨的天气使得人们在工作日下班后较少参与户外活动，这也为下午茶的盛行创造了条件。诸如咖啡馆、餐厅、茶室、旅馆、剧院、电影院以及俱乐部之类的场所，均有下午茶提供。各种集会或社交活动若缺少下午茶，似乎就失去了英国特色。

下午茶逐渐成为英国各个阶层的固定习俗，就连飞机上也开始为乘客们提供下午茶服务。英国有一首民谣这样唱道：“当时钟敲响四下那一刻，世间万物仿佛都在瞬间为茶而停歇。”在第二次世界大战期间，即便战事紧张，英军依旧保持在四点钟享用下午茶的习惯，令人称奇的是，德军在这个时间段也不会发动进攻，双方一同享受这片刻的宁静时光。

英国人还将饮茶视为基本权利。当丘吉尔担任自由党商务大臣的时候，曾将职工拥有工间饮茶的权利纳入社会改革的内容当中。自那以后，英国无论是公立机关还是私人企业，都明确规定了“茶休”时间。

英国 一对茶叶罐和一个糖盒·
美国大都会艺术博物馆藏

·英国 茶叶罐（配勺）
美国大都会艺术博物馆藏

·英国 铜质珐琅热水瓮
美国大都会艺术博物馆藏

正统英式下午茶礼仪

维多利亚时代，下午茶不仅是日常生活中不可或缺的活动，更是体现个人修养与社交礼仪的重要场合。时间通常安排在下午四点，正式的下午茶会要求男士着燕尾服配高帽，女士则需身着优雅的连衣裙并佩戴帽子，以示对此场合的尊重。

茶具的选用与摆放同样考究，瓷茶壶、杯具、糖罐、奶盅等一应俱全，且需根据宾客数进行适当调整。三层点心盘更是下午茶的亮点，从底层的三明治到中层的司康，再到顶层的蛋糕与水果塔，每一层都承载着不同的风味与精致。客人需遵循一定的顺序品尝点心，从清淡到浓郁，从咸香到甘甜，逐步体验味蕾的盛宴。

值得注意的是，在下午茶期间，客人通常不会自行倒茶，这一任务多由女主人承担，以彰显对宾客的尊重。同时，为了营造轻松愉悦的氛围，主人可能会播放柔和的音乐，增添一分雅致。

随着时代的变迁，下午茶文化逐渐普及至平民阶层，许多繁复的礼仪得以简化。在正式场合，如欧洲贵族间的下午茶会，传统礼仪仍得以保留。而在一些地区，如苏格兰等传统工业地带，下午茶则更加朴实，常作为晚餐的替代，这体现了英式下午茶文化的地域性。

香料王国

印度茶文化

当中国茶通过海上丝绸之路，穿越波涛汹涌的大海，最终抵达印度这片神秘而肥沃的土地，茶开始在印度这片土地上生根发芽，逐渐与印度的风土人情相融合，形成了独具特色的印度茶文化。

起源与发展

印度与中国接壤，或许在遥远的唐代就已经受到了中国饮茶风俗的影响。然而，确切的历史记载却指向了荷兰人林索登。16 世纪末，林索登在著作《旅行日记》中首次提及了印度人的饮茶习惯。他描述了印度人用大蒜和油拌阿萨姆树的叶子，既作为蔬菜食用，也作为饮料享用。

17 世纪，另一位旅行者曼德斯罗在他的《东印度纪游》中也提到了印度人饮茶的普遍性。但值得注意的是，当时印度人所饮用的茶叶很可能来自中国，因为印度本土当时尚未掌握茶叶的种植和加工技术。

这种情形一直延续到了 18 世纪。1780 年，欧洲人才开始提出在印度种植茶树的设想。随后，英国东印度公司的船主们从中国广州运来了茶种，并在印度的加尔各答等地种植，但这些茶树主要用于观赏。

直到 18 世纪末 19 世纪初印度茶业才迎来了真正意义上的转折。1793 年，几位英国科学家随公使马夏尔尼来到中国，采集茶种并寄回加尔各答，种植在皇家花园内。1823 年，英国军官在阿萨姆地区发现了野生茶树并尝试将其种植在花园中进行研究。

尽管在 19 世纪 20 年代，有英国公司开始在印度试种茶树，但这些尝试并未产生显著效果。直到 1833 年，英国东印度公司的贸易垄断权被取消，印度才迎来了发展茶叶生产的契机。从 1834 年起，印度开始加紧试种茶树，并正式启动茶叶生产。

1841 年，印度医疗服务中心的坎贝尔大夫将中国茶籽带到了大吉岭，在这里孕育出了品质卓越的大吉岭红茶。这种红茶色泽金黄，香气高雅，带有淡淡的葡萄香，被誉为“红茶中的香槟”，迅速在国际市场上赢得了极高的声誉。

虽然印度在尝试种植茶树的过程中经历了许多挫折，但最终还是迎来了茶业的蓬勃发展。当下，印度在全球茶叶的生产与出口领域已然占据重要地位。

印度茶俗

印度南方居民偏爱咖啡，而北方居民尤爱奶茶。印度奶茶的饮用习俗据传源自中国西藏。因印度当地人口味浓烈，逐渐发展出鲜奶与茶叶共煮的独特方式，当地人将茶叶与鲜奶同煮，加入肉桂、豆蔻、丁香、姜等辛香调料，熬煮至浓稠醇厚。制作时需精准把控火候，久煮易苦涩，故添入奶油调和涩感，形成丝滑质地。

尽管气候炎热，热饮仍是主流偏好，部分人延续传统，将茶汤倒入浅碟散热后啜饮，既能降温又不失风味。

印度还有“客来敬茶”的习俗。客人来访时，主人会请客人席地而坐，男客盘腿，女客双膝相并屈膝而坐。主人会献上一杯加糖的茶，还会摆上水果和甜食等茶点。主人首次敬茶，客人要先礼貌推辞，再次敬茶时，客人才双手接过，然后慢慢品饮，享用茶点。

俄罗斯茶文化

从最初的舶来品发展为全民日常饮品，俄罗斯茶文化历经数百年，融合本土特色，最终形成独特的茶俗体系与器物美学。从贵族专属到全民风尚，从传统茶炊到现代茶具，这一东方饮品在俄罗斯大地上绽放出别样魅力。

·《俄罗斯茶》欧文·R·威尔斯绘 美国弗利尔美术馆藏

起源与发展

俄罗斯人饮茶的历史虽不算长，但茶在他们的民族文化中却占据着核心地位。这份茶文化的根源来自中国，因为“茶”这一词汇，直接源自汉语的“茶叶”。早在明代，中国商人就通过“茶马互市”将茶叶带到了蒙古，随后这些茶叶辗转流通至俄罗斯。1679 年，中俄两国达成了茶叶长期贸易协定，自此，茶叶贸易逐步兴起。但在十七八世纪的俄罗斯，因路途遥远，运输困难重重，茶叶属于奢侈品，普通人难以享用。一直到 18 世纪临近尾声之时，茶叶市场才从莫斯科向外拓展，开始覆盖到为数不多的外省区域。而到了 19 世纪初，饮茶的风尚已经席卷了俄罗斯的各个阶层，成为俄罗斯人的一种消遣方式。俄罗斯本地并不产茶，1833 年和 1848 年，俄罗斯分别从中国引进了茶种，在格鲁吉亚黑海沿岸进行试种。此后，俄罗斯出现了企业经营的茶树栽培机构，并多次组织考察团前往产茶国引种、聘请技术人员、购置设备，以促进茶业的发展。

尽管在 19 世纪，俄罗斯并非茶叶生产大国，但这并未影响当地饮茶风俗的形成。俄罗斯作家普希金曾描述过“乡间茶会”和贵族的茶艺场景。俄罗斯的上层社会饮茶极为讲究，茶具精美，如“萨马瓦尔”茶炊和特色茶碟等。此外，俄罗斯上层人士在饮茶礼仪上也颇为讲究，存在着许多烦琐的仪式。这些都对俄罗斯人产生了深远的影响，使他们自豪地以“礼仪之邦”自居，并对中国的茶礼、茶艺产生了浓厚的兴趣。在俄语中，“茶”字成为了许多词汇的代名词，许多家庭都有来客敬茶的习惯，甚至在列车上也会以茶待客。

· 俄罗斯 银镀金珐琅茶具 美国克利夫兰艺术博物馆藏

俄罗斯茶俗

茶叶如同一条无形的丝线，紧密串联起俄罗斯人的日常起居。清晨他们以红茶搭配火腿、面包开启一天；午后他们在茶中加入果酱或柠檬调饮，放松身心；周末或节庆时，茶桌上摆满糕点、蜂蜜和糖果，成为家庭聚会中心。

茶席布置讲究温馨实用。女主人多选窗边或客厅，铺桌布摆圆桌，整齐放置茶具、茶叶及茶点。茶叶选择多元化：中国茶、英式红茶与本土药草茶、水果茶并存。饮茶时，常混合调配，创造个性化风味。当款待客人之际，主人必定会率先开口询问：“您想喝茶，还是喝咖啡呢？”选茶后，主人会现场煮制并奉上茶点，宾主围坐，畅谈至尽兴。

泡茶时先用小茶壶沏浓茶汤，饮用时兑开水调节浓度，按口味加糖、蜂蜜或果酱，部分人添加柠檬片、丁香。

·《商妇品茗》鲍里斯·库斯托季耶夫绘 俄罗斯博物馆藏

茶炊——沸腾的国民记忆

在俄罗斯的茶文化体系里，茶炊占据着举足轻重的位置，当地流传着“没有茶炊，就称不上饮茶”的说法。18世纪，茶叶在俄罗斯落地生根并日益风靡，茶炊也随之应运而生。1730年，乌拉尔地区产的铜制器具中，有一种葡萄酒煮壶，其外形与茶炊颇为相似。不过，真正符合定义的俄罗斯茶炊，直到18世纪中后期才出现。19世纪中叶，俄罗斯茶炊的样式基本固定为三类：茶壶型、炉灶型与烧水型。其外观更是丰富多元，有球形、桶形、花瓶形、小酒杯形、罐形，甚至还有不少不规则形状的。俄罗斯的作家和艺术家们，也常将茶炊融入创作。普希金在《叶甫盖尼·奥涅金》中写下与之相关的诗句；知名画家鲍里斯·库斯托季耶夫以饮茶为主题创作了油画《商妇品茗》，画面左侧边缘处，一把铜制茶炊高高矗立在餐桌上。

在现代俄罗斯城市的家庭里，茶壶正逐渐取代茶炊的地位，茶炊更多是作为装饰品、工艺品存在。然而，一旦碰上重大节日，俄罗斯人必定会郑重其事地把茶炊摆上餐桌。

· 俄罗斯茶炊和茶具

法国茶文化

茶乘着贸易之风，从遥远的东方，跨越山海，来到了法国这片充满浪漫气息的土地。法国，这个以时尚和艺术闻名的国度，以独特的文化视角和生活方式，赋予了茶文化别样的韵味与风情。

· 法国 陶瓷茶具
美国大都会艺术博物馆藏

起源与发展

法国是一个茶香四溢的国家，法语中“茶”的发音与荷兰语中“茶”的发音高度相似，均源自中国闽南语“茶”的发音。1636 年，荷兰人将茶引入法国，还引发了关于饮茶利弊的激烈讨论。17 世纪中期，法国神父亚历山大·德·科侯德斯在《传教士旅行记》中提到，中国人健康长寿与饮茶息息相关。1657 年前后，教育家塞奎埃等人也大力推崇饮茶有益健康。1685 年，菲利普·西尔维斯特·杜福尔推出了法国首本聚焦茶文化的书籍——《关于咖啡、茶与巧克力的新奇论文》。此后，饮茶有益健康的观点逐渐被贵族阶层接受，路易十四和祖父便是通过饮茶来缓解痛风。贵族对茶的推崇带动了普通民众对茶的喜爱，自上而下的饮茶之风悄然兴起，但当时法国茶文化仍以茶的药用价值为主，饮用价值尚未完全被挖掘。

17 世纪后期，茶开始在法国咖啡馆出售，进入中产阶级视野，文人也以茶为题材进行创作。1709 年，休忒在巴黎发表关于茶的诗文，用诗句表达饮茶感受。大文豪巴尔扎克常以茶会友，研讨学问，被称为“茶杯精神”。1712 年，法国文学家蒙忒创作了《茶颂》，以此来赞颂茶的美好。然而，法国大革命的到来以及咖啡与朗姆酒的流行，使清茶一度不再受青睐。但随着人们对茶认识的加深，德拉萨布利埃侯爵夫人开始尝试在茶中加入牛奶，这种红茶与牛奶相融合的饮法效果显著，红茶的醇厚与牛奶的细腻相得益彰，给人带来愉悦之感。

18 世纪末，法国动荡的时局曾使茶文化陷入低迷，但法国大革命结束后，饮茶之风逐渐回暖并走进平民生活。大革命后，王权被颠覆，贵族阶级消失，资产阶级崛起，茶的贵族饮料身份不再，而是逐渐成为平民生活的一部分，常出现在社交场合，人们通过饮茶保持活力、振奋精神。19 世纪前期，霍乱席卷欧洲，人们对饮用水的担忧使茶再次低迷，但霍乱过后，饮茶之风重新回暖并超越以往。19 世纪中期，法国的餐馆、咖啡馆等场所开始供应茶水，法国人将饮茶视为富有团结和友谊精神的活动，茶馆因此兴盛。法国人根据自身文化和爱好，将饮茶与浪漫结合，融入日常生活。但与英国不同，法国人最初并不重视下午茶，随着工业化进程加快，人们的生活节奏变快，晚餐时间推迟，下午茶才在法国流行起来。20 世纪 60 年代以后，饮茶文化在法国快速发展，成为法国人日常生活中不可或缺的一部分，但由于法国不产茶，所以只能依赖茶叶进口贸易来满足需求。

· 法国 陶瓷茶具
美国保罗盖蒂博物馆藏

法国饮茶方式

法国人饮用红茶的方式与英国人有相似之处，常采用冲泡或烹煮之法。一般会取一小撮红茶或一小包袋泡红茶放入杯中，注入沸水，而后添加糖或牛奶。在部分地区，有一种独特的饮茶风尚，将新鲜鸡蛋搅拌进茶中，接着加入糖后冲调饮用。当人们饮用瓶装茶水时，往里面添加柠檬汁或橘子汁的情形也屡见不鲜。更为特别的是，有些人还会在茶水中兑入杜松子酒或者威士忌酒，把它制作成清爽可口的鸡尾酒来享用。

除红茶外，法国人也钟情于绿茶。他们对绿茶的品质要求颇高，通常会在茶汤中加入方糖和新鲜薄荷叶。

花茶大多出现在中国餐馆里，为旅法的华人群体供应。它品饮的方法，与中国北方人喝花茶的方式近乎一致。大家都偏好往茶壶里面注入滚烫的沸水来冲泡花茶，而且一般情况下，都不会额外添加其他佐料。

锡兰金辉

斯里兰卡茶文化

斯里兰卡，这个位于印度洋上的岛国，有着优越的地理环境和气候条件，成为世界茶叶生产和出口的重要国家之一。这个国家茶叶文化的起源与发展是一段充满挑战与机遇的历史。

· 锡兰红茶

起源与发展

早在1800年，荷兰人就在斯里兰卡试种了中国茶树，但茶树种植在当时并未得到大面积推广。真正的转折点出现在1869年，一场毁灭性的咖啡叶锈病几乎摧毁了斯里兰卡的咖啡种植业。为了应对这场灾难，庄园主们开始寻找替代作物，茶叶因此进入了他们的视野。

1866年，苏格兰人詹姆斯·泰勒被鲁勒勘德拉庄园聘请为管理者，他掌握了印度北部茶叶栽培的基础知识，并在斯里兰卡进行了开创性的茶叶生产试验。泰勒使用平房阳台作为工厂，手工揉茶，用金属托盘在黏土炉子上烘焙茶叶。他的首批茶叶在销售时获得了高度评价，味道鲜美。1873年，泰勒已经拥有了一个装备完善的茶叶加工厂，他的首批优质茶叶在伦敦拍卖行上卖出了高价，为斯里兰卡茶叶的早期成功奠定了坚实基础。

19世纪70年代以后，斯里兰卡的茶叶种植业步入了快速发展的轨道，茶叶产量也随之急剧攀升，主产区位于加勒、拉特纳普特、康提、努沃勒埃利耶、丁比拉、乌瓦等地，这些地区的高山、中地和低地茶园，由于海拔的不同，生产出了各具特色的茶叶。

斯里兰卡红茶绝大部分用于出口，被称为“锡兰茶”。红茶采用传统制法，经过萎凋、揉捻、揉切、发酵、干燥等一系列工序精制而成。

斯里兰卡的茶叶品类丰富多样，除了广为人知的红茶，当地人也对绿茶的生产进行过大胆尝试。不仅如此，像速溶茶、风味茶这些颇具特色的茶类也被成功研制并生产出来，而且大量出口，畅销于许多国家和地区。在当今的国际茶叶市场上，斯里兰卡占据着重要的地位，是全球茶叶生产和出口的大国之一。与此同时，斯里兰卡也是南亚人均茶叶消费量居于首位的国家。

斯里兰卡茶俗

斯里兰卡人特别喜欢喝浓茶，哪怕这茶又苦又涩，他们却能从中品出别样的滋味。而且，他们觉得喝茶加奶是件很鄙俗的事，会损害茶本身的香味，所以更钟情于纯茶的味道。

斯里兰卡繁华的城市中，分布着不少茶叶售卖点——茶站。这些茶站里都安置着一个热水炉，它足有一米多的高度，能持续为顾客提供热水。客人进店后，店家会在杯子里放上一袋茶叶，然后用开水一冲，一杯热气腾腾的茶水就好了，非常方便。乡村也不例外，到处都有喝茶的站点，村里人常常聚在这些地方，一边喝着茶，一边天南海北地聊天，分享着各种消息，气氛十分热闹。这里的人泡茶有个习惯，一袋茶就泡一次，喝完就扔掉。

比较讲究的茶客，会直接跑到茶厂去买茶，这样能买到品质更好的茶叶。现在旅游区慢慢扩建到了茶区，人们还可以去茶区度假喝茶，体验一番别样的乐趣。

· 斯里兰卡茶田风光

第十章

中国茶事

在中国这片古老的土地上，茶是一种神奇的饮品，更是一种生活的艺术，与之相伴的陶瓷茶器，是这艺术中不可或缺的内容。这些茶器不仅是盛放茶汤的器具，更是连接人与自然、人与历史、人与文化的桥梁。它们或古朴典雅，或精致华美，各具风采，美不胜收。

邢窑白瓷

随着唐代饮茶之风的兴起，人们对茶器的审美提升到更高的层次。釉色如月华，气质若瑶莲的邢窑白瓷，以其精湛的工艺和典雅的韵味，成为皇室贵族和文人雅士茶桌上的新宠。

应运而生的邢窑白瓷

唐代，茶是人见人爱的国民饮品，陶瓷茶器亦成主流。由于唐代饮茶方式主要是煮茶和煎茶，过程比较烦琐，需要多种茶器的配合才能完成，为此对茶器的需求激增。位于河北邢台的邢窑白瓷，以卓越的品质占据了北方霸主地位，被誉为“中华白瓷的鼻祖”。其釉色洁白如雪，光泽柔和，能够很好地映衬出茶汤的色泽，深受人们的喜爱。陆羽在《茶经》中曾说“邢瓷白而茶色丹”，茶色如丹霞般绚烂，与类雪似银的白瓷形成鲜明的对比，却又和谐地融为一体。茶色瓷光两相宜，从而提升了品茶的感受。邢窑质地坚硬、细腻、不易破损，更加耐用。造型端庄大方，线条流畅优美，装饰上运用了划花、印花、贴花等技法，不仅具有实用性，还散发着浓郁的艺术气息，在品茶过程中，给人带来美的享受。

· 五代 邢窑刻有“新官”铭文的白瓷钵
美国大都会艺术博物馆

· 邢窑 白釉玉璧足茶碗和白瓷茶瓶
台北故宫博物院藏

茶器的组合与功用

唐代茶器的种类非常丰富，陆羽在《茶经 · 四之器》中，总结并列出了二十几种不同材质的茶器。邢窑白瓷茶器，主要包括茶铛、茶炉、执壶、茶盏、盏托、茶瓯、渣斗等，组合起来是一个阵容强大的茶器家族，每一位成员都肩负着自己的独特使命。

茶铛也称为茶鼎，是煎茶用的釜，通常和风炉搭配使用。它的器底带三足，并且有一横柄，造型优雅且实用。在唐代，茶铛的使用非常普遍，特别是在野外煎茶时，茶铛更是不可或缺。

茶炉是煎茶的器皿，将炭火放入茶炉内点燃。造型很别致，上方有双环系釜，下方是炉身，炉的正面是投柴孔，两侧是格栅式的小窗，整体看起来既实用又美观。而且茶炉的胎质都很致密坚硬，釉色洁白莹润，给人一种清新脱俗的感觉。

执壶在唐代叫注子，是用来装煮好的茶汤的，装好后将茶汤倒入茶盏中供人品饮。

茶盏和盏托是一对好搭档。茶盏就是喝茶用的小杯子，造型精美，釉色洁白，能映出茶汤的颜色。而盏托是用来承托茶盏的，可以防止茶盏烫手，同时也增加了品茶的仪式感。茶盏和盏托的造型犹如荷叶承载着荷花，显得非常雅致。

渣斗专门用于倒茶叶残渣，上部通常为口部外撇呈漏斗形碗状，这样设计便于茶渣的倾倒，下部则连接着盂或小口罐，用于盛装茶渣。

邢窑茶器是匠人之心与自然之灵的完美融合，碗盏之间，线条流畅优雅，宛如文人墨客笔下的行云流水，既有北方的豪迈大气，又不失江南的细腻温婉。壶身挺拔，壶嘴精巧，仿佛能倾泻出千年的智慧与韵味，每一滴茶汤，都承载着历史的厚重与文化的深远。

· 五代 邢窑白瓷葵口碗
台北故宫博物院藏

· 五代至北宋 邢窑白瓷花口碗
台北故宫博物院藏

关于邢窑茶器的诗

唐代的白居易、元稹、皮日休等著名诗人都对邢窑茶器发出过由衷的赞美。其中最知名的是皮日休的那首《茶中杂咏 · 茶瓯》:“邢客与越人，皆能造兹器。圆似月魂堕，轻如云魄起。”诗人将邢窑茶瓯的形状比作坠落的月魂，既表现了茶瓯的圆润完美，又赋予它月光般皎洁清冷的气质。同时，他又用“轻如云魄起”突出茶瓯的轻盈质感，让人感受到一种飘逸灵动的美。从整体来看，诗人通过对茶器细节的敏锐观察和独特感悟，形象地刻画出邢窑茶瓯的卓然风采。白居易的《睡后茶兴忆杨同州》中写道:“此处置绳床，傍边洗茶器。白瓷瓯甚洁，红炉炭方炽。沫下曲尘香，花浮鱼眼沸。盛来有佳色，咽罢馀芳气。不见杨慕巢，谁人知此味。”诗人描述了从宿醉睡醒后品茶的过程。在树荫婆娑的池塘边，他悠然地洗茶器、煮茶，洁净的邢窑白瓷瓯与火红的炉炭交相辉映。茶水散发着香气，沸腾的水泛起鱼眼般的水花，诗人品着茶汤，感受着口中的余香。这些生动的画面，是唐代文人生活的真实写照，字里行间流露着诗人对邢窑茶器的热爱、对高雅审美趣味的追求。

· 唐代 邢窑白瓷执壶
台北故宫博物院藏

· 唐代 邢窑白瓷罐
美国大都会艺术博物馆

北宋汝瓷

宋代茶事达到了前所未有的繁荣，点茶、斗茶这些独特的饮茶方式，代表了宋人对茶的热爱以及对生活的精致追求。以名贵玛瑙为釉的汝瓷，凭着宫廷御用的标签和高贵典雅的风格，成为拥有者身份地位的象征。汝瓷的温润雅致，与茶的清香韵味相得益彰，共同营造出视觉与味觉的双重盛宴。

· 宋代 汝窑青瓷胆瓶 台北故宫博物院藏

· 宋代 汝窑青瓷碟 台北故宫博物院藏

名贵之极的汝瓷

汝瓷因产于河南汝州而得名，列于宋代五大名窑之首，以“青如天，面如玉，蝉翼纹，晨星稀，芝麻支钉釉满足”的特点，赢得了“汝窑为魁”的美誉。北宋宋徽宗年间，朝廷专门在汝州建立了御窑厂，开始为宫廷烧制御用瓷器，生产的时间仅有20年，产量低，质量高，只有皇室贵族、社会名流才能有资格享用。它的工艺非常考究，将玛瑙当作釉料，釉色温润如玉，又似玛瑙般晶莹剔透，能够完美地衬托出茶汤的色泽和质感。汝瓷以天青、月白为主色，温润古朴，细若凝脂，不仅在视觉上令人赏心悦目，更在触感上带来舒适和愉悦。尤其是布满器身的开片，细腻自然，宛若神来之笔在釉面上轻轻勾勒出线条，为饮茶带来了丰富的艺术趣味。

· 宋代 汝窑青瓷碟 台北故宫博物院藏

珍稀的汝窑茶器

在宋瓷中，汝窑茶器是不多见的，从留存于世的器物来看，仅限于茶盏、盏托、茶碗、盘、碟等几种，茶碗仅有两件。大英博物馆藏有一件宋汝窑天青釉茶碗，刻有乾隆的御题诗，诗曰："内府藏盘数近百，椀则晨星见一二。"乾隆收藏的汝窑盘比较多，碗却极为稀少。在点茶盛行的宋代，茶盏成为主流，茶碗的使用率并不高，所以无论当时还是现在，汝窑茶器都是稀有之物。

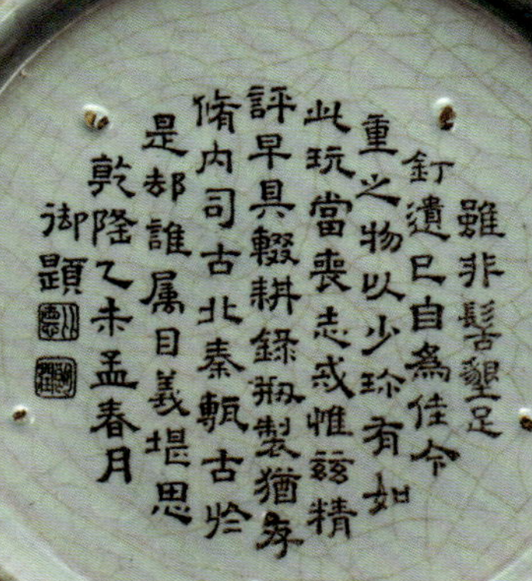

· 宋代 汝窑青瓷盘 台北故宫博物院藏

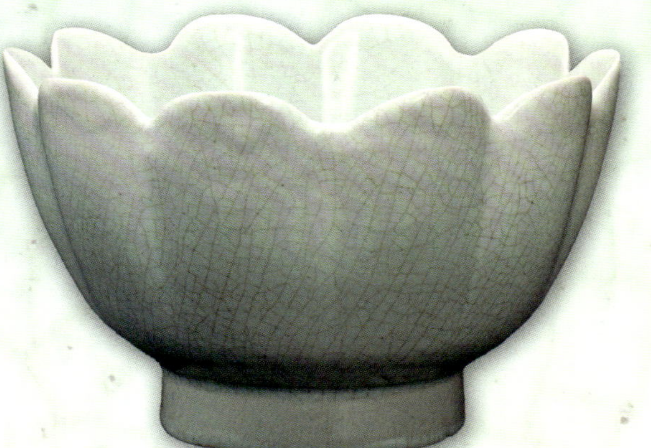

· 宋代 汝窑青瓷莲花式温碗 台北故宫博物院藏

开片茶器的魅力

汝瓷的开片是一种奇妙的幻化。在烧制中胎釉的膨胀系数一直在变化，从而导致了釉层裂纹的出现。那些如冰裂、网格、鱼鳞和蝉翼的纹路，随着茶汤的滋养和时间的流逝，会逐渐呈现出不同的颜色和深浅，仿佛在为每一件茶器赋予了新的生命。据说不同的茶叶对开片的浸润也不一样，比如，绿茶养出的开片是淡淡的金绿色；红茶养出的开片是红色线，乌龙茶养出的开片则是金色线。在品茗的过程中，每一次轻触茶器，都能感受到开片带来的微妙触感。它们如同岁月的痕迹，记录着茶器与茶汤之间的交融和碰撞，绽放出独特的魅力。

· 宋代 汝窑青瓷碟 台北故宫博物院藏

· 宋代 汝窑青瓷水仙盆 台北故宫博物院藏

南宋官窑

南宋时期，中国茶趋于大众化、生活化、商业化，茶肆文化兴起，茶器贸易繁荣，饮茶礼仪融入婚丧嫁娶等风俗。这一切都带动着茶器的发展进入了新的全盛时代。官窑茶器的出现，恰恰迎合了这一社会风潮，并以皇家官窑的身份，将茶器推至比前代更丰富更精致的高峰。

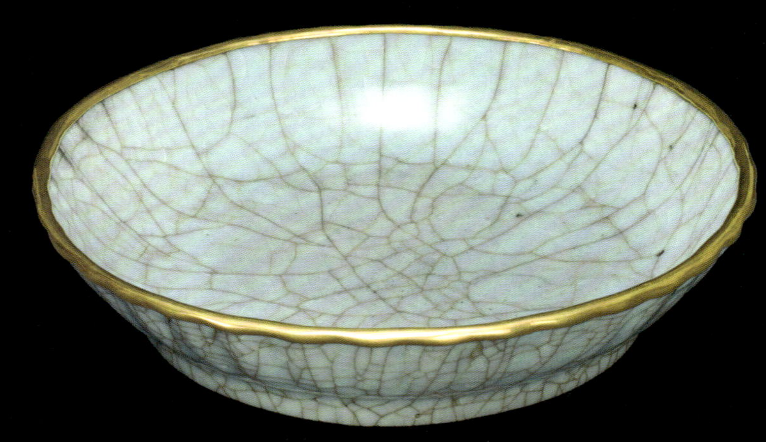

· 南宋 官窑青瓷菊花式盘 台北故宫博物院藏

皇家风范的官窑茶器

南宋建都临安（今杭州），为了满足宫廷对优质瓷器的需求，建立了修内司和郊坛两个御窑厂。同时，南宋的点茶和斗茶，在继承北宋的基础上有所创新和发展，出现了更加复杂的点茶仪式和斗茶活动，所需茶器亦不再是单一釉瓷，而追求更精美品质、富于变化和装饰的茶器。官窑生产的茶器，具有独特的“紫口铁足”特征，就是瓷器口沿薄釉处露出紫色胎骨，底部无釉处呈现出铁黑色，呈现别样的风韵。它的纹釉面自然开片，巧夺天工，变化无穷。创新的粉青釉，肥腴莹润，古雅沉静，有着玉的质感，尽显皇家风范。

· 南宋 青瓷葵口茶盏 台北故宫博物院藏

· 南宋 官窑青瓷葵口茶盏 台北故宫博物院藏

· 宋代 官窑青瓷钵式碗 台北故宫博物院藏

· 南宋至元 官窑型青瓷葫芦瓶 台北故宫博物院藏

宫廷茶宴与官窑茶器

茶宴在南宋宫廷中亦十分盛行，宴会中会使用各种精致的官窑茶器和贡品茶叶。茶宴上，有着一系列独特而隆重的礼仪和习俗。茶宴开始，由近侍施礼布茶，众臣向皇帝行礼。坐定之后，再闻茶香、品茶味，然后赞茶感恩，互相庆贺，气氛融洽而庄重。宴会上的官窑茶器也是重头戏，器型多样，每一个都独具匠心。如经典的斗笠杯，造型如同蓑翁的斗笠，杯口敞大，杯身饱满，杯足小巧，是茶器中的经典。还有别致的盏托，充当吃茶时的小帮手。除此之外，还有茶壶、盖碗等，每一种器型都见证了宫廷茶宴的繁华与雅致。

· 南宋 官窑青瓷葵花式杯 台北故宫博物院藏

· 南宋 官窑青瓷葵口碗 台北故宫博物院藏

南宋茶事中的茶器和花器

南宋是一个追求精致风雅生活的时代，北宋的四艺即点茶、焚香、插花、挂画，在南宋更是被发扬光大。特别是随着茶肆文化的兴起，以及达官贵人、文人墨客聚会的需要，这四艺更紧密地结合在一起，成为宋代热衷的艺术活动。于是，茶器和花器经常出现在同一场合，相互映衬，相得益彰。南宋茶器的种类和北宋基本相同，比如茶臼、茶碾、汤瓶、茶盏、盏托等，只不过还会辅以花器，如梅瓶、胆瓶、纸槌瓶、琮式瓶等用以插花，营造了格调典雅的艺术氛围。

· 南宋 官窑青瓷弓耳扁壶 台北故宫博物院藏

· 南宋 官窑青瓷渣斗式尊 台北故宫博物院藏

· 南宋 官窑青瓷葵口碗 台北故宫博物院藏

陶瓷与茶

不独建盏

斗茶是宋代盛行的一种饮茶形式，也是意趣盎然的茶艺活动，无论皇帝还是平民都好之。建窑、吉州窑等窑口生产的黑釉茶器是斗茶的最佳伴侣，催生了兔毫盏、鹧鸪斑、油滴釉等茶器的问世。

建窑的茶香记忆

位于福建建阳水吉镇的建窑是宋代著名的黑瓷民窑。它生产的茶盏又称“乌泥建”“黑建”，是当时使用最普遍的茶具，曾一度进贡朝廷。那深邃的黑色，宛如夜空般神秘，又似大地般沉稳。釉面光洁，却又在光线的照耀下闪现变幻莫测的纹理与色彩，如同自然界的万千气象，引人入胜。其中，“兔毫”“鹧鸪斑”“曜变”等品种最为珍贵，兔毫盏的釉面有很多条状结晶纹，细如兔毛；鹧鸪斑盏的釉面如鹧鸪鸟胸部羽毛的斑点；曜变盏在圆形斑点的边缘闪烁斑斓的光，并根据不同的方向产生变化，犹似迷幻的万花筒。宋人对这种奇异变幻的茶盏赞不绝口，诗人陈仲谔“鹧斑碗面云萦字，兔褐瓯心雪作泓”的诗句，生动描绘了鹧鸪斑盏、兔毫盏及斗茶的情景，突显了建窑茶器的独特韵致。

·南宋 建窑兔毫盏 美国大都会艺术博物馆藏

·宋代 建窑曜变天目茶碗残片 杭州古越会馆藏

·宋至金代 黑釉鹧鸪斑碗 台北故宫博物院藏

奇幻窑变的建窑茶盏

建窑兔毫盏是斗茶者最珍视的茶器，釉面上独特的黑釉结晶斑是由于偶然窑变形成的。窑火熊熊，温度攀升，釉料中的铁氧化物在高温催化下活跃起来，随着气泡的涌动上下翻腾。当窑火渐熄温度下降，那些躁动不安的铁氧化物也安静下来，在釉层中析出了赤铁矿、磁铁矿等结晶，形成金色、蓝色、褐色、银色等奇特美丽的兔毫纹。茶盏上的丝丝兔毫，宛如晨曦中摇曳的草丛，又似夜空中闪烁的繁星，斑斓而神秘。

南宋 吉州窑叶纹茶碗
美国大都会艺术博物馆藏

宋代 磁州窑鹧鸪斑茶碗
美国普林斯顿大学艺术博物馆藏

建窑以外的茶器

除了建窑，还有北方的定窑、磁州窑、耀州窑等窑口也烧制过兔毫盏、鹧鸪斑盏，但能和建窑相媲美的是吉州窑。吉州窑位于江西吉安，南宋时最为兴盛，以黑釉瓷（亦称天目釉瓷）茶器著称，其独创的“木叶天目”“剪纸贴花天目”“玳瑁天目”等，创意独特，意趣盎然。它和建窑都生产兔毫盏，但在胎质、造型、釉色、纹理等方面有所不同。吉州窑兔毫纹较为粗犷，胎质细腻，多为黄白色。建窑兔毫纹较为细密，胎体粗厚，呈灰黑色。只不过，彼此的诸多不同，并未影响到它们在宋代茶器中的地位，反而使它们成为交相辉映的璀璨双星。

宋代 磁州窑黑釉组合茶器
美国芝加哥艺术博物馆藏

宋代 磁州窑黑釉执壶
美国芝加哥艺术博物馆藏

陶瓷与茶

青花之瓷

元、明、清三代，茶器结束了之前素色瓷一统天下的局面，青花彩瓷登上舞台，成为闪耀的主角。它以钴蓝为墨，以白瓷为纸，绘就了清新盎然的图画，将自然之美、生活之趣、人文之韵，巧妙地融入茶器的制作中，成为那个时代最动人的瑰宝。

·元代 青花花卉纹葫芦式执壶 台北故宫博物院藏

·元代 青花印花寿字花卉纹碗 台北故宫博物院藏

多元融合的元代青花茶器

元代青花茶器可以说是汉文化、蒙古文化、西域波斯文化多元融合的结晶，总体呈现出粗犷奔放的特征。青花釉料采用伊朗等中亚地区产的苏麻离青，发色幽蓝，或有晕散，画面之间常有凝聚斑和铁锈斑，装饰风格带有异域之风。这时，散茶进入了百姓生活，饮茶变得简单易行，用开水泡就可以了。因此，茶器种类不再像宋代那样繁多，除了宫廷还在用前朝茶器外，民间只保留了所需的执壶、盏、盏托、碗、盖罐等。同时还出现了高足杯、僧帽壶、小口扁壶等新器型，以适应蒙古人的游牧生活方式。

承古拓新的明代青花茶器

明代，泡茶法的盛行带来了茶器的变革。有些旧式茶器被淘汰，新的茶器在不断出现。从洪武时期的粗犷豪放，到永宣时期的精致典雅，再到成化时期的清新淡雅，每一个时期的青花，都似一抹穿越时光的雅韵，静静铺展在历史的画卷上，诉说着那个时代的风华与故事。

永宣时期青花瓷的造型清隽优美，装饰上中西交汇，是明代茶器的一股清流。除了沿用前代常见的壶、瓶、杯、碗以外，还发明了新的器型，比如，压手杯口沿有点外撇，端起碗刚好压到手部虎口处，让人觉得大小合适又很沉稳。其青花色泽深翠浓艳，釉面肥厚，自然晕散，是青花茶器中不可多得的珍品。

· 明代 青花云龙纹碗
台北故宫博物院藏

· 明代 青花夔龙纹高足碗
台北故宫博物院藏

· 清代 青花御制诗茶壶 台北故宫博物院藏

琳琅满目的清代青花茶器

清代，从皇室贵族到平民百姓，饮茶已深深融入到他们的日常生活中。青花依然是茶器中的佼佼者。康熙时期青花色泽浓艳，构图严谨而富有层次。雍正时期青花注重细节与色彩的和谐，釉面更加细腻平滑，洋溢着浓烈的文人气息。乾隆时期青花在继承前朝的基础上，注重创新与多样性，器型和纹饰更加丰富多彩。除了常用茶器以外，盖碗在康雍乾时期非常盛行，由盖、碗、托三部分组成，从茶盏和盏托演变而来。因盖碗能直接观赏茶汤色泽和浓淡，清洗也比较方便，所以就成了饮茶的主要用器。雍正时期开始出现仿生茶器，乾隆时期最为流行，即模仿禽、兽、虫、鱼、植物等各种自然形态，制作精美，形态逼真，堪称巧夺天工的妙造。

· 清代 青花花卉纹壶
台北故宫博物院藏

单色釉器

明清时期，在彩瓷茶器大行其道的同时，各种单色釉茶器也争先恐后地脱颖而出，在宫廷中充当着不可替代的重要角色。它们出现在皇帝的御茶房、嫔妃的后宫、厅堂的条案上，虽无繁复缤纷的色彩，却以纯净一色展现至纯至美的尊贵。

· 明代 红釉刻花莲瓣纹卤壶
台北故宫博物院藏

· 明代 宝石红釉杯
台北故宫博物院藏

· 清代 宝石红釉僧帽壶
台北故宫博物院藏

惊艳世间的红釉茶器

元代就已出现的红釉茶器，到了明代得到前所未有的推崇。尤其是洪武、永乐、宣德三朝，将其推至至高的地位。执壶、盏、盏托、僧帽壶、高足杯、碗、盘等茶器一应俱全，专门为宫廷所用。这一尚红之风一直延续到清代，红釉茶器种类更加丰富，祭红、豇豆红、郎窑红、胭脂红、珊瑚红等红釉的茶杯、盖碗，在皇帝的御茶房里尊享着殊荣。不仅康熙帝喜爱，乾隆帝也赞不绝口，亲自赋诗曰：“晕如雨后霁霞红，出火还加微炙工。世上朱砂非所拟，西方宝石致难同。”其钟爱之意溢于言表。

永恒经典的蓝釉茶器

蓝釉茶器在元代烧制成功，但真正享誉天下是在明代。霁蓝釉茶器像晶莹纯净的蓝宝石，透着无言的庄重与高贵。此外，明代还有一种洒蓝釉，也常用于宫廷茶器。据说，明宣宗对洒蓝釉的茶壶爱不释手。当然，更多蓝釉的碗、盘、壶等茶器，用来喝茶、祭祀、陈设。清代，蓝釉继续作为宫廷茶器出现在皇帝的茶书房里，有一件为乾隆帝打造的霁蓝釉描金银图案盖碗，受到他的特别青睐。它的材料昂贵，制作精工，装饰豪华，尽显帝王之气。

· 清代 霁青釉白里杯
台北故宫博物院藏

· 清代 霁青釉白里杯
台北故宫博物院藏

· 明代 霁青釉莲塘游鱼纹盘
台北故宫博物院藏

帝王之尊的黄釉茶器

明清时期，黄釉茶器是皇帝的专属，有严格的等级规定，民间禁止使用。明洪武时期创烧，弘治时期达到最高水平，它色泽淡雅，釉面平整，光洁匀净，恰似鸡油，因此又有“娇黄”或“鸡油黄”的美誉。器型以盘、碗为主，无一不精。清代宫廷明确规定，里外黄釉都饰以龙纹为皇帝专用，里外都是黄釉为皇太后、皇后所用，外面是黄釉里面是白釉为皇贵妃所用，黄釉地画绿彩龙为贵妃所用。康雍乾三代，盘、碗、杯、碟等茶器以雍正时期的柠檬黄最精湛。清新明媚的色调仿佛是自然中最纯净的柠檬果实，每种茶器都线条流畅，造型优雅，透露出雍正时期皇家的审美趣味和工艺水平。

· 清代 黄釉盖罐 台北故宫博物院藏

· 清代 黄釉龙纹碗 台北故宫博物院藏

· 清代 黄釉索耳弦纹瓷罐（附金属胆）台北故宫博物院藏

· 明代 黄釉印花蟹纹盒 台北故宫博物院藏

· 明代 孔雀蓝釉碗 台北故宫博物院藏

· 明代 天蓝釉撇口碗 台北故宫博物院藏

· 清代 霁蓝釉描金盖碗 台北故宫博物院藏

· 清代 蓝釉描金缠枝花纹葫芦瓶 台北故宫博物院藏

紫砂壶的历史

紫砂壶始于北宋，明代走向兴盛，至清代达到鼎盛，近现代得到了很好的传承与发展。紫砂壶的千年时光，刻印着中国茶演绎的轨迹。尤其在明清以来，紫砂壶占据了独特的地位，与瓷制茶器同放光彩。

崭露头角的宋代紫砂壶

宋代是紫砂壶的萌芽时期。1976 年，江苏宜兴羊角山的紫砂古窑遗址出土了很多紫砂陶的残片，经过专家鉴定，断定残片时间为北宋中期，因此提出了宜兴紫砂始于宋代的观点。宋代正流行点茶和斗茶，所需的诸多茶器中基本不见紫砂壶的踪影，即便已经烧制出来，实际上的使用率并不高，只能默默无闻地守候在角落里。

一鸣惊人的明代紫砂壶

明代流行简易的冲泡茶，紫砂壶渐渐有了用武之地。用它泡茶可以锁住茶的色、香、味。与盖碗等茶器相比，紫砂壶泡出的茶更加浓郁、醇厚，留香持久。明正德年间，一位叫供春的书童，以银杏古树瘿结为原型，做出了古朴精美的紫砂壶，得到了社会名流的喜爱，紫砂壶便随着“供春壶”的名气传播开来。嘉靖、万历时期，宜兴紫砂工艺有了显著的发展，出现了董翰、赵梁、元畅、时鹏“四大家”，随后又有时大彬、李仲芳、徐友泉“三大家”，他们将紫砂技艺推向了新的高度。紫砂壶的制作工艺从捏制法演变为用槌片、围圈、打身筒的成型法和泥片镶接成型法，加强了艺术表现力。

· 清代 紫砂树瘿式壶 故宫博物院藏

走向巅峰的清代紫砂壶

清代紫砂壶已经相当精致了，身筒制作工艺或拍或镶，间有手捏成型。装饰手法多样，有泥绘、加彩、浮雕、堆泥、印贴簇花、粉彩、珐琅彩等技法。并且，清代有很多文人学者直接投身于紫砂壶的创意设计和手工制作之中，使得紫砂壶在形态构造与装饰艺术上融入了浓厚的文人韵味。壶艺风格典雅古朴，书法、绘画、篆刻成为主要装饰手段，丰富了紫砂壶的文化内涵。康熙晚期的陈鸣远以独特的制作技巧和创意闻名于世。乾隆时期的陈曼生将篆刻作为装饰施于壶上，制成著名的“曼生壶”，创造了文人壶的风格样式。道光咸丰时期的邵大亨，技艺高超。这些名家和民间工匠一起营造了清代紫砂壶的繁荣局面。

· 清代 宜兴紫砂壶 美国克利夫兰艺术博物馆藏

· 清代“孟臣制”款紫砂壶 台北故宫博物院藏

· 清代 花卉款梨形紫砂壶 台北故宫博物院藏

· 清代 紫砂胎紫金釉套杯 台北故宫博物院藏

· 清代 梅花形紫砂茶壶
美国大都会艺术博物馆藏

· 清代 山水御制诗贴金宜兴紫砂壶
美国克利夫兰艺术博物馆藏

· 清代 紫砂竹节提梁壶 台北故宫博物院藏

· 清代"孟臣"款紫砂壶 台北故宫博物院藏

紫砂茶具

紫砂壶的器型

历代紫砂壶的器型千姿百态，各具风姿。无论圆润饱满，还是线条流畅，抑或古朴沉雅，每一种器型都凝聚了匠人心血，彰显独特的艺术韵味和工艺特点，让人在品味之余，深深感受到跨越千年的历史底蕴和人文精神。

简约古朴的明代器型

明代紫砂壶有很多种，方形、圆形、筋囊式是常用器型，造型简洁朴实，没有过多的装饰。圆形壶有圆壶、三足圆壶等，壶腹近球形或鼓腹丰肩形；方形壶有四方壶、六方壶等，壶身方形，线条硬朗；筋囊式壶是仿照自然界中的花果、瓜棱等形态进行创作，如瓜棱壶等，使壶形更显生动活泼。明代紫砂壶的壶体一般偏大，是为了满足日常饮茶的需求而设计的。

多姿多彩的清代器型

清代紫砂壶的式样比明代更加丰富，不仅继承了明代的传统器型，还在此基础上进行创新和发展，出现了很多新的造型。比如，康熙时期的三足壶，泥质细腻，色泽温润，身形饱满，气韵十足。雍正时期的壶多以瓜果形为主，还会在花蕊、叶纹等处勾金粉。还有一种扁圆壶，形制古朴，尽显文雅脱俗的风格。乾隆时期，有一种小圆壶很受欢迎，砂质精纯，泥色紫红，质地细腻，是宫廷御用紫砂小壶的代表作。同治时期的井栏题字壶，造型源于古时水井的护栏，形制朴素敦厚，古雅大方，深受文人雅士的喜爱。清代紫砂壶壶身都比较小巧，既考虑实用性，又讲究艺术性，是两者的完美结合。

紫砂壶的器型样式

附录一·中国茶画

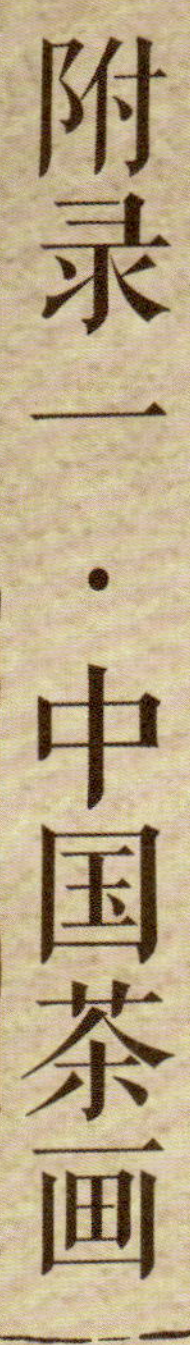

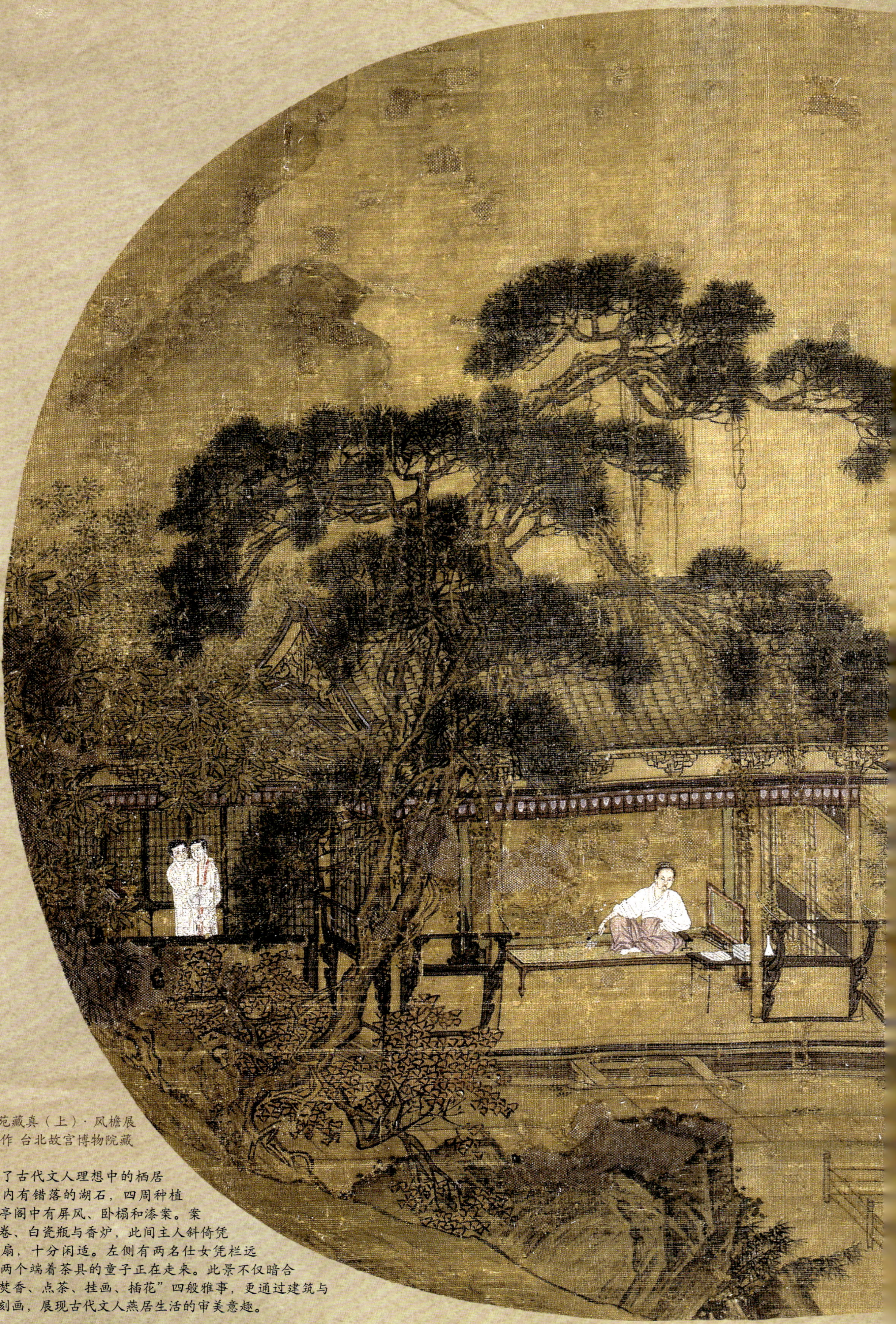

·宋代《艺苑藏真（上）·风檐展卷》赵伯骕作 台北故宫博物院藏

此画构建出了古代文人理想中的栖居环境：庭院内有错落的湖石，四周种植苍松翠竹。亭阁中有屏风、卧榻和漆案。案上陈设有书卷、白瓷瓶与香炉，此间主人斜倚凭几，手执羽扇，十分闲适。左侧有两名仕女凭栏远眺，右侧有两个端着茶具的童子正在走来。此景不仅暗合宋代文人"焚香、点茶、挂画、插花"四般雅事，更通过建筑与器物的精细刻画，展现古代文人燕居生活的审美意趣。

· 宋代《文会图》（局部）赵佶（传）台北故宫博物院藏

这幅画将视角聚焦于庭院中的大树之下，黑色漆案上整齐摆放着成套的餐具和新鲜果品，一群文人雅士正围案而坐，参加一场热闹的集会。画面下方，几个仆人正为茶事忙碌；他们分工明确，配合默契，有人烧水，有人备茶，有人清洁。最有意思的当数左下角坐着的青衣童仆，只见他左手稳稳端着茶碗，右手自然地搭在膝盖上，自顾自喝起了茶，这不经意的小举动，为整幅庄重的画面增添了一丝轻松的生活气息 。

附录·中国茶画

· 清代《品泉图》（局部） 金廷标作 台北故宫博物院藏

画面中呈现的茶事器具包含斑竹茶炉、提梁壶、四层挑盒、贮水罐、舀水勺及茶盏等物。斑竹茶炉四边系有提带，多层挑盒内可收纳茶饼、炭火等烹茶必备物资。整套器具设计精巧，便于携带，应为文人出行时所用。画中士人独坐执盏品茗，神态沉静专注，似在酝酿诗文，旁边两个小童正操持茶事，神态生动。此画展现了古代文人将茶事融入自然风物的雅趣。

附录二·中国茶文化时间轴

汉魏六朝时期

茶逐渐从药用转向日常饮品，巴蜀地区出现饮茶习俗。西汉王褒《僮约》明确记载“烹茶尽具”，标志着饮茶礼仪萌芽。魏晋时期，文人开始赋予茶精神内涵，与玄学清谈结合，但尚未形成系统文化。

唐代

陆羽《茶经》系统总结茶树种植、制茶工艺及品饮方法，确立“茶”字统一称谓，茶文化进入理论化阶段。煎茶法流行，饮茶成为文人雅集的必备活动，茶马贸易初现雏形。

先秦时期

茶最早作为药用植物被认识，神农氏传说中记载了茶的解毒功能。此时茶尚未形成饮用体系，主要作为祭祀或药用，名称多为“荼”，处于原始利用阶段。

宋代

点茶法盛行，斗茶、分茶技艺登峰造极，宋徽宗《大观茶论》详述制茶与品鉴标准。茶坊遍布市井，茶仪融入市民生活，建盏风靡。官府设立茶马司，茶成为边疆贸易与国家财政中的重要角色。

清代

六大茶类体系形成，工夫茶艺在闽粤地区定型，茶馆成为社会各阶层社交中心。茶叶成为最大宗出口商品，通过丝绸之路与海上贸易深刻影响全球饮食文化，中国茶种及技艺传播至印度、锡兰等地。

元明时期

散茶冲泡取代团饼碾末，朱元璋罢贡团茶、推动制茶工艺革新，绿茶、黄茶等制茶工艺成熟。紫砂壶兴起，泡茶法简化饮茶流程，茶书大量涌现，茶文化向世俗化与地域化发展，并随海外贸易传播。

参考文献

[1] 杨洋 . 茶具鉴赏 [M]. 北京 : 新世界出版社 , 2009.
[2] 骆耀平 . 茶树栽培学 [M]. 4 版 . 北京 : 中国农业出版社 , 2008.
[3] 王国安 , 要英 . 茶与中国文化 [M]. 上海 : 汉语大词典出版社 , 2000.
[4] 耕而陶 . 懂点茶器 [M]. 北京 : 九州出版社 , 2022.
[5] 王宣艳 . 芳荼远播：中国古代茶文化 [M]. 北京 : 中国书店 , 2012.
[6] 吴维真 . 世界茶文化 [M]. 北京 : 中央广播电视大学出版社 , 2015.
[7] 刘学君 . 文人与茶 [M]. 北京 : 东方出版社 , 1997.
[8] 艺美生活 . 寻茶记：中国茶叶地理 [M]. 北京 : 中国轻工业出版社 , 2018.
[9] 程国平 , 吴汾 . 中国茶，一片树叶的传奇 [M]. 北京 : 五洲传播出版社 , 2021.
[10] 周滨 . 中国茶器：王朝瓷色一千年 [M]. 武汉 : 华中科技大学出版社 , 2020.
[11] 徐晓村 . 中国茶文化 [M]. 北京 : 中国农业大学出版社 , 2005.
[12] 丁以寿 . 中国茶文化 [M]. 合肥 : 安徽教育出版社 , 2011.
[13] 梁子 . 中国唐宋茶道 [M]. 西安 : 陕西人民出版社 , 1994.
[14]《茶韵丝路》编写组 . 中华茶文化系列丛书：茶韵丝路 [M]. 大连 : 大连海事大学出版社 , 2018.
[15] 韩文炎 . 茶树种植 [M]. 杭州 : 浙江摄影出版社 , 2007.
[16] 李建国 . 白茶新语 [M]. 北京 : 文化发展出版社 , 2018.
[17] 秦梦华 . 第一次品白茶就上手 [M]. 图解版 . 北京 : 旅游教育出版社 , 2015.
[18] 袁弟顺 . 中国白茶 [M]. 厦门 : 厦门大学出版社 , 2005.
[19] 朱旗 . 第一次品黑茶就上手 [M]. 图解版 . 北京 : 旅游教育出版社 , 2017.
[20] 陈社强 . 黑茶时代 [M]. 北京 : 当代世界出版社 , 2010.
[21] 黄大 . 第一次品红茶就上手 [M]. 图解版 . 北京 : 旅游教育出版社 , 2015.
[22] 吴雅真 , 杨巍 . 红茶雅颂 [M]. 福州 : 福建人民出版社 , 2013.
[23] 于川 . 私享红茶 [M]. 天津 : 百花文艺出版社 , 2011.
[24] 巩志 . 中国红茶 [M]. 杭州 : 浙江摄影出版社 , 2005.
[25] 陈安妮 . 中国红茶经典 [M]. 福州 : 福建科学技术出版社 , 2010.
[26] 黄友谊 , 李传恺 , 石玉涛 . 第一次品黄茶就上手 [M]. 图解版 . 北京 : 旅游教育出版社 , 2021.
[27] 王岳飞 , 周继红 . 第一次品绿茶就上手 [M]. 图解版 . 北京 : 旅游教育出版社 , 2016.
[28] 林婧琪 . 清澈甘冽：绿茶品鉴 [M]. 北京 : 中国商务出版社 , 2017.
[29] 宋全林 . 图解绿茶 [M]. 北京 : 中医古籍出版社 , 2017.
[30] 程启坤 . 中国绿茶 [M]. 广州 : 广东旅游出版社 , 2005.
[31] 安溪县志编委会 . 安溪县志 [M]. 北京 : 新华出版社 , 1994.
[32] 李远华 . 第一次品乌龙茶就上手 [M]. 图解版 . 北京 : 旅游教育出版社 , 2016.
[33] 张水存 . 中国乌龙茶 [M]. 厦门 : 厦门大学出版社 , 2000.
[34] 沈冬梅 . 茶的极致：宋代点茶文化 [M]. 上海 : 上海交通大学出版社 , 2023.